"十二五"普通高等教育本科国家级规划教材

高等院校信息与通信工程系列教材

# 通信电子电路学习指导
## （第3版）

于洪珍　编著

清华大学出版社

北　京

## 内 容 简 介

本书共包括 9 章,绪论、小信号调谐放大器、高频功率放大器、正弦波振荡器、振幅调制与解调、角度调制与解调、变频器、锁相环路及其他反馈控制电路、电噪声及其抑制。每一章由六部分组成,第一部分为内容提要和知识结构框图;第二部分为知识点,并标明了每一章的重点及难点;第三部分为重点及难点内容分析;第四部分为典型例题分析;第五部分为思考题与习题解答,对《通信电子电路(第 3 版)》主教材中全部的思考题与习题都给出了较为详尽的分析和解答,该部分覆盖了教学中大部分知识点;第六部分为自测题,包括填空、判断及问答题。另外,本书还给出了五套综合测试题及答案。

本书为“通信电子电路”课程的学习指导书,不同于一般的仅面向学生的学习指导书,它无论对教师还是对学生都有较大的指导和帮助。

**图书在版编目(CIP)数据**

通信电子电路学习指导/于洪珍编著. —3 版. —北京:清华大学出版社,2020.8(2024.8重印)
高等院校信息与通信工程系列教材
ISBN 978-7-302-54697-9

Ⅰ. ①通⋯ Ⅱ. ①于⋯ Ⅲ. ①通信系统-电子电路-高等学校-教材 Ⅳ. ①TN91

中国版本图书馆 CIP 数据核字(2019)第 296688 号

责任编辑:佟丽霞
封面设计:傅瑞学
责任校对:赵丽敏
责任印制:宋 林

出版发行:清华大学出版社
      网      址:https://www.tup.com.cn, https://www.wqxuetang.com
      地      址:北京清华大学学研大厦 A 座      邮      编:100084
      社 总 机:010-83470000      邮      购:010-62786544
      投稿与读者服务:010-62776969, c-service@tup.tsinghua.edu.cn
      质量反馈:010-62772015, zhiliang@tup.tsinghua.edu.cn
印 装 者:北京建宏印刷有限公司
经    销:全国新华书店
开    本:185mm×260mm      印    张:16      字    数:366 千字
版    次:2006 年 3 月第 1 版    2020 年 9 月第 3 版    印    次:2024 年 8 月第 3 次印刷
定    价:48.00 元

产品编号:078514-01

# 前　言

本书是普通高等教育"十二五"国家级规划教材。

"通信电子电路"这门课程是通信与信息工程、无线电工程专业以及其他电类专业都是非常重要的一门专业基础课。它涉及许多的通信理论知识、通信电路中常用的基本功能部件以及实际电路,通过对典型问题的深入分析,阐明通信系统中带有普遍性的思想方法和重要结论。

《通信电子电路学习指导(第 3 版)》是"通信电子电路"立体化系列教材之一。《通信电子电路》立体化系列教材包括主教材、学习指导、含有较多动画与复杂图形的 PowerPoint 格式的电子教案等。

本书自 2006 年 3 月出版以来,受到了广大读者的厚爱,2012 年 9 月再版。第 3 版是作者在前两版的基础上编写的。第 3 版进一步融合了启发和创新的思想,每一章都增加了内容提要及知识点;并对重点及难点内容进行分析;还对每一章思考题与习题进行了充实,又对一些章节的自测题进行了充实;同时还增加了综合测试题及答案。

本书与主教材相对应,共包括 9 章内容,即绪论、小信号调谐放大器、高频功率放大器、正弦波振荡器、振幅调制与解调、角度调制与解调、变频器、锁相环路及其他反馈控制电路、电噪声及其抑制。每一章由六部分组成,第一部分为内容提要和知识结构框图;第二部分为知识点,并标明了每一章的重点及难点;第三部分为重点及难点内容分析,对"通信电子电路"课程中的基本教学内容,特别是重点及难点内容进行了系统的阐述和归纳总结,使读者更进一步理解和掌握本门课程的重点知识;第四部分为典型题例分析,将每章中的重要内容通过例题分析给出一个较好的解题思路和解题技巧,可以使读者提高分析问题和解决问题的能力;第五部分为思考题与习题解答,对教材(第 3 版)中全部的思考题与习题都进行了较为详尽的分析和解答,该部分覆盖了教学中大部分知识点,题型主要包括问答题和计算题;第六部分为自测题,包括填空、判断及问答题,使读者通过自测题来检查和了解掌握基本概念的情况。另外,本书还给出了综合测试题及答案,可以帮助读者加深对基本概念的理解和掌握基本的解题方法,全面测试读者对"通信电子电路"知识点的理解和掌握。

　　本书既重视理论分析,又注意讲清物理概念,分析计算详尽,便于教与学,且易读易懂,又便于自学。

　　本书由于洪珍教授编著,于洪珍教授编写了第 1 章、第 3~9 章,王艳芬教授编写了第 2 章。于洪珍教授、王刚副教授对全书进行了校对。

　　衷心感谢为本书编写付出辛勤劳动的同志,感谢清华大学出版社的大力支持和帮助。特别感谢佟丽霞提出的宝贵意见和帮助。

　　由于编者水平有限,加上时间紧张,书中肯定存在不少问题和错误,诚挚希望广大读者批评指正。

编　者

2019 年 3 月

# 目　录

# 第1章 绪 论

## 1.1 内容提要和知识结构框图

### 1. 内容提要

本章所涉及的内容主要有通信系统的概念,无线电波的传输特性,无线电的波(频)段的划分,调制的通信系统。本章最后介绍了本课程主要内容。

通信的任务是传递信息。传输信息的系统称为"通信系统"。

任何一个通信系统,都是从一个称为信息源的时空点向另一个称为信宿的目的点(用户)传送信息。

在各种无线电系统中,信息是依靠高频无线电波来传递的,那么应该如何选择高频载波的频率呢? 习惯上将无线电的频率范围划分为若干个区域,即对频率或波长进行分段,称为频段或波段。表 1-1 为无线电波的波(频)段划分及其用途表。

调制的通信系统,应用广泛。典型的是无线电广播发送和接收系统。

### 2. 知识结构框图

本章知识结构框图如图 1-1 所示。

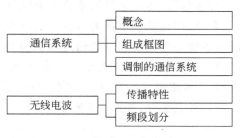

图 1-1　知识结构框图

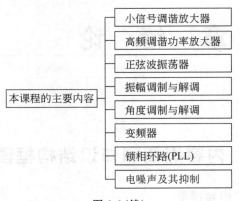

图 1-1(续)

## 1.2　本章知识点

1. 通信系统的概念(重点)
2. 无线电波的传输特性(重点)
3. 无线电的波(频)段划分(重点)
4. 调制的通信系统(重点、难点)
(1) 无线电广播发射系统；
(2) 超外差式接收系统。
5. 本课程的主要内容(重点)

## 1.3　重点及难点内容分析

### 1.3.1　通信系统的概念

通信的任务是传递信息,传输信息的系统称为"通信系统"。

任何一个通信系统,都是从一个称为信息源的时空点向另一个称为信宿的目的点(用户)传送信息。通信系统是指实现这一通信过程的全部技术设备和信道的总和。通信系统种类很多,它们的具体设备和业务功能可能各不相同,然而经过抽象和概括,均可用图 1-2 所示的基本组成框图表示。所以一个完整的通信系统应包括信息源、发送设备、信道、接收设备和收信装置五部分,如图 1-2 所示。

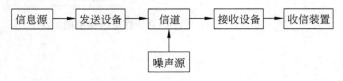

图 1-2　通信系统组成框图

信道即传输信息的通道,或传输信号的通道。概括起来有两种,即有线信道和无线信道。有线信道包括架空明线、电缆、光缆等;无线信道可以是传输无线电波的自由空间,如地球表面的大气层、水、地下及宇宙空间等。

## 1.3.2　无线电波的传播特性

传播特性指的是无线电信号的传播方式、传播距离、传播特点等。不同频段的无线电信号,其传播特性不同。同一信道对不同频率的信号传播特性是不同的。例如,在自由空间媒介里,电磁能量是以电磁波的形式传播的,而不同频率的电磁波却有着不同的传播方式。

传播方式主要有直射传播、绕射(地波)传播、折射和反射(天波)传播及散射传播等。决定传播方式和传播特点的关键因素是无线电信号的频率。例如,1.5MHz 以下的电磁波可以绕着地球的弯曲表面传播,称为地波。又如,对于 1.5～30MHz 的电磁波,由于频率较高,地面吸收较强,用表面波传播时衰减很快,它主要靠天空中电离层的折射和反射传播,称为天波。再如,对于 30MHz 以上的电磁波,由于频率很高,表面波的衰减很大,电磁波穿入电离层也很深,它就会穿透电离层传播到宇宙空间而不能反射回来,因此不用表面波和天波传播方式,而主要由发射天线直接辐射至接收天线,沿空间直线传播,称为空间波。由于地球表面的弯曲,空间波传播的距离受限于视距范围。架高发射天线、利用通信卫星可以增大其传输距离。

综上所述,长波信号以地波绕射为主。中波和短波信号可以以地波和天波两种方式传播,不过,前者以地波传播为主,后者以天波(反射和折射)传播为主。超短波以上频段的信号大多以直射方式传播,也可以采用对流层散射的方式传播。

还需要强调说明的是,无线电传播一般都要采用高频(射频)才适于天线辐射和无线传播。理论和实践都证明:只有当天线的尺寸大到可以与信号波长相比拟时,天线才具有较高的辐射效率。这也是为什么要把低频的调制(基带)信号调制到较高的载频上的原因之一。

## 1.3.3　无线电波的频段划分

在各种无线电系统中,信息是依靠高频无线电波来传递的,那么应该如何选择高频载波的频率呢? 我们知道,频率从几十千赫至几万兆赫的电磁波都属于无线电波,所以它的频率范围是很宽的。为了便于分析和应用,习惯上将无线电的频率范围划分为若干个区域,即对频率或波长进行分段,称为频段或波段。

无线电波在空间传播的速度是 $3 \times 10^8 \mathrm{m/s}$。电波在一个振荡周期 $T$ 内的传播距离叫波长,用符号 $\lambda$ 表示。波长 $\lambda$、频率 $f$ 和电磁波传播速度 $c$ 的关系可用下式表示:

$$\lambda = cT = c/f \tag{1-1}$$

这是电磁波的一个基本关系式。知道了高频振荡的频率 $f$,利用式(1-1)就可以算出波长 $\lambda$。如果 $c$ 的单位是 m/s,$f$ 的单位是 Hz,那么波长的单位就是 m。

表 1-1 为无线电波的波(频)段划分及其用途表。其中米波和分米波有时合称为超短波。因为不同频段信号的产生、放大和接收的方法不同,传播的方式也不同,因而它们的应用范围也不同。

**表 1-1　无线电波的波(频)段划分及其用途表**

| 波段名称 | 波长范围 | 频率范围 | 频段名称 | 主要用途或场合 |
|---|---|---|---|---|
| 超长波 | $10^8\sim10^4$ m | 3Hz～30kHz | VLF(甚低频) | 音频、电话、数据终端 |
| 长波 | $10^4\sim10^3$ m | 30～300kHz | LF(低频) | 导航、信标、电力线通信 |
| 中波 | $10^3\sim10^2$ m | 300kHz～3MHz | MF(中频) | AM(调幅)广播、业余无线电 |
| 短波 | $10^2\sim10$ m | 3～30MHz | HF(高频) | 移动电话、短波广播、业余无线电 |
| 米波(超短波) | 10～1m | 30～300MHz | VHF(甚高频) | FM(调频)广播、TV(电视)、导航移动通信 |
| 分米波 | 100～10cm | 300MHz～3GHz | UHF(超高频) | TV、遥控遥测、雷达、移动通信 |
| 厘米波 | 10～1cm | 3～30GHz | SHF(特高频) | 微波通信、卫星通信、雷达 |
| 毫米波 | 10～1mm | 30～300GHz | EHF(极高频) | 微波通信、雷达、射电天文学 |

应该指出,各波段的划分是相对的,因为各波段之间并没有显著的分界线,但各个不同波段的特点仍然有明显的差别。例如,从使用的元器件以及电路结构与工作原理等方面来说,中波、短波和米波段基本相同,但它们和微波波段则有明显的区别。前者采用的元件大都是通常的电阻器、电容器和电感线圈等,在器件方面主要采用一般的晶体二极管、三极管、场效应管和线性组件等;而后者采用的元件是同轴线、光纤和波导等,在器件方面除采用晶体管、场效应管和线性组件外,还需要特殊器件如调速管、行波管、磁控管及其他固体器件。

从表 1-1 中可以看出,频段划分中有一个"高频"段,其频率范围为 3～30MHz,这是"高频"的狭义定义。本书涉及的频段是从中频(MF)到超高频(UHF)的频率范围。

## 1.3.4　调制的通信系统

尽管在实际工作中需要传送的信号是多种多样的,例如代表话音的信号就是由许多不同频率的低频信号组成;又如风压、风速、水位、瓦斯含量等测量数据的信号,应能反应出不同的数量,但是根据要传送的信号是否要采用调制,可将通信系统分为基带传输和调制传输两大类。

基带传输是将基带信号直接传送,由于从消息变换而来的基带信号通常具有较低的频率(有些资料称载频为高频信号,称基带信号为低频信号),大多不适宜直接在信道中传输,而必须先经过调制。

所谓调制就是在传送信号的一方(发送端),用我们所要传送的对象(例如话音信号)去控制载波的幅度(或频率或相位),使载波的幅度(或频率或相位)随要传送的对象信号而变,这里对象信号本身称为"调制信号",调制后形成的信号称为"已调信号"。调制使幅度变化的称"调幅",使频率变化的称"调频",使相位变化的称"调相"。

所谓解调,就是在接收信号的一方(接收端),从收到的已调信号中把调制信号恢复出来。调幅波的解调叫"检波",调频波的解调叫"鉴频",解调是其统称。以上介绍的就是三种基本的调制方式——调幅(AM)、调频(FM)和调相(PM)。

调制的通信系统应用广泛,典型的是无线电广播发送和接收系统。

应当指出,尽管要传输的信息多种多样,如声音、图像和数据等,但把它们转换为电信号后,可以归纳为两大类,一类是模拟信号,另一类是数字信号。模拟信号是指电信号的某一参量的取值范围是连续的,如话筒产生的话音电压信号。模拟信号通常是时间连续函数,也有时间离散函数的情况,但取值一定是连续的。数字信号是指电信号的某一参量携带着离散信息,其取值是有限个数值,如电报信号、数据信号等。

在数字通信系统中,传输的是数字信号。当用数字信号进行调制时,通常称为键控。三种基本的键控方式是振幅键控(ASK)、频率键控(FSK)和相位键控(PSK)。这些内容将在通信原理课程中进行介绍。

调制的通信系统是本章难点,也是本章重点。本章将通过典型例题、思考题 1-1"无线电广播发射调幅系统的组成框图以及各框图对应的波形"、思考题 1-2"无线电接收设备组成框图以及各框图对应的波形"来对其分析。

### 1.3.5 本课程的主要内容

通信电子电路课程的主要内容有:谐振回路、小信号调谐放大器、高频功率放大器、倍频器、$LC$ 正弦波振荡器、变频器、振幅调制及检波电路、频率调制及鉴频电路、锁相环电噪声及其抑制以及通信电子电路的应用实例。本课程着重讨论发送设备和接收设备各单元的工作原理和组成,以及构成发送、接收设备的各种单元电路的工作原理、典型电路和分析方法。

## 1.4 典型例题分析

**例 1-1** 无线通信为什么要进行调制?

**答** 若信号频率为 1kHz,其相应波长为 300km,若采用 1/4 波长的天线,根据 $\lambda = \dfrac{c}{f}$,就可以算出天线长度需要 75km,制造这样的天线是很困难的。

只有天线实际长度与电信号的波长相比拟时,电信号才能以电磁波形式有效地辐射,这就要求原始电信号必须有足够高的频率。

**例 1-2** 画出用矩形波进行调幅时已调波波形。

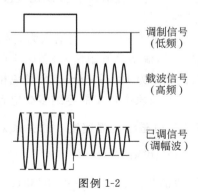

图例 1-2

## 1.5　思考题与习题解答

1-1　画出无线电广播发射调幅系统的组成框图以及各框图对应的波形。

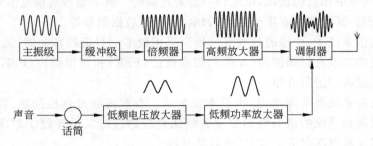

图题 1-1

1-2　画出无线电接收设备的组成框图以及各框图对应的波形。

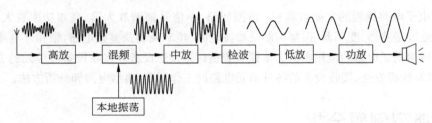

图题 1-2

1-3　无线通信为什么要进行调制？

**答**　详见例 1-1 分析。

1-4　FM 广播、TV 以及导航移动通信均属于哪一波段通信？

**答**　均属于超短波波段通信。

1-5　画出用矩形波进行调幅时已调波形。

**答**　详见例 1-2 分析。

1-6　在接收设备中，检波器的作用是什么？并绘出检波前后的波形。

**答**　检波器的作用——还原调制信号。

检波器的输入、输出波形如图题 1-6 所示。当输入为高频等幅波时，输出是直流电压（图题 1-6(a)）；当输入是调幅波时，输出是调制信号（图题 1-6(b)）。

1-7　中波广播波段的波长范围为 187～560m。为避免相邻电台干扰，两个相邻电台的载频至少要相差 10kHz，问在此波段中最多能容纳多少电台同时广播？

**提示**　根据波长 $\lambda$，频率 $f$ 和电磁波传播速度 $c$ 的关系 $\lambda = \dfrac{c}{f}$，可求得中波广播波段的频宽（电磁波传播的速度 $c = 3 \times 10^5 \text{km/s}$）。

**解**　(1) 确定中波广播波段的频宽 $\dfrac{c}{187} - \dfrac{c}{560} = 1078\text{kHz}$；

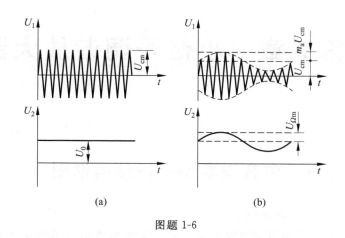

图题 1-6

（2）由于两个相邻电台的载频至少要相差 10kHz，所以此波段中最多能容纳 107 个电台同时广播。

# 1.6　自测题

### 1. 填空题

（1）一个完整的通信系统应包括_____，_____，_____，_____，_____。

（2）在接收设备中，检波器的作用是_____。

（3）调制是用音频信号控制载波的_____，_____，_____。

（4）无线电波传播速度固定不变，频率越高，波长_____，频率_____，波长越长。

（5）短波的波长较短，地面绕射能力_____，且地面吸收损耗_____，不宜_____传播，短波能被电离层反射到远处，主要以_____方式传播。

（6）波长比短波更短的无线电波称为_____，不能以_____和_____方式传播，只能以_____方式传播。

### 2. 判断题

（1）低频信号可直接从天线有效地辐射。

（2）高频电子技术所研究的高频工作频率范围是 300kHz～3000MHz。

（3）为了有效地发射电磁波，天线尺寸必须与辐射信号的波长相比拟。

（4）电视、调频广播和移动通信均属于短波通信。

# 第 2 章 小信号调谐放大器

## 2.1 内容提要和知识结构框图

### 1. 内容提要

小信号调谐放大器是构成无线电通信设备的重要电路,它是一种最常用的选频放大器,可以有选择地对某一频率的信号进行放大,实际中主要用在无线电接收机中做高频和中频选频放大。本章所涉及的内容主要有 $LC$ 谐振回路、晶体管高频等效电路包括混合 Π 型电路和 $Y$ 参数型电路、高频单调谐放大器及其级联电路包括多级单调谐放大器和参差调谐放大器及双调谐回路放大器、集中选频放大器等。

### 2. 知识结构框图

本章知识结构框图如图 2-1 所示。

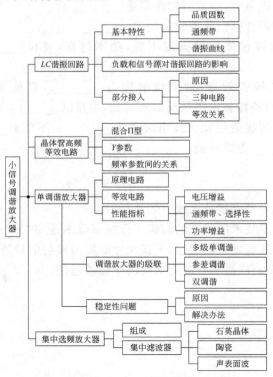

图 2-1 知识结构框图

## 2.2 本章知识点

1. 调谐放大器,调谐放大器的分类,小信号调谐放大器的用途及特点

2. $LC$ 谐振回路

(1) 并联谐振回路的选频特性,品质因数,通频带,选择性,矩形系数;

(2) $LC$ 谐振回路的选频作用(重点);

(3) $LC$ 谐振电路的接入方式(重点、难点),接入系数。

3. 单调谐放大器,高频单调谐放大器(重点)

4. 高频调谐放大器的级联(难点)

(1) 多级单调谐回路放大器;

(2) 参差调谐放大器;

(3) 松耦合双调谐放大器。

5. 晶体管高频等效电路(重点)

(1) 晶体管混合 Ⅱ 型等效电路;

(2) 晶体管 $Y$ 参数等效电路。

6. 晶体管的高频放大能力及频率参数(重点、难点)

7. 高频调谐放大器的谐振电压放大倍数和选频性能(重点、难点)

8. 高频调谐放大器的稳定性(难点)

9. 集中选频小信号调谐放大器(难点),声表面波滤波器

## 2.3 重点及难点内容分析

### 2.3.1 $LC$ 谐振回路的选频作用

**1. 谐振回路的基本特性**

谐振回路的主要特点是具有选频作用。$LC$ 谐振回路由电感和电容组成。按电感、电容与外接信号源连接方式的不同,可分为串联和并联谐振回路两种类型,电路图如图 2-2 所示。

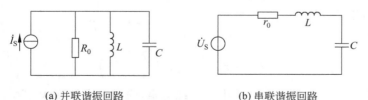

    (a) 并联谐振回路           (b) 串联谐振回路

图 2-2 谐振回路

（1）谐振回路的等效导纳、等效阻抗

并联回路：回路的等效导纳

$$Y = G_0 + \mathrm{j}\left(\omega C - \frac{1}{\omega L}\right) \tag{2-1}$$

串联回路：回路的等效阻抗

$$Z = r_0 + \mathrm{j}\left(\omega L - \frac{1}{\omega C}\right) \tag{2-2}$$

（2）谐振频率

$$\omega_0 = \frac{1}{\sqrt{LC}} \quad \text{或} \quad f_0 = \frac{1}{2\pi\sqrt{LC}} \tag{2-3}$$

（3）谐振电阻

并联回路：回路处于谐振状态时，回路导纳最小，阻抗最大，回路呈现为纯电阻。则称回路谐振时的电阻 $R_0$ 为并联谐振回路的谐振电阻。

串联回路：回路处于谐振状态时，回路阻抗最小，导纳最大，回路呈现为纯电阻。则称回路谐振时的电阻 $r_0$ 为串联谐振回路的谐振电阻。

（4）回路的品质因数

并联回路：

$$Q = \frac{R_0}{\sqrt{\dfrac{L}{C}}} = \frac{R_0}{\omega_0 L} = R_0 \omega_0 C \tag{2-4}$$

串联回路：

$$Q = \frac{\sqrt{\dfrac{L}{C}}}{r_0} = \frac{\omega_0 L}{r_0} = \frac{1}{\omega_0 C r_0} \tag{2-5}$$

品质因数 $Q$ 值包含了回路三个元件参数（$L,C,R_0$ 或 $L,C,r_0$），反映了三个参数对回路特性的影响，是描述回路特性的综合参数。

（5）回路的阻抗特性

并联回路：

$$|Z| = \frac{1}{|Y|} = \frac{R_0}{\sqrt{1 + Q^2\left(\dfrac{f}{f_0} - \dfrac{f_0}{f}\right)^2}} \tag{2-6}$$

当谐振即 $f = f_0$ 时，回路阻抗最大且为纯电阻，失谐时阻抗变小，$f < f_0$ 时回路呈感性，$f > f_0$ 时回路呈容性。

串联回路：

$$|Z| = r_0 \sqrt{1 + Q^2\left(\frac{f}{f_0} - \frac{f_0}{f}\right)^2} \tag{2-7}$$

当谐振即 $f = f_0$ 时，回路阻抗最小且为纯电阻，失谐时阻抗变大，$f < f_0$ 时回路呈容性，$f > f_0$ 时回路呈感性。

（6）谐振曲线

主要讨论并联谐振回路。因为并联谐振回路的幅频特性曲线表达式为

$$\frac{U}{U_{\mathrm{m}}} = \frac{1}{\sqrt{1 + Q^2 \left( \dfrac{f}{f_0} - \dfrac{f_0}{f} \right)^2}}$$

在谐振点附近,因为 $\dfrac{f}{f_0} - \dfrac{f_0}{f} = \dfrac{(f+f_0)(f-f_0)}{f_0 f} \approx 2\dfrac{\Delta f}{f_0}$,所以上式可简化为

$$\frac{U}{U_{\mathrm{m}}} = \frac{1}{\sqrt{1 + \left( Q\dfrac{2\Delta f}{f_0} \right)^2}} \tag{2-8}$$

式中,$\Delta f$ 为信号频率偏离谐振点的数量($\Delta f = f - f_0$)。$\dfrac{U}{U_{\mathrm{m}}}$ 称为谐振曲线的相对抑制比,它反映了回路对偏离谐振频率的抑制能力。

由式(2-8)可以看出 $Q$ 对谐振曲线的影响,对于同样频偏 $\Delta f$,$Q$ 越大,$\dfrac{U}{U_{\mathrm{m}}}$ 值越小,谐振曲线越尖锐。

(7) 通频带

在无线电技术中,常把 $\dfrac{U}{U_{\mathrm{m}}}$ 从 1 下降到 $\dfrac{1}{\sqrt{2}}$(以 dB 表示,从 0 下降到 $-3\mathrm{dB}$)处的两个频率 $f_1$ 和 $f_2$ 的范围叫做通频带,以符号 $B$ 或 $2\Delta f_{0.7}$ 表示。即回路的通频带为

$$B = f_2 - f_1 \tag{2-9}$$

由式(2-8),根据通频带定义可以推出

$$B = \frac{f_0}{Q} \quad \text{或} \quad 2\Delta f_{0.7} = \frac{f_0}{Q} \tag{2-10}$$

(8) 选择性

通常将某一频率偏差 $\Delta f$ 下的 $\dfrac{U}{U_{\mathrm{m}}}$ 值记为 $\alpha$,称为回路对这一指定频偏下的选择性。即

$$\alpha = \frac{U}{U_{\mathrm{m}}} = \frac{1}{\sqrt{1 + \left( Q\dfrac{2\Delta f}{f_0} \right)^2}} \tag{2-11}$$

(9) 矩形系数

一个理想的谐振回路,其幅频特性应是一个矩形,在通频带内信号可以无衰减地通过,通频带以外衰减为无限大。实际谐振回路选频性能的好坏,应以其幅频特性接近矩形的程度来衡量。为了便于定量比较,引用"矩形系数"这一指标。

矩形系数的定义为:谐振回路的 $\alpha$ 值下降到 0.1 时与 $\alpha$ 值下降到 0.7 时,频带宽度 $B_{0.1}$ 与频带宽度 $B_{0.7}$ 之比,用符号 $K_{0.1}$ 表示。即

$$K_{0.1} = \frac{B_{0.1}}{B_{0.7}} \tag{2-12}$$

根据定义,可以推出单谐振回路的矩形系数为

$$K_{0.1} = \frac{B_{0.1}}{B_{0.7}} = \frac{10\dfrac{f_0}{Q}}{\dfrac{f_0}{Q}} = 10$$

（10）通频带、选择性与品质因数的关系

回路的品质因数 $Q$ 越高,谐振曲线越尖锐,选择性越好,但通频带越窄;反之,回路的品质因数 $Q$ 越低,谐振曲线越平坦,选择性越差,而通频带越宽。它们之间的关系曲线如图 2-3 所示。

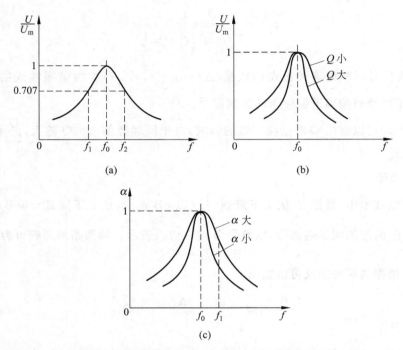

图 2-3  谐振回路通频带及 $Q$ 和 $\alpha$ 对谐振曲线的影响

### 2. 负载和信号源内阻对谐振回路的影响

下面以并联谐振回路为例,分析考虑信号源和负载后对谐振回路的影响。

（1）负载和信号源内阻为纯电阻

考虑了负载 $R_L$ 和信号源内阻 $R_S$ 后,并联谐振回路如图 2-4 所示。此时不影响回路的谐振频率,但使回路的品质因数下降。由此引入空载品质因数和有载品质因数的概念。

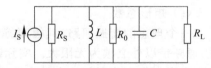

图 2-4  带信号源内阻和负载的
并联谐振电路

① 空载品质因数 $Q_0$

$$Q_0 = \frac{R_0}{\omega_0 L} = \frac{1}{G_0 \omega_0 L} = R_0 \omega_0 C = \frac{\omega_0 C}{G_0} \tag{2-13}$$

② 有载品质因数 $Q_L$

$$Q_L = \frac{R_\Sigma}{\omega_0 L} = \frac{1}{G_\Sigma \omega_0 L} = R_\Sigma \omega_0 C = \frac{\omega_0 C}{G_\Sigma} \tag{2-14}$$

其中

$$R_\Sigma = R_0 \; /\!/ \; R_\text{S} \; /\!/ \; R_\text{L} \quad \text{或} \quad G_\Sigma = G_0 + G_\text{S} + G_\text{L}$$

很显然，$Q_\text{L} < Q_0$，即有载时，电路通频带比无载时要宽，选择性要差。

③ 已知 $Q_0$ 求 $Q_\text{L}$ 的关系式

$$Q_\text{L} = \frac{Q_0}{1 + \dfrac{R_0}{R_\text{S}} + \dfrac{R_0}{R_\text{L}}} \tag{2-15}$$

（2）负载和信号源内阻含有电抗成分（一般是容性）

考虑信号源输出电容和负载电容时的并联谐振回路如图 2-5 所示。图中 $C_\text{S}$ 是信号源输出电容，$C_\text{L}$ 是负载电容。

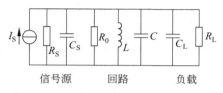

此时回路总电容为

$$C_\Sigma = C_\text{S} + C + C_\text{L} \tag{2-16}$$

图 2-5　考虑信号源输出电容和负载电容的并联谐振回路

**注意**　考虑了负载电容 $C_\text{L}$ 和信号源输出电容 $C_\text{S}$ 后，在谐振回路的谐振频率、品质因数等的计算中，式中的电容 $C$ 都要以 $C_\Sigma$ 代入。如：谐振频率 $\omega_0 = \dfrac{1}{\sqrt{LC_\Sigma}}$。

## 2.3.2　谐振回路的接入方式

负载或信号源不直接接入回路两端，而是通过变压器或电容分压与回路一部分相接，称为"部分接入"方式。采用部分接入方式，可以通过改变线圈匝数、抽头位置或电容分压比来实现回路与信号源的阻抗匹配或进行阻抗变换。在这种部分接入方式电路中，有一个非常重要的参数——接入系数 $n$，它是回路与外电路之间的调节因子。

若 $R'_\text{L}$ 表示负载 $R_\text{L}$ 折算到回路两端的等效阻抗，则对于下列常用的 3 种部分接入方式，如图 2-6 所示，可以推出变换关系如下：

（1）互感变压器接入

$$R'_\text{L} = \left(\frac{N_1}{N_2}\right)^2 R_\text{L} = \frac{1}{n^2} R_\text{L} \qquad \text{接入系数} \; n = \frac{N_2}{N_1}$$

（2）自耦变压器接入

$$R'_\text{L} = \left(\frac{N_1}{N_2}\right)^2 R_\text{L} = \frac{1}{n^2} R_\text{L} \qquad \text{接入系数} \; n = \frac{N_2}{N_1}$$

（3）电容抽头接入

$$R'_\text{L} = \left(\frac{C_1 + C_2}{C_1}\right)^2 R_\text{L} = \frac{1}{n^2} R_\text{L} \qquad \text{接入系数} \; n = \frac{C_1}{C_1 + C_2}$$

**说明**　① $0 < n < 1$，调节 $n$ 可改变折算电阻 $R'_\text{L}$ 数值。$n$ 越小，$R_\text{L}$ 与回路接入部分越少，对回路影响越小，$R'_\text{L}$ 越大。

② 当外接负载不是纯电阻，包含有电抗成分时，上述等效变换关系仍适用：

$$R'_\text{L} = \frac{1}{n^2} R_\text{L} \tag{2-17}$$

$$C'_\text{L} = n^2 C_\text{L} \tag{2-18}$$

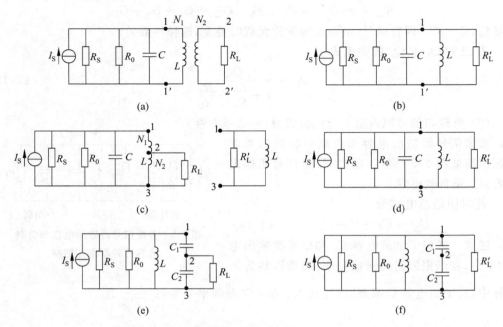

图 2-6　谐振回路的 3 种接入方式及其相应的等效电路

③ 谐振回路信号源的部分接入的折算方法与上述负载的接入方式相同:

$$R'_{\mathrm{S}} = \frac{1}{n^2} R_{\mathrm{S}} \tag{2-19}$$

$$I'_{\mathrm{S}} = n I_{\mathrm{S}} \tag{2-20}$$

④ 为区别信号源和负载与回路的接入系数,在下面信号源和负载均采用部分接入的电路中,规定 $n_1$ 为信号源与回路的接入系数,$n_2$ 为负载与回路的接入系数。

### 2.3.3　晶体管高频等效电路

晶体管在高频工作时,电流放大系数与频率有明显的关系,频率越高,电流放大系数越小。这直接导致管子的放大能力下降,限制了晶体管在高频范围的应用。而限制晶体管在高频范围应用的主要因素为:管子的发射结电容 $C_{\mathrm{b'e}}$,集电结电容 $C_{\mathrm{b'c}}$,基极体电阻 $r_{\mathrm{bb'}}$。

高频晶体管的分析常用到两种等效电路:混合 Π 型等效电路与 Y 参数等效电路。

### 1. 混合 Π 型等效电路

晶体管在高频工作时,常用混合 Π 型等效电路来分析,如图 2-7(a)所示。所谓混合 Π 型,是因为晶体管的 b′,c,e 三个电极用一个 Π 型电路等效,而由 b 至 b′ 又串联一个基极体电阻 $r_{\mathrm{bb'}}$,因而称为混合 Π 型电路。该等效电路共有 8 个元件,各元件参数的含义为:$r_{\mathrm{b'e}}$ 是发射结的结电阻;$r_{\mathrm{b'c}}$ 是集电结电阻;$C_{\mathrm{b'e}}$ 是发射结电容;$C_{\mathrm{b'c}}$ 是集电结电容;$r_{\mathrm{bb'}}$ 是基极体电阻;电流源 $g_{\mathrm{m}}\dot{U}_{\mathrm{b'e}}$ 代表晶体管的电流放大作用,比例系数 $g_{\mathrm{m}}$ 称为晶体管的跨导;

$r_{ce}$ 是集-射极电阻；$C_{ce}$ 是集-射极电容。在实际应用中，考虑到高频时，$C_{b'c}$ 的容抗较小，和它并联的基-集电阻 $r_{b'c}$ 可忽略，此外，集-射极电容 $C_{ce}$ 可合并到集电极回路之中，则得到简化的混合 Ⅱ 型等效电路，如图 2-7(b) 所示。

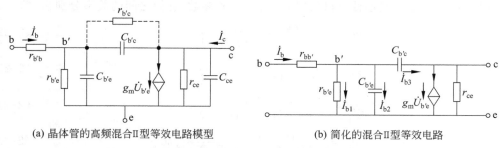

(a) 晶体管的高频混合Ⅱ型等效电路模型　　　　　(b) 简化的混合Ⅱ型等效电路

图 2-7　晶体管的高频混合 Ⅱ 型等效电路及简化等效电路

### 2. Y 参数等效电路

(1) Y 参数网络方程

$$\begin{cases} \dot{I}_b = y_{ie}\dot{U}_b + y_{re}\dot{U}_c \\ \dot{I}_c = y_{fe}\dot{U}_b + y_{oe}\dot{U}_c \end{cases} \tag{2-21}$$

式中：$y_{ie}$，$y_{re}$，$y_{fe}$，$y_{oe}$ 是描述这些电流-电压关系的参数，这四个参数具有导纳的量纲，故称为四端网络的导纳参数，即 Y 参数。晶体管 Y 参数电路模型如图 2-8 所示。其中，图 2-8(a) 是将共射极接法的晶体管等效为有源线性四端网络。

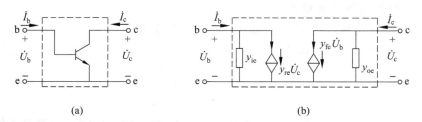

(a)　　　　　　　　　　　　　　　(b)

图 2-8　晶体管 Y 参数电路模型

(2) Y 参数的物理意义

$y_{ie}$ 是输出交流短路时的输入电流与输入电压之比，称为共射极晶体管的输入导纳。它说明了输入电压对输入电流的控制作用。

$y_{fe}$ 是输出端交流短路时的输出电流与输入电压之比，称为正向传输导纳。它表示输入电压对输出电流的控制作用，决定晶体管的放大能力。$|y_{fe}|$ 值越大，晶体管的放大作用也越强。

$y_{re}$ 是输入端交流短路时输入电流和输出电压之比，称为共射极晶体管的反向传输导纳（下标 r 表示反向）。它代表晶体管输出电压对输入端的反作用。

$y_{oe}$ 是输入交流短路时的输出电流与输出电压之比，称为晶体管的输出导纳。它说明输出电压对输出电流的控制作用。

### 3. 混合 Ⅱ 型等效电路参数与 $Y$ 参数的关系

利用混合 Ⅱ 型电路参数,可以推导出相应的 $Y$ 参数,它们之间的关系分别为

$$y_{ie} = \frac{g_{b'e} + j\omega C_{b'e}}{1 + r_{bb'}(g_{b'e} + j\omega C_{b'e})} \tag{2-22}$$

$$y_{fe} = \frac{g_m}{1 + r_{bb'}(g_{b'e} + j\omega C_{b'e})} \tag{2-23}$$

$$y_{re} = \frac{-j\omega C_{b'c}}{1 + r_{bb'}(g_{b'e} + j\omega C_{b'e})} \tag{2-24}$$

$$y_{oe} = \frac{j\omega C_{b'c} r_{bb'} g_m}{1 + r_{bb'}(g_{b'e} + j\omega C_{b'e})} + j\omega C_{b'c} \tag{2-25}$$

晶体管的混合 Ⅱ 型等效电路分析法物理概念比较清楚,对晶体管放大作用的描述较全面,各个参量基本上与频率无关。因此,这种电路可以适用于相当宽的频率范围。但该等效电路比较复杂。

$Y$ 参数等效电路是撇开晶体管内部的电路结构,只从外部来研究它的作用。而且在实际中,高频放大器的谐振回路、负载阻抗和晶体管大都是并联关系。因此,在分析放大器时,用 $Y$ 参数等效电路比较适合,因为这时各并联支路的导纳可以直接相加,运算方便。此外,晶体管的 $Y$ 参数可以用仪器直接测量。

## 2.3.4 晶体管的高频放大能力及其频率参数

### 1. 晶体管的高频放大能力

晶体管在高频工作时,放大能力随频率的增高而下降。

共发射极短路电流放大系数 $\beta$:

$$\beta = \frac{\dot{I}_c}{\dot{I}_b}\Bigg|_{\dot{U}_{ce}=0} = \beta_0 \frac{\dot{I}_{b1}}{\dot{I}_b} \tag{2-26}$$

在低频情况下,$\dot{I}_{b1} = \dot{I}_b$,则 $\beta = \beta_0$。高频时,$I_{b1} < I_b$,故 $\beta < \beta_0$,即高频的 $\beta$ 值低于低频值 $\beta_0$。

### 2. 晶体管的频率参数

(1) $\beta$ 截止频率 $f_\beta$(共射截止频率 $f_\beta$):$\beta$ 下降到 $0.707\beta_0$ 时的频率,

$$f_\beta = \frac{1}{2\pi C_{b'e} r_{b'e}} \tag{2-27}$$

(2) 特征频率 $f_T$:$\beta$ 下降到 1 时的频率,

$$f_T = \beta_0 f_\beta$$

(3) $\alpha$ 截止频率 $f_\alpha$(共基截止频率 $f_\alpha$):$\alpha$ 下降到 $0.707\alpha_0$ 时的频率。

(4) 最高振荡频率 $f_{max}$:晶体管的共射极接法功率放大倍数 $A_P$ 下降到 1 时的频率,

$$f_{max} = \frac{1}{4\pi}\sqrt{\frac{\beta_0}{r_{bb'} r_{b'e} C_{b'e} C_{b'c}}} \tag{2-28}$$

注　（1）$|\beta|$ 随 $f$ 变化的特点

① 当 $f \ll f_\beta$ 时$\left(\text{实际上 } f < \dfrac{f_\beta}{3} \text{ 即可}\right)$，此时 $|\beta| = \beta_0$，这时 $|\beta|$ 不随 $f$ 变化，即相当于低频的情况；

② 在 $f \approx f_\beta$ 的附近，$|\beta|$ 开始随 $f$ 增加而下降，当 $f = f_\beta$ 时，降到 $\beta_0$ 的 70.7%；

③ 当 $f \gg f_\beta$ 时（实际上 $f > 3f_\beta$ 即可），有

$$|\beta| \approx \frac{\beta_0}{\dfrac{f}{f_\beta}} = \frac{\beta_0 f_\beta}{f} = \frac{f_T}{f} \tag{2-29}$$

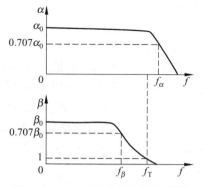

图 2-9　$\alpha$ 和 $\beta$ 随 $f$ 变化的示意图

（2）$f_\alpha, f_\beta, f_T$ 三个频率的关系

$f_\alpha, f_\beta, f_T$ 的关系满足：

$$f_\beta < f_T < f_\alpha, \quad f_T = \beta_0 f_\beta = \gamma \alpha_0 f_\alpha \tag{2-30}$$

$\alpha$ 和 $\beta$ 值随频率 $f$ 变化的示意图如图 2-9 所示。

## 2.3.5　高频调谐放大器的谐振电压放大倍数和选频性能

高频小信号调谐放大器目前广泛用于无线电广播、电视、通信、雷达等接收设备中，其作用是放大微弱的有用信号并滤除无用的干扰和噪声信号。高频小信号调谐放大器的主要指标是电压放大倍数、通频带和矩形系数。

### 1. 电路组成

图 2-10 为某雷达接收机中频放大器的部分电路（共发射极接法）。它由六级单调谐放大器组成（只画出三级），中心频率 30MHz。本节主要讨论单级单调谐放大器的电路和指标。

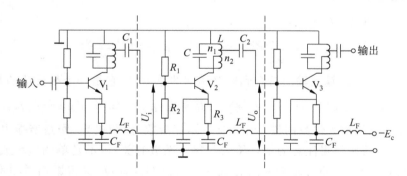

图 2-10　三级高频单调谐回路放大器

以晶体管 $V_2$ 这一级为例，并采用 $Y$ 参数高频等效电路进行分析。从它的基极起（包括偏置电阻 $R_1$，$R_2$）至耦合电容 $C_2$ 止（如图 2-10 中两虚线之间的线路）。前一级放大器是本级的信号源，其作用由电流源 $\dot{I}_S$ 和放大器输出导纳 $Y_S$ 表示。后一级放大器的输入导纳是本级的负载阻抗。电源 $E_c$ 是通过扼流圈 $L_F$ 加到晶体管的，$L_F$ 和电容 $C_F$ 构成滤波电路，其作用是消除各级放大器相互之间的有害影响，在画放大器的高频等效电路时可

以撇开。

### 2. 等效电路

图 2-11 给出了单调谐放大器的高频等效电路,图中晶体管部分采用了 Y 参数等效电路,忽略了反向传输导纳 $y_{re}$ 的影响。另外,假定偏置电阻 $R_1$, $R_2$ 的并联结果(导纳)远小于本级管子的输入导纳 $y_{ie}$,则可忽略偏置电阻的影响;同理,本级放大器的负载导纳也仅考虑下一级晶体管的输入导纳 $y_{ie}$。$G_0$ 是回路本身的谐振电导,$n_1$ 是集电极 c 的接入系数,$n_2$ 是负载导纳的接入系数。

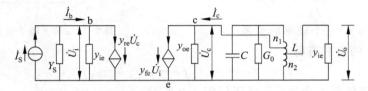

图 2-11　单级单调谐回路放大器的高频等效电路

### 3. 高频单调谐放大器的电压放大倍数

(1)电压放大倍数的一般表示式

$$K_V = \frac{-n_1 n_2 y_{fe}}{n_1^2 y_{oe} + Y_L} \tag{2-31}$$

式中 $Y_L = n_1^2 Y_L'$,是负载回路两端的导纳。它包括回路本身的元件 $L$, $C$, $G_0$ 和下一级的输入导纳 $y_{ie}$,即

$$Y_L = G_0 + j\omega C + \frac{1}{j\omega L} + n_2^2(g_{ie} + j\omega C_{ie}) \tag{2-32}$$

(2)谐振时的电压放大倍数 $K_{V0}$

$$K_{V0} = \frac{-n_1 n_2 y_{fe}}{g_\Sigma} \quad 或 \quad |K_{V0}| = \frac{n_1 n_2 |y_{fe}|}{g_\Sigma} \tag{2-33}$$

**注意**　$g_\Sigma$ 是回路输入输出折合到回路两端的总电导。它是一个很灵活的参量,要根据实际电路来求。对于图 2-11 的高频等效电路来说,$g_\Sigma = G_0 + n_1^2 g_{oe} + n_2^2 g_{ie}$。

可见,谐振电压放大倍数的模 $|K_{V0}|$ 与晶体管参数、负载电导、回路谐振电导和接入系数都有关系。特别值得注意的是,$|K_{V0}|$ 与接入系数有关,但不是单调递增或单调递减的关系。因为 $n_1$ 和 $n_2$ 还会影响回路有载品质因数 $Q_L$,而 $Q_L$ 又将影响通频带,所以 $n_1$ 和 $n_2$ 的选择应全面考虑,选取一个最佳值。

### 4. 高频单调谐放大器的选频性能

(1)通频带

$$B = 2\Delta f_{0.7} = \frac{f_0}{Q_L}$$

显然,通频带与工作频率成正比,与回路的有载品质因数成反比。

（2）矩形系数

$$K_{0.1} = \frac{2\Delta f_{0.1}}{2\Delta f_{0.7}} \approx 10$$

由上面可知,高频单调谐放大器的选频性能取决于单个 $LC$ 并联谐振回路,其矩形系数与单个 $LC$ 并联谐振回路相同,通频带则由于受晶体管输出阻抗和负载的影响,比单个 $LC$ 并联谐振回路加宽,因为 $Q_L < Q_0$。

### 2.3.6　调谐放大器的级联

**1. 多级单调谐回路放大器**

若多级调谐放大器中的每一级都调谐在同一频率上,则称为多级单调谐放大器。图 2-12 给出了两级调谐放大器。

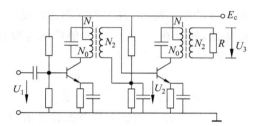

图 2-12　两级调谐放大器

（1）电压放大倍数

多级单调谐放大器的电压放大倍数是各级电压放大倍数的乘积:

$$K_{总} = K_1 K_2 \cdots \tag{2-34}$$

或

$$K_{总}(\text{dB}) = K_1(\text{dB}) + K_2(\text{dB}) + \cdots \tag{2-35}$$

包括:

① $K_{0总} = K_{01} K_{02} \cdots$

　　$K_{0总}(\text{dB}) = K_{01}(\text{dB}) + K_{02}(\text{dB}) + \cdots$

② $\dfrac{K_{总}}{K_{0总}} = \dfrac{K_1}{K_{01}} \dfrac{K_2}{K_{02}} \cdots$

　　$\dfrac{K_{总}}{K_{0总}}(\text{dB}) = \dfrac{K_1}{K_{01}}(\text{dB}) + \dfrac{K_2}{K_{02}}(\text{dB}) + \cdots$

（2）通频带

多级单调谐放大器总的通频带比单级放大器的通频带要小,级数越多,总通频带越小。经推算可得,假如有 $n$ 级 $Q_L$ 相同的调谐回路,则总的通频带为

$$2\Delta f_{0.7(总)} = \frac{f_0}{Q_L}\sqrt{\sqrt[n]{2}-1} = 2\Delta f_{0.7(单)}\sqrt{\sqrt[n]{2}-1} \tag{2-36}$$

其中 $\sqrt{\sqrt[n]{2}-1}$ 称为缩小系数。可见多级调谐放大器级联后,总的通频带比单级放大器通频带缩小了。

**2. 参差调谐放大器**

(1) 双参差调谐放大器

电路图参见图 2-12,但两级调谐放大器中的每一级不是调谐在同一频率上,而是分别调整到略高于和略低于信号的中心频率。

对于单个调谐电路而言,它是工作于失谐状态。参差失谐量为 $\pm \dfrac{\Delta f_d}{f_0}$,广义参差失谐量为 $\pm \xi_0 = \pm Q_L \dfrac{2\Delta f_d}{f_0}$。

参差调谐的综合频率特性与广义参差失谐量 $\xi_0$ 有关。$\xi_0$ 越小,则综合频率特性曲线越尖,越大则越平。当 $\xi_0$ 大到一定程度时,由于 $f_0$ 处的失谐太严重,可以出现马鞍形双峰的形状。即当 $\xi_0 < 1$ 时为单峰;$\xi_0 > 1$ 时为双峰;$\xi_0 = 1$ 为两者的分界线,相当于单峰中最平坦的情况。$\xi_0$ 越大,则双峰的距离越远,且中间下凹越严重。

由于参差调谐在 $f_0$ 处失谐,故其在 $f_0$ 点的放大倍数 $K_{0总}$ 要比调谐于同一频率的两级放大倍数小。理论推导证明,它们有如下关系:

$$\frac{K_{0总(参差失谐\xi_0)}}{K_{0总(调谐于同一f_0)}} = \frac{1}{1 + \xi_0^2} \tag{2-37}$$

例如,设 $\xi_0 = 1$,则上式等于 $1/2$,即参差调谐放大的谐振放大倍数等于调谐于同一频率的两级放大倍数的一半,如图 2-13 所示。

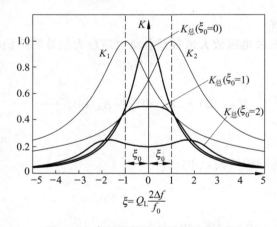

图 2-13　参差调谐放大器的频率特性

(2) 三参差调谐放大器

对于三参差调谐放大器,两级工作于参差调谐的双峰状态,第三级调谐于信号的中心频率 $f_0$,它们合成的谐振曲线比较平坦,加宽了通频带。只要适当地选择每个回路的有载品质因数 $Q_L$ 和 $\xi_0$,就可以获得双参差调谐所不能得到的通频带。

### 3. 多级双调谐放大器

（1）单级双调谐放大器

图 2-14 是一种常用的单级双调谐放大器，集电极电路采用了互感耦合的双调谐回路，两个回路的参数相同，两回路之间靠互感 $M$ 耦合，$k$ 为耦合系数，调谐于同一频率 $f_0$，其频率特性不同于两个单独的单调谐回路。

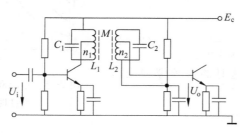

图 2-14　双调谐放大器

① 耦合系数 $k$

$$k = \frac{M}{\sqrt{L_1 L_2}} \tag{2-38}$$

② 耦合因数 $\eta$ 或称广义耦合系数

$$\eta = k Q_L \tag{2-39}$$

$\eta = 1$ 为临界耦合；$\eta < 1$ 为弱耦合；$\eta > 1$ 为过耦合。

③ 单级双调谐放大器的频率特性

根据电压放大倍数的定义，得

$$|K_V| = \left| \frac{U_o}{U_i} \right| = \frac{\eta}{\sqrt{(1+\eta^2)^2 + 2(1-\eta^2)\xi^2 + \xi^4}} \cdot \frac{n_1 n_2 |y_{fe}|}{g} \tag{2-40}$$

当初、次级回路都调谐到谐振时，$\xi = 0$，放大倍数为

$$|K_{V0}| = \frac{\eta}{1+\eta^2} \cdot \frac{n_1 n_2 |y_{fe}|}{g} \tag{2-41}$$

在临界耦合时，$\eta = 1$，放大器达到匹配状态，得最大的放大倍数：

$$|K_{V0}|_{max} = \frac{n_1 n_2 |y_{fe}|}{2g} \tag{2-42}$$

由此可得双调谐放大器的谐振曲线表达式为

$$\frac{|K_V|}{|K_{V0}|_{max}} = \frac{2\eta}{\sqrt{(1+\eta^2)^2 + 2(1-\eta^2)\xi^2 + \xi^4}}$$

$$= \frac{2\eta}{\sqrt{(1+\eta^2-\xi^2)^2 + 4\xi^2}} \tag{2-43}$$

由式（2-43）可得，当 $\eta < 1$（弱耦合状态），即 $k < \frac{1}{Q_L}$ 时，谐振曲线是单峰。当 $\eta > 1$（强耦合状态），即 $k > \frac{1}{Q_L}$ 时，这时谐振曲线出现双峰。当 $\eta = 1$（临界耦合状态），即 $k = \frac{1}{Q_L}$ 时，

这时谐振曲线仍为单峰，且最大值在 $f = f_0$ 处。图 2-15 给出了不同耦合程度时双调谐放大器的谐振曲线。

实际中，双调谐放大器一般工作在临界耦合，这时谐振曲线的顶部较平坦，下降部分也较陡，具有较好的选择性。在临界耦合 $\eta = 1$ 时，式（2-43）变为

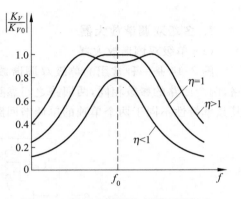

图 2-15　单级双调谐放大器不同耦合程度时的谐振曲线

$$\frac{|K_V|}{|K_{V0}|_{\max}} = \frac{2}{\sqrt{4 + \xi^4}} \qquad (2\text{-}44)$$

由式（2-44）可求出这时的通频带和矩形系数分别为

通频带

$$B = 2\Delta f_{0.7} = \sqrt{2}\frac{f_0}{Q_L}$$

矩形系数

$$K_{0.1} = \frac{2\Delta f_{0.1}}{B} = \sqrt[4]{100 - 1} = 3.16$$

可见，在回路有载品质因数相同的情况下，临界双调谐放大器的通频带是单调谐放大器的 $\sqrt{2}$ 倍。而且双调谐放大器在临界状态时，其矩形系数较小（单调谐放大器中，$K_{0.1} \approx 10$），谐振曲线更接近于矩形。这是双调谐放大器的主要优点。

（2）多级双调谐回路放大器

若有 $n$ 级相同的双调谐放大器依次级联，且每一级都是临界耦合，则总谐振曲线可用下式表示：

$$\left[\frac{|K_V|}{|K_{V0}|_{\max}}\right]^n = \left[\frac{2}{\sqrt{4 + \xi^4}}\right]^n \qquad (2\text{-}45)$$

由此可推得多级双调谐回路放大器的通频带和矩形系数如下：

通频带

$$B_n = 2\Delta f_{0.7(\text{总})} = \frac{\sqrt{2}f_0}{Q_L}\sqrt[4]{\sqrt[n]{2} - 1} = 2\Delta f_{0.7(\text{单})}\sqrt[4]{\sqrt[n]{2} - 1} \qquad (2\text{-}46)$$

矩形系数

$$K_{0.1} = \frac{(2\Delta f_{0.1})_n}{B_n} = \sqrt[4]{\frac{\sqrt[n]{100} - 1}{\sqrt[n]{2} - 1}} \qquad (2\text{-}47)$$

因为系数 $\sqrt[4]{\sqrt[n]{2} - 1}$ 永远小于 1，所以 $n$ 级双调谐放大器级联时，总频带 $B_n$ 小于单级时的频带 $2\Delta f_{0.7(\text{单})}$。

### 2.3.7　高频调谐放大器的稳定性

晶体管内部存在着反向输入导纳 $y_{\text{re}}$。考虑 $y_{\text{re}}$ 后，放大器输入导纳和输出导纳的数

值会对放大器的调试及对放大器的工作稳定性有很大的影响。

**1. 晶体管内部反馈的有害影响**

（1）放大器调试困难

放大器的输入导纳：

$$Y_i = \frac{\dot{I}_b}{\dot{U}_b} = y_{ie} - \frac{y_{fe} y_{re}}{y_{oe} + Y_L} \tag{2-48}$$

放大器的输出导纳：

$$Y_o = y_{oe} - \frac{y_{fe} y_{re}}{y_{ie} + Y_S} \tag{2-49}$$

可见由于 $y_{re}$ 的存在，放大器的输入和输出导纳，分别与负载及信号源有关。这种关系给放大器的调试带来很多麻烦。

（2）放大器工作不稳定

因为放大后的输出电压 $\dot{U}_o$ 通过反向传输导纳 $y_{re}$ 把一部分信号反馈到输入端，由晶体管加以放大，再通过 $y_{re}$ 反馈到输入端，如此循环不止。在条件合适时，放大器甚至不需要外加信号，也能够产生正弦或其他波形的振荡，使放大器工作不稳定。

**2. 解决晶体管内部反馈的方法**

（1）中和法

在放大器的线路中插入一个外加的反馈电路来抵消内部反馈的影响，称为中和。这相当于减小了晶体管的 $y_{re}$，放大器可以稳定地工作。

中和法对增益没有影响，该方法的主要优点是增益高，因为它不是靠牺牲增益来获取稳定性的。但中和法的缺点也是突出的，它不能在一个频段满足实际需要，实际电路中只能在一个频率点起到中和作用。此外，由于晶体管集电极至基极的内部反馈电路并不是一个纯电容，而是具有一定的电阻分量，所以中和电路也应是电阻和电容构成的网络，这使设计和调整都比较麻烦。目前，仅在收音机中采用这种办法，而一些要求较高的通信设备大多不再用中和电路。

（2）失配法

失配是指信号源内阻不与晶体管输入阻抗匹配，晶体管输出端的负载阻抗不与本级晶体管的输出阻抗匹配。

失配法从物理概念上讲，当负载导纳 $Y_L$ 很大时，输出电路严重失配，输出电压相应减小，反馈到输入端的信号就大大减弱，对输入电路的影响也随之减小。失真越严重，输出电路对输入电路的反作用就越小，放大器基本上可以看作单向化。所以失配法对增益有影响。但用失配法实现晶体管单向化常用的办法是采用共射-共基级联电路组成的调谐放大器，其稳定性较高，实现起来比较简单，得到了广泛的应用。

## 2.3.8　集中选频小信号调谐放大器

目前随着电子技术的发展，窄带信号的放大越来越多地采用集中滤波与集中放大相结合的高频放大器。在集中选频放大器中，放大作用是由宽带高增益放大器来完成，多采用高频线性集成放大电路，而选频作用则由专门的选频滤波器来完成。

集中选频器的任务是选频，要求在满足通频带指标的同时，矩形系数要好。其主要类型有集中 LC 滤波器、石英晶体滤波器、陶瓷滤波器和声表面波滤波器等。

### 1. 石英晶体滤波器

石英晶体是矿物质硅石的一种，化学成分是二氧化硅（$SiO_2$），在自然界中是以六角锥体出现。它有三个对称轴：$X$ 轴（电轴）、$Y$ 轴（机械轴）和 $Z$ 轴（光轴）。按照与各个轴不同角度切割就制成了各种晶片，晶片经制作金属电极，安放于支架并封装即成为晶体谐振器元件。

石英晶体有一个很重要的特性——压电效应，即当石英晶体沿某一方向受到交变电场作用时，晶片将随交变信号的变化而产生机械振动，产生机械能；反之，当机械力作用于晶片时，晶片相对两侧将产生异号的电荷，产生电场能。所以，石英晶体实际上是一种可逆换能器件，它可以将机械能转换为电场能，又能将电场能转换为机械能。而且，其能量转换具有谐振特性，在谐振频率处，换能效率最高。石英晶体的稳定性非常高，其谐振频率的高低取决于晶片的形状、尺寸和切型。

利用石英晶体的上述换能特性和谐振特性，可以构成滤波器，用作集中选频放大器的选频网络。另外，石英晶体的振动具有多谐性，即除了基频振动外，还有奇次谐波泛音振动。利用石英晶体的这一特性，实际中可构成基频晶体谐振器，也可构成泛音晶体谐振器。

### 2. 陶瓷滤波器

利用某些陶瓷材料的压电效应可以构成陶瓷滤波器。常用的压电陶瓷材料为锆钛酸铅，其分子式为 $Pb(ZrTi)O_3$。在陶瓷片的两面涂以银层，形成两个电极。它具有和石英晶体相似的压电效应，可以代替石英晶体作滤波器用。陶瓷容易焙烧，可制成各种形状，特别适合滤波器的小型化；而且陶瓷滤波器还具有耐热性及耐湿性能好、不易受外界条件影响等特点。陶瓷滤波器的等效电路也和石英晶体谐振器相同，但它的等效品质因数值比石英晶体滤波器要小得多（约为几百），大小处于 LC 滤波器和石英晶体滤波器之间。所以，陶瓷滤波器的通频带没有石英晶体滤波器窄，选择性也比石英晶体滤波器差。

陶瓷滤波器因其体积小、价格低、寿命长、易调谐且性能可靠等优点，目前应用在通信接收机和其他仪器中。

### 3. 声表面波滤波器

目前应用最广泛的集中滤波器是声表面波滤波器。声表面波滤波器（surface acoustic wave filter，SAWF）是一种对频率具有选择作用的无源器件。它是利用某些晶体的压电效应和表面波传播的物理特性制成的新型电-声换能器件。

SAWF 主要由叉指换能器和压电基片等组成。在经过表面抛光的压电材料衬底上，蒸发一层金属（如铝）导电膜，然后利用一般的光刻工艺则可以制作两个叉指换能器，其中一个用作发射，另一个用作接收。图 2-16 为 SAWF 的基本结构示意图。高频信号加至输入叉指换能器电极,压电基板材料表面就会产生振动并同时激发出声表面波。声表面波沿基片表面传播,被接收叉指换能器检测并转换成电信号。因此,叉指换能器电极具有换能作用。

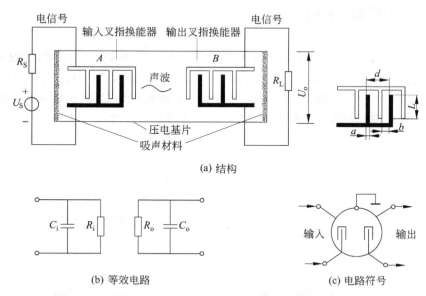

(a) 结构

(b) 等效电路　　　　　　　　　(c) 电路符号

图 2-16　声表面波滤波器的结构示意图、等效电路及电路符号

叉指换能器有以下主要特性:

(1) 频率特性遵循 $\sin x/x$ 规律变化($x = N\pi\Delta f/f_0$),最大幅度为 $2NA_0$,图 2-17 是它的振幅-频率特性曲线,主峰宽度为 $2/N$。如用两个相同形式的换能器组成滤波器,则滤波器的频率特性曲线由函数$(\sin x/x)^2$描绘,它是单个换能器的频率特性曲线 $\sin x/x$ 的自乘。

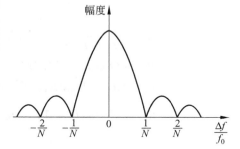

图 2-17　叉指换能器频率特性

(2) 叉指换能器激励强度与叉指(周期段)数目($N$)的平方成正比。

(3) 叉指换能器的指条宽度决定工作频率。指条越窄,频率越高。

(4) 叉指换能器的特性与叉指条的结构及尺寸密切相关。因此,设计自由度大,灵活性与适应性强。

(5) 叉指换能器在小信号下是线性器件,其发射与接收特性是相同的,满足互易定理。

基于以上特点,SAWF 得到广泛应用。从 SAWF 的应用领域看,在 20 世纪 80 年代和 90 年代中期,以电视机为主体;在 90 年代中期之后,则重点转移到通信产品。高频化、小型化、多功能、多品种和高性能,成为 SAWF 发展的趋势和主流。在新一代便携电话及其基地站中,单片晶体滤波器(MCF)和压电陶瓷滤波器几乎没有用场。目前 MCF 因基板太薄难以加工,最高工作频率只达 250MHz。压电陶瓷滤波器因受材料等诸多因素的限制,上限工作频率最高只有 60MHz。而 SAWF 的最高工作频率已达 2.5GHz,3GHz 的器件很快会进入实用化。

## 2.4　典型例题分析

**例 2-1**　回路如图例 2-1 所示,给定参数如下：$f_0=30\text{MHz}$,$C=20\text{pF}$,线圈 $Q_0=60$,外接阻尼电阻 $R_1=10\text{k}\Omega$,$R_s=2.5\text{k}\Omega$,$R_L=830\Omega$,$C_s=9\text{pF}$,$C_L=12\text{pF}$,$n_1=0.4$,$n_2=0.23$。(1)求 $L,B$。(2)又若把 $R_1$ 去掉,但仍保持上边求得的 $B$,问匝比 $n_1,n_2$ 应加大还是减小？电容 $C$ 怎样修改？这样改与接入 $R_1$ 哪种做法更合适？

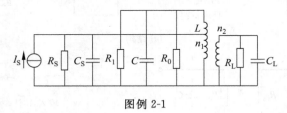

图例 2-1

**解**　(1) 求 $L,B$

$$R'_s=\frac{1}{n_1^2}R_s=\frac{1}{0.4^2}\times2.5\text{k}\Omega=15.63\text{k}\Omega;\quad C'_s=n_1^2C_s=0.4^2\times9\text{pF}=1.44\text{pF}$$

$$R'_L=\frac{1}{n_2^2}R_L=\frac{1}{0.23^2}\times830\text{k}\Omega=15.7\text{k}\Omega;\quad C'_L=n_2^2C_L=0.23^2\times12\text{pF}=0.63\text{pF}$$

$$C_\Sigma=C'_s+C'_L+C=22.1\text{pF}$$

则

$$L=\frac{1}{(2\pi f_0)^2C_\Sigma}=1.27\mu\text{H}$$

$$R_0=Q_0\omega_0L=14.4\text{k}\Omega$$

$$R_\Sigma=R'_s\,/\!/\,R_0\,/\!/\,R_1\,/\!/\,R'_L=3.36\text{k}\Omega$$

$$Q_L=R_\Sigma/\omega_0L\approx14\quad\text{或}\quad Q_L=\frac{Q_0}{1+\dfrac{R_0}{R'_s}+\dfrac{R_0}{R'_L}+\dfrac{R_0}{R_1}}\approx14$$

则通频带 $B=\dfrac{f_0}{Q_L}=2.14\text{MHz}$。

(2) 若把 $R_1$ 去掉,但仍保持 $B$ 不变,即 $Q_L$ 不变,$R_\Sigma$ 不变,则

$$R_\Sigma=R''_s\,/\!/\,R_0\,/\!/\,R''_L=3.36\text{k}\Omega$$

所以 $R''_s<R'_s$,$R''_L<R'_L$,即 $n'_1>n_1$,$n'_2>n_2$,匝比 $n_1,n_2$ 应加大。另一方面,匝比 $n_1,n_2$ 加大,则 $C''_s>C'_s$,$C''_L>C'_L$,而 $C_\Sigma=C''_s+C''_L+C$,为了维持 $f_0$ 恒定,所以 $C$ 可以减小。

但 $C$ 减小得太小时,管子的输入电容 $C_s$ 和负载电容 $C_L$ 的变化对总电容的影响就大,这样对稳频不利。所以这样改不如接入 $R_1$ 更合适。

**例 2-2**　调谐在同一频率的三级单调谐放大器,中心频率为 465kHz,每个回路的 $Q_L = 40$,则总的通频带是多少? 如要求总通频带为 10kHz,则允许 $Q_L$ 最大为多少?

**解**　由已知条件得

$$B_1 = 2\Delta f_{0.7(\text{单})} = \frac{f_0}{Q_L} = \frac{465}{40}\text{kHz} = 11.63\text{kHz}$$

总的通频带为

$$2\Delta f_{0.7(\text{总})} = 2\Delta f_{0.7(\text{单})}\sqrt{\sqrt[n]{2}-1} = 11.63 \times \sqrt{\sqrt[3]{2}-1}\text{kHz} = 5.93\text{kHz}$$

如要求总通频带为 10kHz,则每个回路的通频带为

$$2\Delta f_{0.7(\text{单})} = \frac{2\Delta f_{0.7(\text{总})}}{\sqrt{\sqrt[n]{2}-1}} = \frac{10}{\sqrt{\sqrt[3]{2}-1}}\text{kHz} = 19.6\text{kHz}$$

而 $2\Delta f_{0.7(\text{单})} = \dfrac{f_0}{Q_L}$,所以 $Q_L = \dfrac{f_0}{2\Delta f_{0.7(\text{单})}} = \dfrac{465}{19.6} = 23.72$。

**例 2-3**　某单调谐放大器如图例 2-3 所示,已知 $f_0 = 465\text{kHz}$,$L = 560\mu\text{H}$,$Q_0 = 100$,$N_{12} = 46$ 圈,$N_{13} = 162$ 圈,$N_{45} = 13$ 圈,晶体管 3AG31 的 $Y$ 参量如下:$g_{ie} = 1.0\text{mS}$,$g_{oe} = 110\mu\text{S}$,$C_{ie} = 400\text{pF}$,$C_{oe} = 62\text{pF}$,$y_{fe} = 28\angle 340°\text{mS}$,$y_{re} = 2.5\angle 290°\mu\text{S}$。

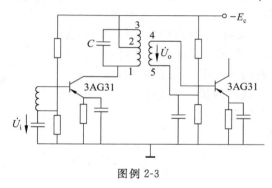

图例 2-3

试计算:

(1) 谐振电压放大倍数 $|K_{V0}|$;

(2) 通频带;

(3) 回路电容 $C$;

(4) 回路插入损耗。

**解**　由已知条件得

$$n_1 = \frac{46}{162} = 0.284, \quad n_2 = \frac{13}{162} = 0.08, \quad G_0 = \frac{1}{\omega_0 L Q_0} = 6.12\mu\text{S}$$

$$g_{\Sigma} = n_1^2 g_{oe} + G_0 + n_2^2 g_{ie} = (0.248^2 \times 110 + 6.12 + 0.08^2 \times 1.0 \times 10^3)\mu\text{S} = 21.43\mu\text{S}$$

(1) $|K_{V0}| = \dfrac{n_1 n_2 |y_{fe}|}{g_{\Sigma}} = 29.77 \approx 30$;

(2) 由于 $Q_L = \dfrac{1}{g_{\Sigma}\omega_0 L} = 28.53$,故 $B = \dfrac{f_0}{Q_L} = 15.98\text{kHz}$;

(3) 由于 $C_{\Sigma} = 1/(2\pi f_0)^2 L = 209\text{pF}$,而 $C_{\Sigma} = n_1^2 C_{oe} + C + n_2^2 C_{ie}$,故有 $C = C_{\Sigma} - n_2^2 C_{ie} - n_1^2 C_{oe} = 201\text{pF}$;

27

(4) $\eta = \dfrac{Q_0 - Q_L}{Q_0} = 0.71$，$\eta(\mathrm{dB}) = -2.9\mathrm{dB}$。

## 2.5　思考题与习题解答

2-1　给定串联谐振回路的 $f_0 = 1.5\mathrm{MHz}$，$C = 100\mathrm{pF}$，谐振电阻 $R = 5\Omega$，试求 $Q_0$ 和 $L$。又若信号源的电压幅值为 $U_s = 1\mathrm{mV}$，求谐振回路中的电流 $I_0$ 以及回路元件上的电压 $U_{L0}$ 和 $U_{C0}$。

**解**　由已知条件得

$$L = \frac{1}{(2\pi f_0)^2 C} = \frac{1}{(2 \times 3.14 \times 1.5 \times 10^6)^2 \times 100 \times 10^{-12}} \mu\mathrm{H} = 112.69\mu\mathrm{H}$$

$$Q_0 = \frac{1}{R\omega_0 C} = 212, \quad I_0 = \frac{U_s}{R} = \frac{1}{5}\mathrm{mA} = 0.2\mathrm{mA}$$

$$U_{L0} = Q_0 U_s = 212 \times 1\mathrm{mV} = 212\mathrm{mV}, \quad U_{C0} = Q_0 U_s = 212 \times 1\mathrm{mV} = 212\mathrm{mV}$$

2-2　串联回路如图题 2-2 所示，信号源频率 $f_0 = 1\mathrm{MHz}$，电压幅值 $U_s = 0.1\mathrm{V}$，将 1—1′ 端短接，电容调到 100pF 时谐振。此时，电容两端的电压为 10V。如 1—1′ 开路再接一个阻抗 $Z_x$（电阻和电容串联），则回路失谐，$C$ 调到 200pF 时重新谐振，电容两端电压变成 2.5V。试求线圈的电感量 $L$、回路品质因数 $Q_0$ 值以及未知阻抗 $Z_x$。

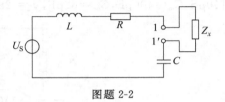

图题 2-2

**解**　由已知条件得

$$L = \frac{1}{(2\pi f_0)^2 C} \approx 253\mu\mathrm{H}$$

由 $U_C = Q_0 U_s$，可得

$$Q_0 = \frac{U_C}{U_s} = \frac{10}{0.1} = 100$$

串接阻抗 $Z_x = R_x + \mathrm{j}X_x$ 后，由 $U_C = Q_L U_s$，可得

$$Q_L = \frac{U_C}{U_s} = \frac{2 \times 2.5}{0.1} = 50$$

而 $Q_L = \dfrac{\omega_0 L}{R + R_x}$，因此

$$R_x = \frac{\omega_0 L}{Q_L} - \frac{\omega_0 L}{Q_0} = 15.9\Omega$$

由 $C = 100\mathrm{pF}$，$C' = 200\mathrm{pF}$，$\dfrac{1}{C} = \dfrac{1}{C'} + \dfrac{1}{C_x}$，可得

$$C_x = 200\mathrm{pF}$$

因此

$$Z_x = R_x + \mathrm{j}X_x = R_x - \mathrm{j}\frac{1}{\omega_0 C_x} = (15.9 - \mathrm{j}796)\Omega$$

2-3　给定串联谐振回路的 $f_0＝640kHz$,已知在偏离谐振频率 $\Delta f＝\pm10kHz$ 时衰减 $\alpha＝16dB$,求 $Q_0,B$。又问当 $f＝465kHz$ 时,抑制比 $\alpha$ 为多少?

**解**　由于 $Q_0＝\dfrac{f_0}{B}$,而 $\alpha＝\dfrac{1}{\sqrt{1+Q_0^2\left(\dfrac{2\Delta f}{f_0}\right)^2}}$,$\alpha(dB)＝20\lg\alpha$,因此

$$\alpha＝10^{-16/20}＝0.158$$

代入得

$$Q_0\approx200,\quad B＝3.2kHz$$

当 $f＝465kHz$ 时,$\Delta f＝f_0-f＝(640-465)kHz＝175kHz$,比较大,可得

$$\alpha＝\frac{1}{\sqrt{1+Q_0^2\left(\dfrac{f}{f_0}-\dfrac{f_0}{f}\right)^2}}＝7.75\times10^{-3}$$

$$\alpha(dB)＝-42.2(dB)$$

2-4　给定并联谐振回路的谐振频率 $f_0＝5MHz$,$C＝50pF$,通频带 $2\Delta f_{0.7}＝150kHz$,试求电感 $L$、品质因数 $Q_0$ 以及对信号源频率为 $5.5MHz$ 时的衰减 $\alpha(dB)$。又若把 $2\Delta f_{0.7}$ 加宽至 $300kHz$,问应在回路两端并一个多大的电阻?

**解**　由已知条件得

$$L＝\frac{1}{(2\pi f_0)^2C}\approx20.3\mu H$$

$$Q_0＝\frac{f_0}{B}＝\frac{5\times10^6}{150\times10^3}＝33.3$$

$$\Delta f＝f-f_0＝(5.5-5)MHz＝0.5MHz$$

$$\alpha＝\frac{1}{\sqrt{1+Q_0^2\left(\dfrac{2\Delta f}{f_0}\right)^2}}＝0.148,\quad\alpha(dB)＝20\lg\alpha\approx-16.57(dB)$$

当带宽 $2\Delta f_{0.7}$ 加宽至 $300kHz$ 时,

$$Q_L＝\frac{f_0}{B}＝\frac{5\times10^6}{300\times10^3}＝16.65$$

$$R_\Sigma＝R_0\mathbin{/\mkern-5mu/}R_x$$

即

$$Q_L\omega_0L＝Q_0\omega_0L\mathbin{/\mkern-5mu/}R_x$$

解得 $R_x＝21.2k\Omega$,即应在回路两端并一个 $21.2k\Omega$ 的电阻。

2-5　并联谐振回路如图题 2-5 所示。已知通频带 $2\Delta f_{0.7}$,电容 $C$,若回路总电导为 $G_\Sigma(G_\Sigma＝G_s+G_0+G_L)$,试证明 $G_\Sigma＝4\pi\Delta f_{0.7}C$。若给定 $C＝20pF$,$2\Delta f_{0.7}＝6MHz$,$R_0＝13k\Omega$,$R_s＝10k\Omega$,求 $R_L$ 为多少?

**证明**　由于

$$Q_L＝R_\Sigma\omega_0C＝\frac{\omega_0C}{G_\Sigma}$$

因此有

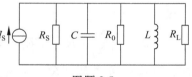

图题 2-5

29

$$G_{\Sigma} = \frac{\omega_0 C}{Q_L} = \frac{2\pi f_0 C}{Q_L} = \frac{f_0}{Q_L} 2\pi C = 2\Delta f_{0.7} \cdot 2\pi C = 4\pi \Delta f_{0.7} C$$

证毕。

代入数据得

$$G_{\Sigma} = 2\pi \times 6 \times 10^6 \times 20 \times 10^{-12} \text{S} = 0.75 \times 10^{-3} \text{S} = 0.75 \text{mS}$$

因此

$$G_L = G_{\Sigma} - G_S - G_0 = (0.75 - 1/10 - 1/13) \text{mS} = 0.573 \text{mS}$$

即

$$R_L = 1.75 \text{k}\Omega$$

2-6  回路如图题 2-6 所示。已知 $L = 0.8\mu\text{H}, Q_0 = 100, C_1 = C_2 = 20\text{pF}, C_S = 5\text{pF},$ $R_S = 10\text{k}\Omega, C_L = 20\text{pF}, R_L = 5\text{k}\Omega$,试计算回路谐振频率、谐振电阻(不计 $R_L$ 与 $R_S$ 时)、有载品质因数 $Q_L$ 和通频带。

**解**  由已知条件得

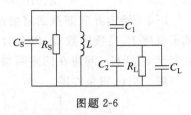

$$R_L' = \frac{1}{n^2} R_L = \left(\frac{C_1 + C_2}{C_1}\right)^2 R_L = 4R_L = 20\text{k}\Omega$$

$$C_L' = n^2 C_L = \left(\frac{C_1}{C_1 + C_2}\right)^2 C_L = \frac{1}{4} C_L = 5\text{pF}$$

$$C_{\Sigma} = C_S + C_L' + \frac{C_1 C_2}{C_1 + C_2} = (5 + 5 + 10)\text{pF}$$

$$= 20\text{pF}$$

图题 2-6

则谐振频率

$$f_0 = \frac{1}{2\pi \sqrt{LC_{\Sigma}}} = 39.8\text{MHz} \quad \text{或} \quad \omega_0 = \frac{1}{\sqrt{LC_{\Sigma}}} = 250 \times 10^6 \text{rad/s}$$

谐振电阻

$$R_0 = Q_0 \omega_0 L = 20\text{k}\Omega$$

有载品质因数

$$Q_L = \frac{Q_0}{1 + \frac{R_0}{R_S} + \frac{R_0}{R_L'}} = \frac{100}{1 + \frac{20}{10} + \frac{20}{20}} = 25$$

通频带

$$B = \frac{f_0}{Q_L} = \frac{39.8}{25}\text{MHz} = 1.59\text{MHz}$$

2-7  电路如图题 2-7 所示,已知电路输入电阻 $R_1 = 75\Omega$,负载电阻 $R_L = 300\Omega, C_1 = C_2 = 7\text{pF}$。问欲实现阻抗匹配,$N_1/N_2$ 应为多少?

**解**  因为

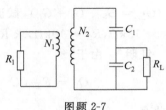

$$R_1' = \left(\frac{N_2}{N_1}\right)^2 R_1, \quad R_L' = \left(\frac{C_1 + C_2}{C_1}\right)^2 R_L$$

由阻抗匹配的条件 $R_1' = R_L'$,得 $N_1/N_2 = 0.25$。

图题 2-7

2-8　在图题 2-8 所示的电路中,已知回路谐振频率为 $f_0 = 465\text{kHz}$,$Q_0 = 100$,信号源内阻 $R_S = 27\text{k}\Omega$,负载 $R_L = 2\text{k}\Omega$,$C = 200\text{pF}$,$n_1 = 0.31$,$n_2 = 0.22$。试求电感 $L$ 及通频带 $B$。

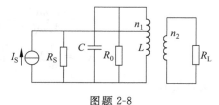

图题 2-8

**解**　由已知条件得

$$R_0 = Q_0/\omega_0 C = 171\text{k}\Omega$$

$$R_\Sigma = \frac{1}{n_1^2} R_S \,/\!/\, R_0 \,/\!/\, \frac{1}{n_2^2} R_L = \frac{1}{\dfrac{1}{41.3} + \dfrac{1}{171} + \dfrac{1}{281}}\text{k}\Omega \approx 30\text{k}\Omega$$

$$Q_L = R_\Sigma \omega_0 C = 30 \times 10^3 \times 2 \times 3.14 \times 465 \times 10^3 \times 200 \times 10^{-12} = 17.5$$

$$B = \frac{f_0}{Q_L} = \frac{465}{17.5}\text{kHz} = 26.57\text{kHz}$$

$$L = \frac{1}{\omega_0^2 C} = 586\mu\text{H}$$

2-9　回路如图题 2-9 所示,给定参数如下:$f_0 = 30\text{MHz}$,$C = 20\text{pF}$,线圈 $Q_0 = 60$,外接阻尼电阻 $R_1 = 10\text{k}\Omega$,$R_S = 2.5\text{k}\Omega$,$R_L = 830\Omega$,$C_S = 9\text{pF}$,$C_L = 12\text{pF}$,$n_1 = 0.4$,$n_2 = 0.23$,求 $L$,$B$。又若把 $R_1$ 去掉,但仍保持上边求得的 $B$,问匝比 $n_1$,$n_2$ 应加大还是减小?电容 $C$ 怎样修改?这样改与接入 $R_1$ 怎样做更合适?

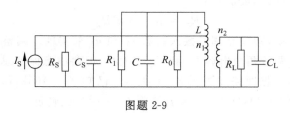

图题 2-9

**解**　详见例 2-1 分析。

2-10　如图题 2-10 所示并联谐振回路,信号源与负载都是部分接入的。已知 $R_S$,$R_L$,并知回路参数 $L$,$C_1$,$C_2$ 和空载品质因数 $Q_0$,求:

(1) $f_0$ 与 $B$;

(2) $R_L$ 不变,要求总负载与信号源匹配,如何调整回路参数?

**解**　(1) 计算 $f_0$ 与 $B$

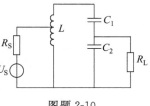

图题 2-10

$$f_0 = \frac{1}{2\pi\sqrt{LC}}, \quad \text{其中} \quad C = \frac{C_1 C_2}{C_1 + C_2}$$

回路空载时,

$$B = \frac{f_0}{Q_0}$$

回路有载时,这里不考虑信号源,只考虑负载,并设负载 $R_L$ 对回路的接入系数为 $n_2$,则有

$$n_2 = \frac{1/\omega C_2}{1/\omega C} = \frac{C}{C_2} = \frac{C_1}{C_1 + C_2}$$

$$R'_L = \frac{1}{n_2^2} R_L = \left(\frac{C_1 + C_2}{C_1}\right)^2 R_L, \quad R_0 = Q_0 \omega_0 L$$

回路总负载

$$R_\Sigma = R_0 /\!/ R'_L = \frac{Q_0 \omega_0 L R_L}{n_2^2 \left(Q_0 \omega_0 L + \dfrac{R_L}{n_2^2}\right)}$$

则回路有载 $Q$ 值为

$$Q_L = R_\Sigma / \omega_0 L = \frac{Q_0 R_L}{n_2^2 \left(Q_0 \omega_0 L + \dfrac{R_L}{n_2^2}\right)}$$

因此得

$$B = \frac{f_0}{Q_L}$$

若考虑信号源,也可求得考虑 $R_S$ 影响后的回路带宽。

(2) 假设信号源对回路的接入系数为 $n_1$,则总负载折合到信号源处为

$$R'_\Sigma = n_1^2 R_\Sigma = n_1^2 (R_0 /\!/ R'_L)$$

若使总负载与信号源匹配,需满足:

$$R_S = R'_\Sigma = n_1^2 R_\Sigma$$

由于 $R_L, L, Q_0, f_0$ 不变,则只有调整接入系数 $n_1$ 和 $n_2$ 来实现。调整 $n_1$ 就是调整电感抽头位置,调整 $n_2$ 就是调整两个电容 $C_1$ 和 $C_2$ 的大小,但要注意保持总电容 $C$ 不变。

2-11  收音机双谐振回路如图题 2-11 所示。已知 $f_0 = 465\,\mathrm{kHz}$,$B = 10\,\mathrm{kHz}$,耦合因数 $\eta = 1$,$C = 200\,\mathrm{pF}$,$R_S = 20\,\mathrm{k\Omega}$,$R_L = 1\,\mathrm{k\Omega}$,线圈 $Q_0 = 120$,试确定:

(1) 回路电感量 $L$;

(2) 线圈抽头 $n_1, n_2$;

(3) 互感 $M$。

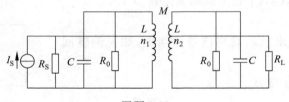

图题 2-11

**解**  (1) $L = \dfrac{1}{\omega_0^2 C} = 586\,\mu\mathrm{H}$

(2) 由 $B = \sqrt{2}\,\dfrac{f_0}{Q_L}$,可得

$$Q_L = \sqrt{2}\,\frac{f_0}{B} = \sqrt{2} \times \frac{465}{10} = 65.75$$

$$R_0 = Q_0/\omega_0 C = 1/G_0 = 205\text{k}\Omega, \quad G_\text{s} = 1/R_\text{s}$$

$$G_\Sigma = G_0 + G_\text{s}' = G_0 + n_1^2 G_\text{s}$$

$$Q_\text{L} = \frac{1}{G_\Sigma \omega_0 L} = \frac{1}{(G_0 + n_1^2 G_\text{s})\omega_0 L}$$

解得

$$n_1 = 0.28$$

又

$$G_\Sigma = G_0 + G_\text{s}' = G_0 + n_1^2 G_\text{s} = G_0 + n_2^2 G_\text{L}$$

解得

$$n_2 = 0.06$$

（3）耦合因数 $\eta = kQ_\text{L} = 1$，耦合系数 $k = M/L$，得

$$M = 8.9\mu\text{H}$$

2-12　对于收音机的中频放大器，其中心频率为 $f_0 = 465\text{kHz}, B = 8\text{kHz}$，回路电容 $C = 200\text{pF}$，试计算回路电感和 $Q_\text{L}$ 值。若电感线圈的 $Q_0 = 100$，问在回路上应并联多大的电阻才能满足要求？

**解**　由已知条件得

$$L = \frac{1}{\omega_0^2 C} = 586\mu\text{H}$$

由

$$B = \frac{f_0}{Q_\text{L}}$$

可得

$$Q_\text{L} = \frac{f_0}{B} = \frac{465}{8} = 58.13$$

即

$$R_\Sigma = R_0 /\!/ R_x$$

$$Q_\text{L}\omega_0 L = Q_0 \omega_0 L /\!/ R_x$$

解得

$$R_x = 237.58\text{k}\Omega$$

2-13　已知电视伴音中频并联谐振回路的 $B = 150\text{kHz}, f_0 = 6.5\text{MHz}, C = 47\text{pF}$，试求回路电感 $L$，品质因数 $Q_0$，信号频率为 6MHz 时的相对失谐。欲将带宽增大一倍，问回路需并联多大的电阻？

**解**　（1）$L = \dfrac{1}{\omega_0^2 C} = 12.77\mu\text{H}$。

（2）因为 $B = \dfrac{f_0}{Q_0}$，所以 $Q_0 = \dfrac{f_0}{B} = \dfrac{6500}{150} = 43.33$。

（3）当 $f = 6\text{MHz}$ 时，回路的相对失谐为 $\dfrac{f}{f_0} - \dfrac{f_0}{f} = -0.16$。

（4）$B' = 2B = \dfrac{f_0}{Q_\text{L}}$，则 $Q_\text{L} = \dfrac{f_0}{2B} = \dfrac{6500}{2\times 150} = 21.66$。

$$R_0 = Q_0/\omega_0 C = 22.58\text{k}\Omega, \text{由} \begin{cases} R_0 = \dfrac{Q_0}{\omega_0 C} \\[2mm] R_\Sigma = \dfrac{Q_L}{\omega_0 C} \end{cases}, \text{得} R_\Sigma = \dfrac{Q_L}{Q_0} \cdot R_0 = \dfrac{1}{2}R_0 = 11.29\text{k}\Omega.$$

由 $R_\Sigma = R_0 /\!/ R_x$，解得 $R_x = 22.58\text{k}\Omega$。所以回路需并联 22.58k$\Omega$ 的电阻。

2-14 在图题 2-14 中，已知用于 FM（调频）波段的中频调谐回路的谐振频率 $f_0 = 10.7\text{MHz}$，$C_1 = C_2 = 15\text{pF}$，空载 $Q$ 值为 100，$R_L = 100\text{k}\Omega$，$R_s = 30\text{k}\Omega$，试求回路电感 $L$、谐振阻抗、有载 $Q$ 值和通频带。

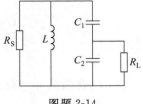

图题 2-14

**解** 由 $f_0 = \dfrac{1}{2\pi\sqrt{LC}}$，其中 $C = \dfrac{C_1 C_2}{C_1 + C_2}$，可得

$$L = \frac{1}{(2\pi f_0)^2 C} = 29.53\mu\text{H}$$

谐振电阻

$$R_0 = Q_0/\omega_0 C = 198.42\text{k}\Omega$$

$$R'_L = \left(\frac{C_1 + C_2}{C_1}\right)^2 R_L = 400\text{k}\Omega$$

$$R_\Sigma = R_0 /\!/ R_s /\!/ R'_L = 24.47\text{k}\Omega$$

$$Q_L = R_\Sigma/\omega_0 L = 12.32$$

所以

$$B = \frac{f_0}{Q_L} = \frac{10.7}{12.32}\text{MHz} = 0.87\text{MHz}$$

2-15 在图题 2-15 中，已知用于 AM（调幅）波段的中频调谐回路的谐振频率 $f_0 = 455\text{kHz}$，空载 $Q$ 值为 100，线圈初级圈数为 160 匝，次级圈数为 10 匝，初级中心抽头至下端圈数为 40 匝，$C = 200\text{pF}$，$R_L = 1\text{k}\Omega$，$R_s = 16\text{k}\Omega$。试求回路电感 $L$、有载 $Q$ 值和通频带。

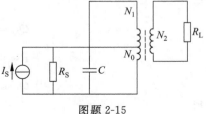

图题 2-15

**解** 由已知条件得

$$L = \frac{1}{\omega_0^2 C} = 612.39\mu\text{H}$$

$$R_0 = Q_0/\omega_0 C = 174.98\text{k}\Omega$$

$$R_\Sigma = R_0 /\!/ R'_s /\!/ R'_L = R_0 /\!/ \left(\frac{N_1}{N_0}\right)^2 R_s /\!/ \left(\frac{N_1}{N_2}\right)^2 R_L = 73.92\text{k}\Omega$$

$$Q_L = R_\Sigma/\omega_0 L = 42.2$$

因此

$$B = \frac{f_0}{Q_L} = \frac{455}{42.2}\text{kHz} = 10.78\text{kHz}$$

2-16 高频小信号放大电路的主要技术指标有哪些？如何理解选择性与通频带的关系？

**答** 高频小信号放大电路由放大器与选频器组成。衡量放大电路的主要技术指标有中心频率、通频带和选择性、增益、噪声系数与灵敏度。中心频率、通频带和选择性主要由选频器决定;增益、噪声系数与灵敏度主要由放大器决定。

选择性与通频带的关系为:选择性越好,通频带越窄。通频带越宽,则选择性越差。在实际工作中,常常希望通频带足够宽而选择性又要好,但两者是矛盾的。有时选择适当的 $Q$ 值,可以兼顾两者,但有时不能兼顾,就需要另外采取措施。

**2-17** 晶体管低频放大器与高频小信号放大器的分析方法有什么不同?

**答** 晶体管低频放大器的分析方法一般采用低频 $H$ 参数等效电路。

而晶体管在高频工作中,有一些特殊现象,主要是:放大能力下降,管子的输入输出阻抗变化复杂,容易产生自激,给设计和调整工作带来一定困难。所以高频小信号放大器与晶体管低频放大器的分析方法不同,较常用的是混合 II 型等效电路和 $Y$ 参数等效电路分析法。

**2-18** 一个调谐放大器,当提高 $\dfrac{N_0}{N_1}$ 或 $\dfrac{N_2}{N_1}$ 时,有时可以使 $K_0$ 增加,有时却反而使 $K_0$ 下降,是什么原因?

**答** 因为调谐放大器的谐振电压放大倍数为

$$K_0 = \frac{\beta}{r_i} Q_L \omega_0 L \left(\frac{N_0}{N_1}\right)\left(\frac{N_2}{N_1}\right) \propto \left(\frac{N_0}{N_1}\right)\left(\frac{N_2}{N_1}\right)$$

所以,当提高 $\dfrac{N_0}{N_1}$ 或 $\dfrac{N_0}{N_1}$ 时,可以使 $K_0$ 增加,但又因为

$$Q_L = \frac{r_{ce}\left(\frac{N_1}{N_0}\right)^2 /\!/ Q_0 \omega_0 L /\!/ R_L \left(\frac{N_1}{N_2}\right)^2}{\omega_0 L} \propto \frac{1}{\left(\frac{N_0}{N_1}\right)\left(\frac{N_2}{N_1}\right)}$$

所以,当提高 $\dfrac{N_0}{N_1}$ 或 $\dfrac{N_2}{N_1}$ 时,$Q_L$ 下降,又使 $K_0$ 反而下降,它们之间存在一个最佳匹比问题。

**2-19** 晶体管 3DG6C 的特征频率 $f_T = 250\text{MHz}$,$\beta_0 = 50$,求该管在 $f = 1\text{MHz}$, $20\text{MHz}$,$50\text{MHz}$ 时的 $|\beta|$ 值。

**解** 由 $f_T = \beta_0 f_\beta$,可得

$$f_\beta = f_T/\beta_0 = 5\text{MHz}$$

(1) 当 $f = 1\text{MHz}$ 时,满足 $f \ll f_\beta$,此时 $|\beta| = \beta_0 = 50$,这时 $\beta$ 不随 $f$ 变化,即相当于低频的情况;

(2) 当 $f = 20\text{MHz}$ 及 $f = 50\text{MHz}$ 时,满足 $f \gg f_\beta$,所以

$$f = 20\text{MHz 时}, \quad |\beta| \approx \frac{f_T}{f} = \frac{250}{20} = 12.5\text{MHz}$$

$$f = 50\text{MHz 时}, \quad |\beta| \approx \frac{f_T}{f} = \frac{250}{50} = 5\text{MHz}$$

**2-20** 说明 $f_\alpha$,$f_\beta$,$f_T$ 和最高振荡频率 $f_{max}$ 的物理意义,它们相互间有什么关系? 同一晶体管的 $f_T$ 比 $f_{max}$ 高,还是比 $f_{max}$ 低? 为什么?

**答** $f_\alpha$ 称为 $\alpha$ 截止频率,是 $\alpha$ 下降到 $0.707\alpha_0$ 时的频率;$f_\beta$ 称为 $\beta$ 截止频率,是 $\beta$ 下降到 $0.707\beta_0$ 时的频率;$f_T$ 称为特征频率,是 $\beta$ 下降到 1 时的频率;最高振荡频率 $f_{max}$ 是晶体管的共射极接法功率放大倍数 $A_P$ 下降到 1 时的频率。

它们相互间的关系是：
$$f_\beta < f_\mathrm{T} < f_\alpha, \quad f_\mathrm{T} = \beta_0 f_\beta = \gamma_0 f_\alpha$$

同一晶体管的 $f_\mathrm{T}$ 比 $f_\mathrm{max}$ 低。因为当 $\beta=1$ 时，就电流而言，已无放大作用，当 $f$ 进一步提高到 $K_P=1$ 时，晶体管已完全失去放大作用，这时的频率为最高振荡频率 $f_\mathrm{max}$。

**2-21** 如何理解 $Y$ 参数的物理意义？

**答** 将共射极接法的晶体管等效为有源线性四端网络，输入端和输出端的电流-电压关系可用网络方程表示为

$$\begin{cases} \dot{I}_\mathrm{b} = y_\mathrm{ie} \dot{U}_\mathrm{b} + y_\mathrm{re} \dot{U}_\mathrm{c} \\ \dot{I}_\mathrm{c} = y_\mathrm{fe} \dot{U}_\mathrm{b} + y_\mathrm{oe} \dot{U}_\mathrm{c} \end{cases}$$

式中：$y_\mathrm{ie}, y_\mathrm{re}, y_\mathrm{fe}, y_\mathrm{oe}$ 是描述这些电流-电压关系的参数，这四个参数具有导纳的量纲，故称为四端网络的导纳参数，即 $Y$ 参数。其物理意义如下。

$y_\mathrm{ie}$ 是输出交流短路时的输入电流与输入电压之比，称为共射极晶体管的输入导纳。它说明了输入电压对输入电流的控制作用。

$y_\mathrm{fe}$ 是输出端交流短路时的输出电流与输入电压之比，称为正向传输导纳。它表示输入电压对输出电流的控制作用，决定晶体管的放大能力。$|y_\mathrm{fe}|$ 值越大，晶体管的放大作用也越强。

$y_\mathrm{re}$ 是输入端交流短路时的输入电流和输出电压之比，称为共射极晶体管的反向传输导纳（下标 r 表示反向）。它代表晶体管输出电压对输入端的反作用。

$y_\mathrm{oe}$ 是输入交流短路时的输出电流与输出电压之比，称为晶体管的输出导纳。它说明输出电压对输出电流的控制作用。

**2-22** 设有一级共发单调谐放大器，谐振时 $|K_{V0}|=20$，$B=6\mathrm{kHz}$，若再加一级相同的放大器，那么两级放大器总的谐振电压放大倍数和通频带各为多少？又若总通频带保持为 $6\mathrm{kHz}$，问每级放大器应如何变动？改动后总放大倍数为多少？

**答** 两级放大器总的谐振电压放大倍数 $K_{0总}=K_{01}K_{02}=400$，或者
$$K_{0总}(\mathrm{dB}) = K_{01}(\mathrm{dB}) + K_{02}(\mathrm{dB}) = 2 \times 20\lg20\mathrm{dB} = 52\mathrm{dB}$$

两级放大器总的通频带
$$2\Delta f_{0.7(总)} = 2\Delta f_{0.7(单)} \sqrt{\sqrt[n]{2}-1} = 6 \times \sqrt{\sqrt{2}-1}\mathrm{kHz} = 3.86\mathrm{kHz}$$

若总通频带保持为 $6\mathrm{kHz}$，则每级放大器的通频带应变宽，为
$$2\Delta f_{0.7(单)} = \frac{2\Delta f_{0.7(总)}}{\sqrt{\sqrt[n]{2}-1}} = \frac{6}{\sqrt{\sqrt{2}-1}}\mathrm{kHz} = 9.32\mathrm{kHz}$$

变动前
$$Q_\mathrm{L} = \frac{f_0}{2\Delta f_{0.7(单)}} = \frac{f_0}{6}$$

变动后
$$Q'_\mathrm{L} = \frac{f_0}{2\Delta f_{0.7(单)}} = \frac{f_0}{9.32}$$

因谐振电压放大倍数

$$|K_{V0}| = \frac{n_1 n_2 |y_{fe}|}{g_\Sigma} = \frac{n_1 n_2 |y_{fe}|}{G_0 + n_1^2 g_{oe} + n_2^2 g_{ie}}, \quad Q_L = \frac{\omega_0 C_\Sigma}{g_\Sigma}$$

所以在其他参数不变的情况下

$$\frac{K'_{V0}}{K_{V0}} = \frac{Q'_L}{Q_L} = \frac{6}{9.32} = 0.644$$

即改动后单级放大器的谐振电压放大倍数为

$$|K_{V0}| = 20 \times 0.644 = 12.88$$

改动后总放大倍数为

$$20\lg(12.88 \times 12.88)\text{dB} = 44.40\text{dB}$$

2-23　图题 2-23 所示为一高频小信号放大电路的交流等效电路,已知工作频率为
10.7MHz,线圈初级的电感量为 $4\mu\text{H}$,$Q_0 = 100$,
插入系数 $n_1 = n_2 = 0.25$,负载电导 $g_L = 1\text{mS}$,放
大器的参数为:$|y_{fe}| = 50\text{mS}$, $g_{oe} = 200\mu\text{S}$。试
求放大器的电压放大倍数与通频带。

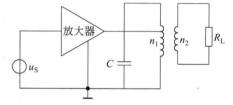

图题 2-23

**解**　由 $R_0 = Q_0 \omega_0 L = 26.88\text{k}\Omega$,可得

$$g_0 = 1/R_0$$

$$|K_{V0}| = \left|\frac{-n_1 n_2 y_{fe}}{g_\Sigma}\right| = \frac{n_1 n_2 |y_{fe}|}{g_0 + n_1^2 g_{oe} + n_2^2 g_L}$$

$$= \frac{0.25 \times 0.25 \times 50 \times 10^3}{37.2 + 0.25^2 \times 200 + 0.25^2 \times 1000} = 27.85$$

$$Q_L = \frac{1}{g_\Sigma \omega_0 L} = 33.16$$

因此

$$B = \frac{f_0}{Q_L} = \frac{10.7 \times 10^6}{47.26}\text{MHz} = 0.32\text{MHz}$$

2-24　调谐在同一频率的三级单调谐放大器,中心频率为 465kHz,每个回路的 $Q_L =$
40,则总的通频带是多少? 如要求总通频带为 10kHz,则允许 $Q_L$ 最大为多少?

**答**　详见例 2-2 分析。

2-25　某单级小信号调谐放大器的交流等效电路如图题 2-25 所示,要求谐振频率
$f_0 = 10\text{MHz}$,通频带 $B = 500\text{kHz}$,谐振电压增益 $K_{V0} = $
100,在工作点和工作频率上测得晶体管 Y 参数为

$$y_{ie} = (2 + j0.5)\text{mS}, \quad y_{re} \approx 0$$

$$y_{fe} = (20 - j5)\text{mS}, \quad y_{oe} = (20 + j40)\mu\text{S}$$

若线圈 $Q_0 = 60$,试计算:谐振回路参数 $L, C$ 及外接电阻
$R$ 的值。

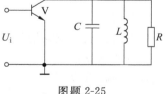

图题 2-25

**解**　由 $|K_{V0}| = \frac{n_1 n_2 |y_{fe}|}{g_\Sigma} = \frac{\sqrt{20^2 + 5^2}}{g_\Sigma} = 100$,可得

$$g_\Sigma = 0.206\text{mS}$$

又 $B = \frac{f_0}{Q_L}$,因此

$$Q_L = \frac{f_0}{B} = \frac{10}{0.5} = 20$$

由 $Q_L = \dfrac{1}{g_\Sigma \omega_0 L}$，可得 $L = 3.86\mu H$，且

$$C_\Sigma = \frac{1}{(2\pi f_0)^2 L} = 65.69 pF$$

另由 $y_{oe} = (20 + j40)\mu S$ 知：

$$g_{oe} = 20\mu S, \quad C_{oe} = \frac{40}{\omega_0} = 0.64 pF$$

而 $C_\Sigma = C_{oe} + C$，所以

$$C = C_\Sigma - C_{oe} = (65.69 - 0.64) pF \approx 65 pF$$

又 $g_\Sigma = g_{oe} + g_0 + g, g_0 = \dfrac{1}{\omega_0 L Q_0} = 0.069 mS$，因此

$$g = g_\Sigma - g_{oe} - g_0 = 0.117 mS$$

即外接电阻

$$R = \frac{1}{g} = 8.5 k\Omega$$

2-26 某单调谐放大器如图题 2-26 所示，已知 $f_0 = 465 kHz, L = 560\mu H, Q_0 = 100$，$N_{12} = 46$ 圈，$N_{13} = 162$ 圈，$N_{45} = 13$ 圈，晶体管 3AG31 的 Y 参量如下：$g_{ie} = 1.0 mS, g_{oe} = 110\mu S, C_{ie} = 400 pF, C_{oe} = 62 pF, y_{fe} = 28\angle 340°mS, y_{fe} = 2.5\angle 290°\mu S$。

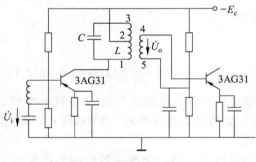

图题 2-26

试计算：

(1) 谐振电压放大倍数 $|K_{V0}|$；

(2) 通频带；

(3) 回路电容 $C$；

(4) 回路插入损耗。

**答** 详见例 2-3 分析。

2-27 参差调谐放大电路与多级单调谐放大电路的区别是什么？

**答** 参差调谐放大电路在形式上和多级单调谐放大电路没有什么不同，但在调谐回路的调谐频率上有区别。多级单调谐放大电路的调谐回路是调谐于同一频率，而在参差调谐放大电路中各级回路的谐振频率是参差错开的。

2-28　若有三级临界耦合双调谐放大器,中心频率 $f_0 = 465\text{kHz}$,当要求总的 3dB 带宽为 10kHz 时,每级放大器的 3dB 带宽为多大? 当偏离中心频率 12kHz 时,电压放大倍数与在中心频率时相比,下降了多少 dB?

**答**　$n$ 级临界耦合双调谐放大器级联后总的通频带为

$$2\Delta f_{0.7(总)} = 2\Delta f_{0.7(单)}\sqrt[4]{\sqrt[n]{2}-1}$$

依题意,每级放大器的 3dB 带宽为

$$B = 2\Delta f_{0.7(单)} = \frac{2\Delta f_{0.7(总)}}{\sqrt[4]{\sqrt[n]{2}-1}} = \frac{10}{\sqrt[4]{\sqrt[3]{2}-1}}\text{kHz} = \frac{10}{0.71}\text{kHz} \approx 14\text{kHz}$$

由此可得

$$Q_L = \frac{f_0}{B} = \frac{465}{14} \approx 33$$

双调谐放大器中,选择性可表示为

$$\left|\frac{K_V}{K_{V0}}\right|_{\max} = \frac{2\eta}{\sqrt{(1+\eta^2-\xi^2)^2+4\xi^2}}$$

式中,$\eta$ 为广义耦合系数即耦合因数,在临界耦合时,$\eta=1$;$\xi$ 为广义失谐量。在谐振点附近,$\xi$ 与 $\frac{\Delta f}{f_0}$ 近似成正比,即

$$\xi = Q_L\left(\frac{f}{f_0}-\frac{f_0}{f}\right) = Q_L\frac{(f+f_0)(f-f_0)}{f_0 f} \approx Q_L\frac{2\Delta f}{f_0}$$

本题中,$\xi \approx Q_L\frac{2\Delta f}{f_0} = 33 \times \frac{2\times12}{465} = 1.7$,$\eta=1$,代入得

$$\left|\frac{K_V}{K_{V0}}\right|_{\max} = \frac{2\eta}{\sqrt{(1+\eta^2-\xi^2)^2+4\xi^2}} = \frac{2}{\sqrt{(1+1-1.7^2)^2+4\times1.7^2}} = 0.57$$

则

$$20\lg\left|\frac{K_V}{K_{V0}}\right|_{\max} = 20\lg 0.57\text{dB} = -4.9\text{dB}$$

即,当偏离中心频率 12kHz 时,电压放大倍数与在中心频率时相比,下降了 4.9dB。

2-29　某调谐放大器电路如图题 2-29 所示,已知工作频率 $f_0 = 465\text{kHz}$,$L = 560\mu\text{H}$,$Q_0 = 100$,两个晶体三极管的参数相同:$y_{ie} = 1.7\text{mS}$,$y_{oe} = 290\mu\text{S}$,$y_{fe} = 32\text{mS}$,通频带 $B = 35\text{kHz}$。试求:

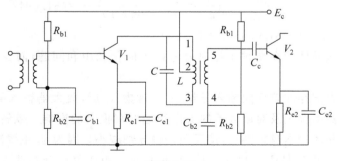

图题 2-29

(1) 阻抗匹配时的接入系数 $n_1$、$n_2$;

(2) 回路的插入损耗(dB);

(3) 谐振电压放大倍数 $|K_{V0}|$。

**解** (1) $Q_L = \dfrac{f_0}{B} = \dfrac{465}{35} = 13.3$,$g_0 = \dfrac{1}{\omega_0 L Q_0} = 6.11\mu S$,$g_\Sigma = \dfrac{1}{\omega_0 L Q_L} = 45.95\mu S$

因为 $g_\Sigma = g_0 + n_1^2 g_{oe} + n_2^2 g_{ie}$,所以 $n_1^2 g_{oe} + n_2^2 g_{ie} = g_\Sigma - g_0 = 39.84\mu s$

又因为阻抗匹配时,$n_1^2 g_{oe} = n_2^2 g_{ie} = 19.92\mu s$,因此可得

$$n_1 = 0.262, \quad n_2 = 0.108$$

(2) 因为 $\eta = 1 - \dfrac{Q_L}{Q_0} = 0.867$,所以回路的插入损耗为

$$\eta(dB) = 20\lg\eta = -1.24dB$$

(3) $|K_{V0}| = \dfrac{n_1 n_2 |y_{fe}|}{g_\Sigma} = \dfrac{n_1 n_2 |y_{fe}|}{g_0 + n_1^2 g_{oe} + n_2^2 g_{ie}} = \dfrac{0.108 \times 0.262 \times 32 \times 10^3}{45.95} = 19.71$

**2-30** 某中频调谐放大器的交流等效电路如图题 2-30 所示。调谐频率为 $465kHz$,$L_1 = 350\mu H$(电感线圈损耗 $r = 15\Omega$),两个晶体三极管具有相同的参数:$y_{ie} = 266.7\mu S$,$y_{fe} = 90mS$,$y_{oe} = 15\mu S$。试计算:

(1) 回路电容值 $C$;

(2) 为了获得最大的电压增益,求变压器的二次线圈与一次线圈匝数之比;

(3) 最大电压增益。

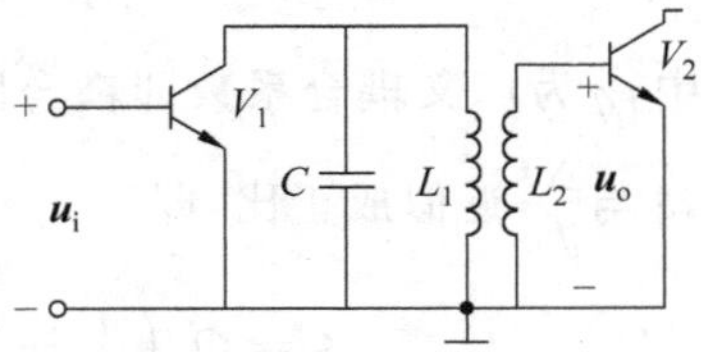

图题 2-30

**解** (1) 回路电容 $C = \dfrac{1}{(2\pi f_0)^2 L_1} = \dfrac{10^6}{(2\pi)^2 \times (465 \times 10^3)^2 \times 350}pF = 335pF$

(2) $R_0 \approx \dfrac{L_1}{Cr} = \dfrac{350 \times 10^{-6}}{335 \times 10^{-12} \times 15}\Omega = 69.65 \times 10^3 \Omega$

因为 $\dfrac{R_{ie}}{n^2} = \dfrac{1}{y_{oe}}$,所以

$$n = \sqrt{R_{ie} y_{oe}} = 0.237$$

(3) $g_\Sigma = g_0 + g_{oe} + n^2 g_{ie} = \left(\dfrac{1}{69.65 \times 10^3} + 15 \times 10^{-6} + \dfrac{0.237^2}{3.75 \times 10^3}\right)\mu S = 44.3364\mu S$

$|K_{V0}| = \dfrac{n_1 n_2 |y_{fe}|}{g_\Sigma} = \dfrac{n |y_{fe}|}{g_0 + g_{oe} + n^2 g_{ie}} = \dfrac{0.237 \times 90 \times 10^{-3}}{44.3364 \times 10^{-6}} = 481.094$

$|K_{V0}|(dB) = 20\log(481.094)dB = 53.64dB$

**2-31** 为什么晶体管在高频工作时要考虑单向化和中和问题,而在低频工作时,则可以不必考虑?

**答** 晶体管内部存在着反向输入导纳 $y_{re}$。考虑 $y_{re}$ 后,放大器输入导纳和输出导纳的数值会对放大器的调试及对放大器的工作稳定性有很大的影响。欲解决该问题,有两个途径。一是从晶体管本身想办法,使反向传输导纳减小。因为 $y_{re}$ 主要决定于集电极和基极间的电容 $C_{b'c}$,设计晶体管时应使 $C_{b'c}$ 尽量减小。由于晶体管制造工艺的进步,这个

问题已得到较好的解决。另一种方法是在电路上想办法把 $y_{re}$ 的作用抵消或减小。即从电路上设法消除晶体管的反向作用,这就是晶体管的单向化问题。单向化常用的方法之一为中和法。

由以上可知,晶体管的反向输入导纳 $y_{re}$ 主要决定于集电极和基极间的电容 $C_{b'c}$。晶体管在低频工作时,结电容 $C_{b'c}$ 的影响是很小的,可以忽略不计,而在高频工作时,$C_{b'c}$ 的影响就不能忽略不计了。

2-32 影响谐振放大器稳定性的因素是什么?反馈导纳的物理意义是什么?

答 影响谐振放大器稳定性的因素是晶体管存在着内部反馈即反向传输导纳 $y_{re}$ 的作用。反向传输导纳或称反馈导纳 $y_{re}$,其物理意义是输入端交流短路时输入电流和输出电压之比,它代表晶体管输出电压对输入端的反向作用。

# 2.6 自测题

## 1. 填空题

(1) 衡量谐振电路选频性能的指标有_____、_____、_____。

(2) 实际谐振曲线偏离理想谐振曲线的程度,用_____指标来衡量。

(3) 谐振回路的品质因数 $Q$ 越大,通频带越_____,选择性越_____。

(4) 已知 $LC$ 并联谐振回路的电感 $L$ 在 $f=30\text{MHz}$ 时测得 $L=1\mu\text{H}$,$Q_0=100$,求谐振频率 $f_0=30\text{MHz}$ 时的电容 $C=$_____和并联谐振电阻 $R_0=$_____。

(5) 小信号调谐放大器的集电极负载为_____。

(6) 小信号调谐放大器多级级联后,增益_____,计算式为_____;级联后通频带_____,若各级带宽相同,则计算式为_____。

(7) 小信号调谐放大器双调谐回路的带宽为单调谐回路带宽的_____倍。

(8) 调谐放大器主要由_____和_____组成,其衡量指标为_____和_____。

(9) 晶体管在高频工作时,放大能力_____。晶体管频率参数包括_____、_____、_____、_____。

(10) 所谓双参差调谐,是将两级单调谐回路放大器的谐振频率,分别调整到_____和_____信号的中心频率。

(11) 谐振回路的主要特点是具有_____作用。在谐振回路中,常常引入回路的_____这一参数,可以非常方便地反映出谐振特性的情况。

(12) 研究一个小信号调谐放大器,应从_____和_____两方面分析。

(13) 高频单调谐放大器的选频性能取决于单个 $LC$ 并联谐振回路,其矩形系数与单个 $LC$ 并联谐振回路_____,通频带则由于受晶体管输出阻抗和负载的影响,比单个 $LC$ 并联谐振回路_____。

(14) 双调谐放大器在 $n$ 级级联后,频带宽度_____相同级数的单调谐放大器的频带宽度,而且矩形系数也比单调谐放大器更接近_____。

(15) 声表面波滤波器(surface acoustic wave filter,SAWF)是一种对频率具有选择

作用的无源器件,它是利用某些晶体的_____和表面波传播的_____制成的新型电-声换能器件。

### 2. 选择题

(1) 并联 $LC$ 回路在高频电路中作为页载,具有(　　)功能。

A. 放大和选频　　　　　　　　　　　B. 选频和阻抗变换

C. 放大和阻抗变换　　　　　　　　　D. 其他

(2) 在相同条件下,双调谐回路放大器和单调谐回路放大器相比,下列表达正确的是(　　)。

A. 双调谐回路放大器的选择性比单调谐回路放大器好,通频带也较窄

B. 双调谐回路放大器的选择性比单调谐回路放大器好,通频带也较宽

C. 双调谐回路放大器的选择性比单调谐回路放大器差,通频带也较窄

D. 双调谐回路放大器的选择性比单调谐回路放大器差,通频带也较宽

(3) 调谐放大器不稳定的内部因素是由于(　　)引起的。

A. $C_{b'e}$　　　　　B. $C_{b'c}$　　　　　C. $C_{b'e}$ 和 $C_{b'c}$　　　　　D. 都不是

(4) 耦合回路中,(　　)为临界耦合;(　　)为弱耦合;(　　)为强耦合。

A. $\eta>1$　　　　B. $\eta<1$　　　　C. $\eta=1$　　　　D. $\eta\neq1$

(5) 声表面波滤波器的中心频率可(　　),相对带宽(　　);矩形系数(　　)。

A. 很高　　　　　B. 很低　　　　　C. 较窄　　　　　D. 较宽

E. 小　　　　　　F. 大

### 3. 问答与计算题

(1) 若要解决小信号调谐放大器通频带和选择性之间的矛盾,有哪些途径?

(2) 选频放大器有什么特点? 采用选频放大器的目的是什么?

(3) 三级相同的单调谐中频放大器级联,工作频率 $f_0=450\text{kHz}$,总电压增益为 60dB,总带宽为 8kHz,求每一级的增益、3dB 带宽和有载 $Q_L$ 值。

(4) 某信号的中心频率为 10.7MHz,信号带宽为 6MHz,输入信号为 1mV。若采用多级单调谐放大器放大该信号,在保证放大器的输出信号不少于 0.7V 的情况下,需要采用几级增益为 10 的单调谐放大器? 单级放大器的通频带不少于多少 MHz? 所构成的放大器增益为多少 dB?

# 第 3 章　高频功率放大器

## 3.1　内容提要和知识结构框图

### 1. 内容提要

高频功率放大器是通信系统中发送装置的重要组件。它是一种能量转换器件,将电源供给的直流能量转换为高频交流输出。

通信中应用的高频功率放大器,按其工作频带的宽窄划分为窄带和宽带两种。窄带高频功率放大通常以谐振电路作为输出回路,故又称为调谐功率放大器;宽带高频功率放大的输出电路则是传输线变压器或其他宽带匹配电路,因此又称为非调谐功率放大器。本章主要讨论调谐功率放大器,而对宽带高频功率放大器仅作一简要介绍。

高频调谐功率放大器也是以谐振电路作为集电极负载,完成阻抗匹配和滤波功能,故又称为调谐功率放大器。要注意它和小信号调谐放大器的主要区别。

本章所涉及的内容主要有调谐功放的用途与特点,调谐功率放大器的工作原理、功率和效率的意义和计算,区别五种功率和两种效率,调谐功率放大器的动态特性以及工作状态分析,调谐功率放大器的实用电路,功率晶体管的高频效应,倍频器等。

根据调谐功率放大器在工作时是否进入饱和区,可将放大器分为欠压、临界和过压三种工作状态。要熟练掌握调谐功率放大器的三种工作状态及其判别方法和阻抗变换问题。要重点掌握外部参数包括 $R_c$、$E_c$、$E_b$、$U_{bm}$ 变化对放大器工作状态的影响,分别得到的调谐功放的负载特性、集电极调制特性、基极调制特性、振幅特性。要注意这几个特性的意义和用途,特别是调谐功放的调制特性,为第 5 章振幅调制与解调的学习打好基础。第 5 章中高电平基极和集电极调幅电路就是基于调谐功放的基极调制特性、集电极调制特性来实现的。

### 2. 知识结构框图

本章知识结构框图如图 3-1 所示。

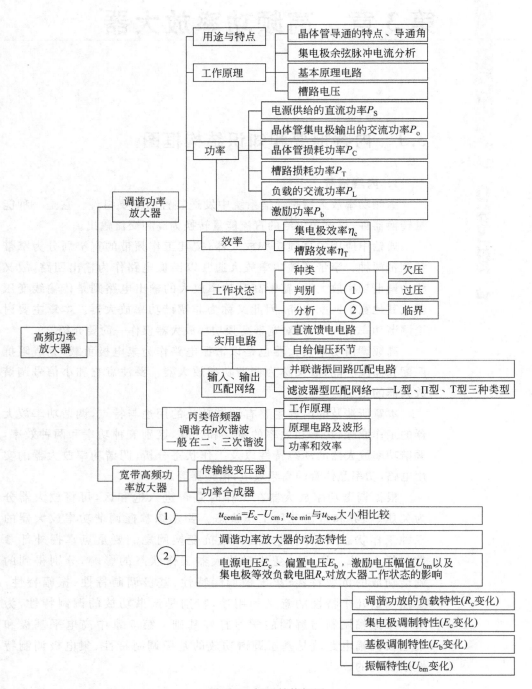

图 3-1　知识结构框图

## 3.2 本章知识点

1. 调谐功放的用途与特点(与小信号调谐放大器进行比较)(重点)

2. 调谐功率放大器的工作原理(重点)

(1) 基本原理电路;

(2) 晶体管特性的折线化;

(3) 晶体管导通的特点、导通角;

(4) 集电极余弦脉冲电流分析;

(5) 槽路电压。

3. 功率和效率,区别五种功率和两种效率(重点)

4. 调谐功率放大器的工作状态分析(重点、难点)

(1) 调谐功率放大器的动态特性;

(2) 调谐功率放大器的三种工作状态及其判别方法;

(3) $R_c$、$E_c$、$E_b$、$U_{bm}$ 变化对放大器工作状态的影响;

(4) 不同工作状态下电流、电压与 $R_c$ 的关系;

(5) 不同工作状态下功率、集电极效率 $\eta_c$ 与 $R_c$ 的关系。

5. 调谐功率放大器的实用电路

(1) 直流馈电电路(重点);

(2) 自给偏压环节——基流偏压与射流偏压(重点、难点);

(3) 输入、输出匹配网络。

6. 功率晶体管的高频效应(难点)

(1) 功率晶体管的电流放大倍数;

(2) 晶体管高频工作时载流子渡越时间的影响;

(3) 晶体管高频工作时对饱和压降的影响。

7. 倍频器(重点)

(1) 丙类倍频器的原理电路及波形;

(2) 丙类倍频器的工作原理。

8. 集成高频功率放大电路及应用简介

9. 宽带高频功率放大器

(1) 传输线变压器;

(2) 功率合成器。

## 3.3 重点及难点内容分析

### 3.3.1 调谐功放的用途与特点

高频功率放大器是一种能量转换器件,它将电源供给的直流能量转换为高频交流输出。

　　高频调谐功率放大器是通信系统中发送装置的重要组件,它也以谐振电路作为集电极负载,完成阻抗匹配和滤波功能,故又称为调谐功率放大器。它和小信号调谐放大器的主要区别列于表 3-1。

表 3-1　调谐功放和小信号调谐放大器的比较

| 比较项目 | 调 谐 功 放 | 小信号调谐放大器 |
|---|---|---|
| 电路 | 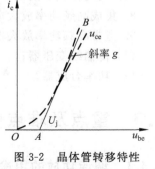 | |
| 输入信号 | 大(为几百毫伏到几伏) | 小(在微伏到毫伏数量级) |
| 晶体管工作区域 | 晶体管工作延伸到非线性区域——截止和饱和区 | 线性区 |
| 工作状态 | 丙类 | 甲类 |
| 输出功率 | 大 | 小 |
| 功率增益 | 小 | 大(通过阻抗匹配) |

　　通信中应用的高频调谐功率放大器,按其工作频率、输出功率、用途等的不同要求,可以采用晶体管或电子管作为功率调谐放大器的电子器件。晶体管有耗电少、体积小、重量轻、寿命长等优点,在许多场合应用。本章主要讨论晶体管调谐功率放大器。但是对于千瓦级以上的发射机大多数还是采用电子管调谐功率放大器。

### 3.3.2　折线近似分析法——晶体管特性的折线化

　　所谓折线近似分析法,是将电子器件的特性理想化,每条特性曲线用一组折线来代替。这样就忽略了特性曲线弯曲部分的影响,简化了电流的计算,虽然计算精度较低,但仍可满足工程的需要。

　　图 3-2 用实线画出了折线后晶体管的转移特性。图中虚线是晶体管静态特性。由图可见,输入特性可用两段直线 $OA$ 和 $AB$ 近似。

　　折线化后的 $AB$ 线斜率为 $g$(约几十至几百毫安/伏)。此时,理想静态特性可用下式表示

$$i_c = \begin{cases} g(u_{be} - U_j), & u_{be} > U_j \\ 0, & u_{be} < U_j \end{cases} \quad (3\text{-}1)$$

图 3-2　晶体管转移特性及其折线化

　　折线近似分析法可以使计算简化,在一定程度上能反映出特性曲线的基本特点。对于分析大幅度电压或电流作用下的非线性电路有一定的准确

度。常用来分析大信号调幅、检波和调谐功率放大器。

### 3.3.3　调谐功率放大器的工作原理

#### 1. 基本原理电路

调谐功率放大器的基本原理电路如图 3-3 所示。输入信号经变压器 $T_1$ 耦合到晶体管基-射极,这个信号也称为激励信号。$E_c$ 是直流电源电压;$E_b$ 是基极偏置电源电压。这里 $E_b$ 和小信号调谐放大器的偏置不同,是采用反向偏置,目的是使放大器工作在丙类。$L,C$ 组成并联谐振回路,作为集电极负载,这个回路也称为槽路。放大后的信号通过变压器 $T_2$ 耦合到负载 $R_L$ 上。

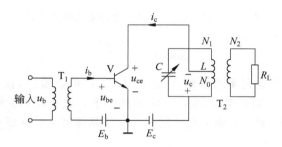

图 3-3　调谐功率放大器原理电路

在实际工作中,为了节省电源,可以不加偏置,或采用自给偏压环节代替 $E_b$。

#### 2. 晶体管导通的特点、导通角

由于调谐功率放大器采用的是反向偏置,在静态时,管子处于截止状态。

设输入信号为

$$u_b = U_{bm}\cos\omega t \tag{3-2}$$

则加到晶体管基-射极的电压为

$$u_{be} = U_{bm}\cos\omega t - E_b$$

$E_b$ 为绝对值,当激励信号 $u_b$ 足够大,超过反偏压 $E_b$ 及晶体管起始导通电压 $U_j$ 之和时,管子才导通。这样,管子只有在一周期的一小部分时间内导通。所以集电极电流是周期性的余弦脉冲,波形如图 3-4 所示。管子导通的时间可用角度 $\theta$ 衡量,$\theta$ 被称为导通角。当 $\theta = 180°$ 时,表明管子整个周期全导通,称为放大器工作在甲类;当 $\theta = 90°$ 时,表明管子半个周期导通,称为放大器工作在乙类;当 $\theta < 90°$ 时,表明管子导通不到半个周期,称为放大器工作在丙类。

将 $u_{be}$ 表示式代入式(3-1)可得 $i_c$ 的表达式:

$$i_c = g(U_{bm}\cos\omega t - U_j - E_b) \tag{3-3}$$

当 $\omega t = \theta$ 时,$i_c = 0$,即

$$g(U_{bm}\cos\theta - U_j - E_b) = 0$$

解方程得到

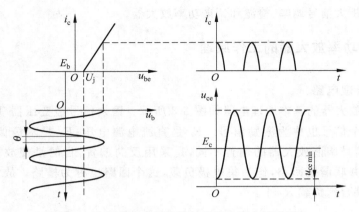

图 3-4　折线法分析非线性电路电流电压波形

$$\cos\theta = \frac{U_j + E_b}{U_{bm}} \tag{3-4}$$

导通角是调谐功率放大器的重要参数,由式(3-4)可以看出,在一定的$(U_j + E_b)$下,激励越强(即 $U_{bm}$越大),则 $\theta$ 越大;而在一定的激励下,$(U_j + E_b)$越大,$\theta$ 越小。在放大器的调整中,通过调整 $E_b$ 就可控制 $\theta$ 到所需值。由于晶体管起始导通电压的影响,即使 $E_b$ 等于零,导通角也小于 90°。

**3. 集电极余弦脉冲电流的分析**

周期性余弦脉冲电流 $i_c$ 可用傅氏级数展开为

$$i_c = I_{c0} + \sum_{n=1}^{\infty} I_{cnm}\cos n\omega t \tag{3-5}$$

直流分量 $I_{c0}$ 为

$$I_{c0} = \frac{1}{2\pi}\int_{-\pi}^{\pi} i_c \mathrm{d}\omega t = \frac{1}{2\pi}\int_{-\pi}^{\pi} I_{cmax}\frac{\cos\omega t - \cos\theta}{1 - \cos\theta}\mathrm{d}\omega t$$

$$= I_{cmax}\frac{\sin\theta - \theta\cos\theta}{\pi(1 - \cos\theta)} = I_{cmax}\alpha_0(\theta) \tag{3-6}$$

按照类似的方法,可求得各次基波、谐波的幅值。基波分量幅值为

$$I_{c1m} = I_{cmax}\frac{\theta - \sin\theta\cos\theta}{\pi(1 - \cos\theta)} = I_{cmax}\alpha_1(\theta) \tag{3-7}$$

对于 $n$ 次谐波的幅值为

$$I_{cnm} = I_{cmax}\frac{2(\sin n\theta\cos\theta - n\cos n\theta\sin\theta)}{\pi n(n^2 - 1)(1 - \cos\theta)} = I_{cmax}\alpha_n(\theta) \tag{3-8}$$

$\alpha_0(\theta), \alpha_1(\theta), \alpha_n(\theta)$ 分别称为余弦脉冲的直流、基波、$n$ 次谐波的分解系数。一般可简写为 $\alpha_0, \alpha_1, \alpha_n$。

为了使用方便,将几个常用系数与 $\theta$ 的关系绘制在图 3-5 中。根据以上讨论,可得出如下结论:调谐功率放大器的激励信号大,它的转移特性曲线可用折线近似。在余弦信号激励时,只要知道电流的导通角 $\theta$,就可求得各次谐波的分解系数 $\alpha$。若电流的峰值也已知,电流各次谐波分量就完全确定。利用这种方法分析非线性回路,计算十分方便。

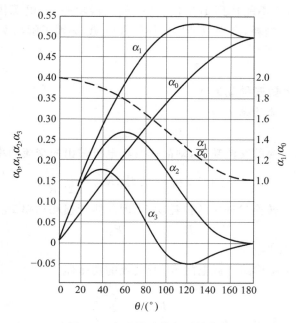

图 3-5　余弦脉冲分解系数曲线

**4. 槽路电压**

在调谐功率放大器中,槽路是调谐在信号基波频率的,槽路对基波具有最大的阻抗,并且表现为纯电阻性,而对于其他谐波,其阻抗要小得多,甚至可以忽略不计(当槽路的品质因数足够高时)。所以可以认为,槽路电压基本上是一个正弦波——即基波。这样,虽然集电极电流是余弦脉冲,但借助于槽路的选频作用,仍可获得基本正弦的电压输出。

集电极电压 $u_{ce}$ 的波形如图 3-4 所示。晶体管集电极电压为

$$u_{ce} = E_c - U_{cm}\cos\omega t \tag{3-9}$$

式中,$U_{cm}$ 是槽路(抽头部分)电压幅值:

$$U_{cm} = I_{c1m}R_c \tag{3-10}$$

$R_c$ 是集电极等效负载电阻,也即槽路调谐在基波频率时,并联谐振电阻 $R$ 折算到抽头部分的数值,即

$$R_c = \left(\frac{N_0}{N_1}\right)^2 R = \left(\frac{N_0}{N_1}\right)^2 Q_L\omega L \tag{3-11}$$

应该注意的是,上述计算中没有考虑晶体管的输出阻抗,这是因为调谐功率放大器的负载一般远小于晶体管输出阻抗,在计算中可以忽略它的影响。

### 3.3.4　功率和效率

从能量转换方面看,放大器是通过晶体管把直流功率转换成交流功率,通过槽路把脉冲功率转换为正弦功率,然后传输给负载。在能量的转换和传输过程中,不可避免地产生

损耗,所以放大器的效率不能达到 100%。功率放大器功率大,电源供给、管子发热等问题也大。为了尽量减小损耗,合理地利用晶体管和电源,必须了解功率放大器的功率和效率问题。

### 1. 调谐功率放大器五种功率

(1) 电源供给的直流功率 $P_S$:

$$P_S = E_c I_{c0} \tag{3-12}$$

(2) 通过晶体管转换的交流功率,即晶体管集电极输出的交流功率 $P_o$:

$$P_o = \frac{1}{2} U_{cm} I_{c1m} = \frac{1}{2} I_{c1m}^2 R_L = \frac{1}{2} \frac{U_{cm}^2}{R_L} \tag{3-13}$$

(3) 晶体管在能量转换过程中的损耗功率,即晶体管损耗功率 $P_C$:

$$P_C = P_S - P_o \tag{3-14}$$

(4) 槽路损耗功率 $P_T$。

槽路损耗功率 $P_T$ 是槽路空载电阻 $R_0$ 所吸收的功率即

$$P_T = \frac{U_m^2}{2R_0} = \frac{U_m^2}{2Q_0 \omega L} \tag{3-15}$$

式中,$U_m$ 为槽路两端的电压幅值。

(5) 通过槽路送给负载的交流功率,即 $R_L$ 上得到的功率 $P_L$:

$$P_L = P_o - P_T \tag{3-16}$$

### 2. 两种效率

(1) 集电极效率 $\eta_c$

晶体管转换能量的效率叫集电极效率,以 $\eta_c$ 表示,其计算式为

$$\eta_c = \frac{P_o}{P_S} = \frac{U_{cm} I_{c1m}}{2 E_c I_{c0}} = \frac{1}{2} \frac{U_{cm}}{E_c} \frac{\alpha_1 I_{c\,max}}{\alpha_0 I_{c\,max}} = \frac{1}{2} \frac{\alpha_1}{\alpha_0} \frac{U_{cm}}{E_c} \tag{3-17}$$

式(3-17)说明 $\eta_c$ 与比值 $\frac{\alpha_1}{\alpha_0}$,$\frac{U_{cm}}{E_c}$ 成正比。

$\frac{\alpha_1}{\alpha_0}$ 是集电极电流利用系数。$\frac{\alpha_1}{\alpha_0}$ 也是 $\theta$ 的函数,图 3-5 所示曲线表明,$\theta$ 越小,$\frac{\alpha_1}{\alpha_0}$ 越大。在极限情况下,$\theta = 0$,$\frac{\alpha_1}{\alpha_0} = 2$,即基波电流为直流电流的两倍。在实际工作中 $\theta$ 也不宜太小,因为 $\theta$ 小,虽然 $\frac{\alpha_1}{\alpha_0}$ 大,但 $\alpha_1$ 太小,则 $I_{c1m}$ 也小,就会造成输出功率过小。

为了兼顾输出功率和效率两个方面,通常取 $\theta = 40° \sim 70°$ 为宜。这时 $\frac{\alpha_1}{\alpha_0} = 1.7 \sim 1.9$,与极限值 2 比较,下降不多。

$\frac{U_{cm}}{E_c}$ 是集电极基波电压幅值与直流电源电压之比,称为集电极电压利用系数。基波电压幅值为

$$U_{cm} = \alpha_1 I_{c\,max} R_c \tag{3-18}$$

它与负载、激励大小及导通角有关。不论由于上述什么原因使 $U_{cm}$ 增大时，则 $\dfrac{U_{cm}}{E_c}$ 也增大，从而使 $\eta_c$ 提高。

（2）槽路效率 $\eta_T$

槽路将交流功率 $P_o$ 传送给负载的效率叫槽路效率，以 $\eta_T$ 表示，其计算式为

$$\eta_T = \frac{P_L}{P_o} = \frac{P_o - P_T}{P_o} \tag{3-19}$$

图 3-6 是负载折算到槽路的等效回路，$U_m$ 为回路两端的电压幅值。由图可以看出，负载功率 $P_L$ 是 $R_L'$ 所吸收的功率，槽路损耗功率 $P_T$ 是槽路空载电阻 $R_0$ 所吸收的功率；而集电极给出的基波功率 $P_o$ 相当于总电阻 $R$ 所吸收的功率。这些功率都可用槽路电压和各有关电阻表示。即

$$P_o = \frac{U_m^2}{2R} = \frac{U_m^2}{2Q_L\omega L}$$

$$P_T = \frac{U_m^2}{2R_0} = \frac{U_m^2}{2Q_0\omega L}$$

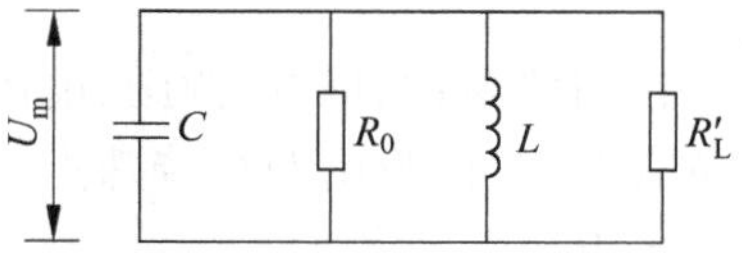

图 3-6　负载折算到槽路的等效
回路及其功率关系

将以上两式代入式（3-19）可得

$$\eta_T = \frac{P_o - P_T}{P_o} = \frac{\dfrac{U_m^2}{2Q_L\omega L} - \dfrac{U_m^2}{2Q_0\omega L}}{\dfrac{U_m^2}{2Q_L\omega L}} = \frac{Q_0 - Q_L}{Q_0} \tag{3-20}$$

式（3-20）表明，$\eta_T$ 决定于槽路的空载与有载品质因数。$Q_0$ 越大，$Q_L$ 越小，则 $\eta_T$ 越高。实际上，由于受到槽路元件质量的限制，$Q_0$ 不可能很大，一般只有几十到几百。$Q_L$ 也不能太小，否则槽路滤波效果太差，输出波形不好，一般至少要 $Q_L = 5 \sim 10$。

综上所述，为了尽可能利用小功率容量的管子和电源，输出较大的功率，应力求 $\eta_c$ 和 $\eta_T$ 高，$\eta_c$ 高要适当选取 $\theta$，电压利用系数尽可能大；$\eta_T$ 高，要求槽路空载品质因数 $Q_0$ 大，即应选用低损耗的电感和电容元件。

### 3.3.5　调谐功率放大器的欠压、临界和过压三种工作状态分析

为了讨论调谐功率放大器不同工作状态对电压、电流、功率和效率的影响，需要对调谐功率放大器的动态特性进行分析。

#### 1. 调谐功率放大器的动态特性

调谐功率放大器的动态特性是晶体管内部特性和外部特性结合起来的特性（即实际放大器的工作特性）。晶体管内部特性是在无载情况下，晶体管的转移特性（见图 3-2）。晶体管外部特性是在有载情况下，晶体管输入、输出电压（$u_{be}, u_{ce}$）同时变化时，$i_c \sim u_{be}$，$i_c \sim u_{ce}$ 特性。

放大区动态特性由下列三个方程求得：

内部特性方程

$$i_c = g(u_{be} - U_j) \tag{3-21}$$

外部特性方程

$$\begin{cases} u_{be} = -E_b + U_{bm}\cos\omega t \\ u_{ce} = E_c - U_{cm}\cos\omega t \end{cases} \tag{3-22}$$

将 $u_{be}$ 代入式(3-21),得

$$i_c = g(-E_b + U_{bm}\cos\omega t - U_j) \tag{3-23}$$

由于 $u_{ce} = E_c - U_{cm}\cos\omega t$,则有

$$\cos\omega t = \frac{E_c - u_{ce}}{U_{cm}}$$

代入式(3-23)得

$$i_c = g\left(-E_b - U_j + U_{bm}\frac{E_c - u_{ce}}{U_{cm}}\right) \tag{3-24}$$

在回路参数、偏置、激励、电源电压确定后,$i_c = f(u_{ce})$。它表明放大器的动态特性是一条直线,只需找出两个特殊点,就可把动态线绘出。例如,要确定静态工作点 $Q$ 和起始导通点 $B$。

对于静态工作点 $Q$,其特征是 $u_{ce} = E_c$,代入式(3-24)得

$$i_c = g(-E_b - U_j) = -g(U_j + E_b)$$

由于调谐功率放大器的 $E_b$ 和 $U_j$ 恒为正,所以 $i_c$ 为负值。$Q$ 点的坐标值(见图 3-7)为

$$Q[E_c, -g(U_j + E_b)]$$

$Q$ 点位于横坐标的下方,即对应于静态工作点的电流为负,这实际上是不可能的,它说明 $Q$ 点是个假想点,反映了丙类放大器处于截止状态,集电极无电流。

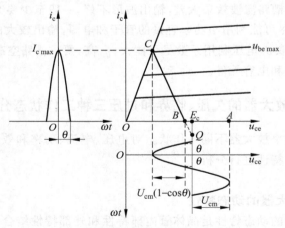

图 3-7 调谐功率放大器的动态特性

对于起始导通点 $B$,其特征是 $i_c = 0$,代入式(3-24)得

$$0 = g\left(-E_b - U_j + U_{bm}\frac{E_c - u_{ce}}{U_{cm}}\right)$$

解方程得

$$u_{ce} = E_c - U_{cm}\frac{U_j + E_b}{U_{bm}} = E_c - U_{cm}\cos\theta$$

此时，$\omega t = \theta$，$i_c = 0$，晶体管刚好处于截止到导通的转折点，$B$ 点的坐标为

$$B[E_c - U_{cm}\cos\theta, 0]$$

连接 $Q$ 点和 $B$ 点的直线并向上延长与 $u_{bemax}$（$u_{bemax} = U_{bm} - E_b$）相交于 $C$ 点，则直线 $BC$ 段就是晶体管处于放大区的动态线。图 3-7 中直线 $AB$ 段是晶体管处于截止状态的动态线，此时，$i_c = 0$。当放大器工作在临界状态时，$C$ 点刚好在饱和线与动态线的交点；当放大器工作在过压状态时，$C$ 点沿着饱和线 $CO$ 移动，此时，$i_c$ 只受 $u_{ce}$ 控制。调谐功率放大器的整个动态特性是由 $AB$，$BC$，$CO$ 三段直线构成。

调谐功率放大器的动态电阻可用动态线斜率的倒数求得。由图 3-7 可直接求出，它是晶体管导通时集电极电压脉冲波形的高度 $U_{cm}(1-\cos\theta)$ 与集电极余弦脉冲电流的高度 $I_{cmax}$ 之比。表示为

$$R'_c = \frac{U_{cm}(1-\cos\theta)}{I_{c\,max}} = \frac{I_{c1m}R_c(1-\cos\theta)}{I_{c\,max}} = \alpha_1(\theta)(1-\cos\theta)R_c \tag{3-25}$$

从式（3-25）可以看出，调谐功率放大器的动态电阻不仅与导通角 $\theta$ 有关，而且与等效负载电阻 $R_c$ 有关。

**2. 调谐放大器的三种工作状态及其判别方法**

根据调谐功率放大器在工作时是否进入饱和区，可将放大器分为欠压、临界和过压三种工作状态。

（1）欠压——若在整个周期内，晶体管工作不进入饱和区，也即在任何时刻都工作在放大状态，称放大器工作在欠压状态；

（2）临界——若刚刚进入饱和区的边缘，称放大器工作在临界状态；

（3）过压——若晶体管工作时有部分时间进入饱和区，则称放大器工作在过压状态。

工作状态的判别方法如下：

由图 3-3 可知，管子集电极电压 $u_{ce}$ 在 $E_c \pm U_{cm}$ 之间变化，其最低点为 $u_{cemin} = E_c - U_{cm}$。当 $u_{ce}$ 很低时，管子工作就进入饱和区。所以根据 $u_{cemin}$ 的大小，就可判断放大器处于什么工作状态。

当 $u_{cemin} > U_{ces}$，放大器工作在欠压状态；

当 $u_{cemin} = U_{ces}$，放大器工作在临界状态；

当 $u_{cemin} < U_{ces}$，放大器工作在过压状态。

例如：当 $E_c = 12\text{V}$，$U_{cm} = 11.5\text{V}$，管子的饱和压降 $U_{ces} = 1\text{V}$ 时，判断放大器处于什么工作状态？

由于

$$u_{cemin} = E_c - U_{cm} = 12 - 11.5 = 0.5\text{V} < U_{ces}$$

所以放大器工作在过压状态。

**3. $R_c$, $E_c$, $E_b$ 和 $U_{bm}$ 变化对放大器工作状态的影响**

因为

$$u_{ce\min} = E_c - U_{cm} = E_c - \alpha_1 I_{c\max} R_c$$

所以放大器的这三种工作状态取决于电源电压 $E_c$、偏置电压 $E_b$、激励电压幅值 $U_{bm}$ 以及集电极等效负载电阻 $R_c$。

(1) 调谐功放的负载特性(集电极等效负载电阻 $R_c$ 变化)

当调谐功率放大器的电源电压 $E_c$、偏置电压 $E_b$ 和激励电压幅值 $U_{bm}$ 一定,改变集电极等效负载电阻 $R_c$ 后,放大器的集电极电流、槽路电压 $U_{cm}$、输出功率 $P_o$、效率 $\eta$ 随晶体管等效负载电阻 $R_c$ 的变化特性被称为调谐功率放大器的负载特性。

图 3-8 表示在三种不同负载电阻 $R_c$ 时,作出的三条不同动态特性 $QA_1$,$QA_2$,$QA_3A_3'$。其中 $QA_1$ 对应于欠压状态,$QA_2$ 对应于临界状态,$QA_3A_3'$ 对应于过压状态。$QA_1$ 相对应的负载电阻 $R_c$ 较小,$U_{cm}$ 也较小,集电极电流波形是余弦脉冲。随着 $R_c$ 增加,动态负载线的斜率逐渐减小,$U_{cm}$ 逐渐增大,放大器工作状态由欠压到临界,此时电流波形仍为余弦脉冲,只是幅值比欠压时略小。当 $R_c$ 继续增大,$U_{cm}$ 进一步增大,放大器即进入过压状态工作。此时动态负载线 $QA_3$ 与饱和线相交,此后电流 $i_c$ 随 $U_{cm}$ 沿饱和线下降到 $A_3'$ 点。电流波形顶端下凹,呈马鞍形。

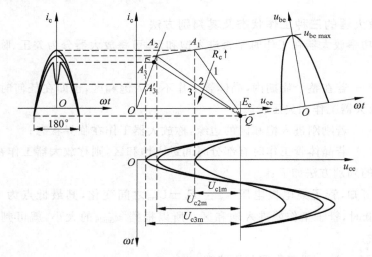

图 3-8　不同负载电阻时的动态特性

通过以上分析知道,负载 $R_c$ 变化引起 $i_c$ 电流波形和 $I_{c0}$,$I_{c1m}$ 的变化,从而引起 $U_{cm}$,$P_o$,$\eta_c$,$P_S$ 的变化。

图 3-9(a),(b)是放大器的负载特性曲线。

图 3-9(a)表示不同工作状态下电流、电压与 $R_c$ 的关系;图 3-9(b)表示不同工作状态下功率、集电极效率 $\eta_c$ 与 $R_c$ 的关系。

现对三种工作状态进行比较。

欠压状态时,电流 $I_{c1m}$ 基本不随 $R_c$ 变化,放大器可视为恒流源。输出功率 $P_o$ 随 $R_c$

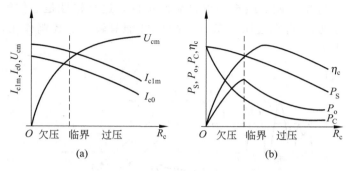

图 3-9　放大器的负载特性

增大而增加,电源供给功率随 $R_c$ 增大而减小。由 $P_S = E_c I_{c0}$ 可知,由于电源电压不随 $R_c$ 变化,$P_S$ 和 $I_{c0}$ 的变化规律一样,随 $R_c$ 增大而减小。耗损功率 $P_C$ 随 $R_c$ 减小而增加。当 $R_c = 0$,即负载短路时,集电极耗损功率 $P_C$ 达到最大值,这时有可能烧毁晶体管。因此在实际调整时,千万不可将放大器的负载短路。一般在基极调幅电路中采用欠压工作状态。

临界状态时,放大器输出功率最大,效率也较高,这时候的放大器工作在最佳状态。一般发射机的末级功放多采用临界工作状态。

过压状态时,$I_{c0}$,$I_{c1m}$ 随 $R_c$ 增大而减小,但由于 $R_c$ 增大,总的结果是 $U_{cm}$ 随 $R_c$ 增大仍有缓慢上升的趋势。输出功率 $P_o$ 随 $R_c$ 增大而减小,电源供给功率 $P_S = E_c I_{c0}$ 随 $R_c$ 增大而迅速减小,晶体管的集电极损耗功率 $P_C = P_S - P_o$,随负载 $R_c$ 的变化如图 3-9(b)所示。集电极效率 $\eta_c = \dfrac{P_o}{P_S}$,$P_S$ 和 $P_o$ 均随着 $R_c$ 继续增大而下降,但刚过临界点时,$P_o$ 的下降没有 $P_S$ 下降快,所以 $\eta_c$ 继续有所增加,随着 $R_c$ 继续增大,$P_o$ 的下降比 $P_S$ 快,所以 $\eta_c$ 也相应地有所下降。因此,在靠近临界点的弱过压区 $\eta_c$ 的值最大。

在实际调整中,调谐功放可能会经历上述三种状态,利用负载特性就可以正确判断各种状态,以进行正确的调整。

(2) 调谐功放的调制特性

① 集电极调制特性(集电极电源电压 $E_c$ 变化)

集电极调制特性是指当 $E_b$,$U_{bm}$,$R_c$ 保持恒定,放大器的性能随集电极电源电压 $E_c$ 变化的特性。当 $E_c$ 改变时,放大器工作状态的变化如图 3-10 所示。因为 $E_b$,$U_{bm}$ 不变,$u_{bemax} = U_{bm} - E_b$ 不变,$I_{c1m}$ 不变,又因为 $R_c$ 不变,动态负载特性曲线的斜率也不变,但因为 $u_{cemin} = E_c - U_{cm}$,$E_c$ 变化,$u_{cemin}$ 也随之变化,使得 $u_{cemin}$ 和 $U_{ces}$ 的相对大小发生变化。当 $E_c$ 较大时,$u_{cemin}$ 具有较大数值,且远大于 $U_{ces}$,放大器工作在欠压状态。随着 $E_c$ 减小,$u_{cemin}$ 也减小,当 $u_{cemin}$ 接近 $U_{ces}$ 时,放大器工作在临界状态。$E_c$ 再减小,$u_{cemin}$ 小于 $U_{ces}$ 时,放大器工作在过压状态。在图 3-10 中,$E_c = E_{c2}$ 时,放大器工作在临界状态;$E_c > E_{c2}$ 时,放大器工作在欠压状态;$E_c < E_{c2}$ 时,放大器工作在过压状态。即当 $E_c$ 由大变小时,放大器的工作状态由欠压进入过压,$i_c$ 波形也由余弦脉冲波形变为中间出现凹陷的脉冲波。由于 $E_c$ 控制 $i_c$ 波形的变化,$I_{c0}$,$I_{c1m}$ 以及 $U_{cm} = I_{c1m} R_c$ 也同样随 $E_c$ 变化而变化。图 3-11

绘出了 $E_c$ 对 $I_{c1m}$，$U_{cm}$ 的控制曲线即集电极调制特性。这个特性是晶体管集电极调幅的理论依据。由图可见，只有在过压状态，$E_c$ 对 $U_{cm}$ 才能有较大的控制作用，所以集电极调幅应工作在过压状态。

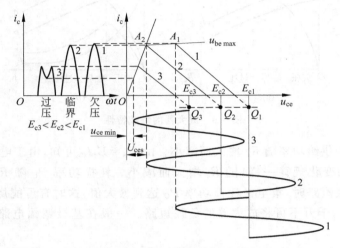

图 3-10　$E_c$ 改变时工作状态的影响

② 基极调制特性(基极偏置电压 $E_b$ 变化)

基极调制特性是指当 $E_c$，$U_{bm}$，$R_c$ 保持恒定，放大器的性能随基极偏置电压 $E_b$ 变化的特性。因为 $u_{bemax} = U_{bm} - E_b$，$U_{bm}$ 一定时，当 $E_b$ 的值改变时，$u_{bemax}$ 随之改变，从而导致 $i_{cmax}$ 和 $\theta$ 的变化。在欠压状态下，由于 $u_{bemax}$ 较小，所以 $i_{cmax}$ 和 $\theta$ 也较小，从而 $I_{c0}$，$I_{c1m}$ 都较小。当 $E_b$ 值的改变使 $u_{bemax}$ 增大时，$i_{cmax}$ 和 $\theta$ 也增大，从而 $I_{c0}$，$I_{c1m}$ 也随之增大，当 $u_{bemax}$ 增大到一定程度，放大器的工作状态由欠压进入过压，电流波形出现凹陷。但此时，$i_{cmax}$ 和 $\theta$ 还会增大，所以 $I_{c0}$，$I_{c1m}$ 随着 $E_b$ 增大略有增加。又由于 $R_c$ 不变，所以 $U_{cm}$ 的变化规律与 $I_{c1m}$ 一样。图 3-12 给出了 $I_{c0}$，$I_{c1m}$，$U_{cm}$ 随 $E_b$ 变化的特性曲线。由图可以看出，在欠压区，高频振幅 $U_{cm}$ 基本随 $E_b$ 成线性变化，$E_b$ 对 $U_{cm}$ 有较强的控制作用，这就是基极调幅的工作原理。

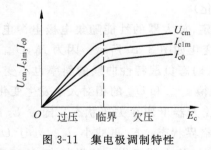

图 3-11　集电极调制特性　　　　图 3-12　基极调制特性

(3) 调谐功放的振幅特性(激励振幅 $U_{bm}$ 变化)

调谐功放的振幅特性是指当 $E_c$，$E_b$，$R_c$ 保持恒定，放大器的性能随激励振幅 $U_{bm}$ 变化的特性。因为 $u_{bemax} = U_{bm} - E_b$，$E_b$ 和 $U_{bm}$ 决定了放大器的 $u_{bemax}$，因此改变 $U_{bm}$ 的情况和

改变 $E_b$ 的情况类似。图 3-13 给出了调谐功放的振幅特性。由图可以看出,在欠压区,高频振幅 $U_{cm}$ 基本随 $U_{bm}$ 成线性变化,所以为使输出振幅 $U_{cm}$ 反映输入信号 $U_{bm}$ 的变化,放大器必须在 $U_{bm}$ 变化范围内工作在欠压状态。而当调谐功放用作限幅器,将振幅 $U_{bm}$ 在较大范围内变化的输入信号变换为振幅恒定的输出信号时,由图 3-13 可以看出,此时放大器必须在 $U_{bm}$ 变化范围内工作在过压状态。

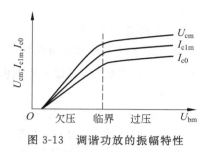

图 3-13　调谐功放的振幅特性

### 3.3.6　调谐功率放大器的实用电路

调谐功率放大器电路包括直流馈电电路、偏置电路、输出和输入匹配电路(或网络)。

**1. 直流馈电电路**

直流馈电电路分为串馈和并馈两种。所谓串馈是指电源、晶体管和负载是串联连接;而并馈是把三者并联在一起,如图 3-14 所示。

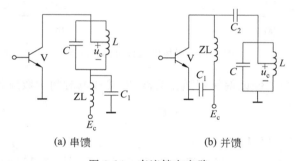

(a) 串馈　　　　　　　　　　(b) 并馈

图 3-14　直流馈电电路

虽然串馈和并馈电路形式不同,但输出电压都是直流电压和交流电压的叠加,关系式均为 $u_{ce} = E_c - U_{cm}\cos\omega t$。串馈和并馈电路各有不同的优缺点,并馈电路中由于有 $C_2$ 隔断直流,谐振回路处于直流地电位上,因而滤波元件可以直接接地,这样它们在电路板上的安装比串馈电路方便。但高频扼流圈 ZL、隔直电容 $C_2$ 又都处在高频电压下,对调谐回路又有不利影响。特别是馈电支路与谐振回路并联,馈电支路的分布电容,将使放大器 c-e 端总电容增大,限制了放大器在更高频段工作。

串馈电路中,由于谐振回路通过旁路电容 $C_1$ 直接接地,所以馈电支路的分布参数不会影响谐振回路的工作频率。串馈电路适于工作在频率较高的情况。但串馈电路的缺点是谐振回路处于直流高电位上,谐振回路元件不能直接接地,调谐时外部参数影响较大,调整不便。

由于调谐功率放大器电流脉冲中含有各次谐波分量,当它们通过具有一定内阻的电源时,就会在电源两端叠加上高频电压,对其他线路造成影响。所以,串、并馈电路中都有高频扼流圈和旁路电容。

### 2. 自给偏压环节

调谐功率放大器基极电路的电源 $E_b$，很少使用独立电源，而一般多利用射极电流或基极电流的直流成分，通过一定的电阻而造成的电压作为放大器的自给偏压。这种方法叫自给偏压法。

（1）射极电流自给偏压环节

射极电流自给偏压环节如图 3-15 所示。射极电流的直流成分 $I_{e0}$ 通过电阻 $R_e$ 形成的电压 $I_{e0}R_e$，其极性对晶体管是一个反偏压，偏压的大小可通过调节 $R_e$ 来达到。如所需的偏压为 $E_b$，则 $R_e$ 由下式确定：

$$R_e = \frac{E_b}{I_{e0}} \tag{3-26}$$

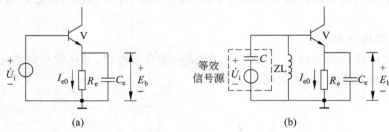

等效信号源

图 3-15　射极电流自给偏压环节

$C_e$ 对交流旁路，为了保证偏压不随交流波动，其放电时间常数应足够大，要求

$$R_e C_e \geqslant \frac{5}{f} \tag{3-27}$$

式中 $f$ 是放大器的工作频率。

当信号源有直流通路时，射极电流自给偏压环节可用图 3-15(a)所示电路。如果信号源无直流通路，则应加一个高频扼流圈 ZL 如图 3-15(b)所示，ZL 的作用是将射极偏压引向基极，同时也为基极直流提供通路。为了避免将输入信号短路，ZL 的电抗应相当大，其值约等于晶体管输入阻抗的 $10\sim 30$ 倍，但 ZL 的电抗也不宜过大，过大易引起低频寄生振荡。

射流偏压环节对放大器 $I_{e0}$ 的变化起负反馈作用，因此在欠压状态下对管子放大倍数的变化（如管子老化、更换管子或温度变化）适应性较强，温度稳定性好。但要消耗一定的 $E_c$，使管子的有效供电电压降低，这在 $E_c$ 较小情况下是不利的。因此当调谐功率放大器设计在欠压状态下工作时，采用射流偏压环节较好。

（2）基极电流自给偏压环节

基极电流自给偏压环节电路如图 3-16 所示。基极直流成分 $I_{b0}$ 通过电阻 $R_b$ 造成的电压 $I_{b0}R_b$，对基极是个反偏压。调整 $R_b$ 可以改变偏压的大小，故 $R_b$ 应根据所需的偏压来选取，即

$$R_b = \frac{E_b}{I_{b0}} \tag{3-28}$$

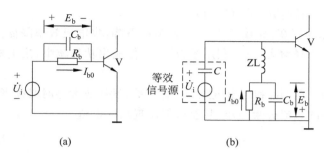

图 3-16　基极电流自给偏压环节

同理,为了减小 $E_b$ 电压随交流电流波动,$C_bR_b$ 的时间常数应满足

$$C_bR_b \geqslant \frac{5}{f} \qquad (3\text{-}29)$$

图 3-16(a)中的电路适用于信号源不含有直流成分的情况,否则 $R_b$ 上的压降将加到晶体管基-射极,影响管子正常工作。图 3-16(b)电路可用于图示信号源没有直流通路的情况,其中 ZL 是高频扼流圈,其作用是防止输入信号被 $C_b$ 短路,ZL 的选择与前面相同。

基极偏压环节对 $I_{b0}$ 有调节作用。当放大器由欠压转入过压时,基极电流上升,反偏压增大,相当于有效激励电压变小,从而自动地减轻其过压程度。这就使放大器输入阻抗的变化不致太激烈,对信号源有利。特别是当激励信号由振荡器直接供给时,对改善振荡器的稳定性有利。

因此当调谐功率放大器设计在过压状态下工作时,采用基流偏压环节较好。

### 3.3.7　功率晶体管的高频效应

前面的讨论没有考虑工作频率对放大器性能的影响。实际上,晶体管工作在高频时,性能变得非常复杂。

**1. 晶体管的高频效应定性介绍**

(1) 在低频情况下,认为共发射极晶体管电流放大倍数 $\beta$ 是一个常数。当工作频率升高时,$\beta$ 将随 $f$ 升高而减小。

(2) 晶体管在低频工作时,总认为 $i_b$,$i_c$ 是同时发生的,$i_c$ 仅仅在数值上比 $i_b$ 大 $\beta$ 倍。但实际上,由于基区载流子渡越时间的影响,$i_c$ 比 $i_b$,$i_e$ 滞后一个相角,幅值也比低频小得多。

(3) 当工作频率增加时,由于晶体管集电区集肤效应的影响,使电流趋向半导体材料的表面,减小了半导体材料的有效导电面积,使集电区欧姆体电阻大为增加,从而使饱和压降显著增加。

**2. 结论**

综合以上讨论得如下结论:

(1) 由于 $u_{b'e}$,$i_e$,$i_c$ 随频率增高而减小。因此,为了获得同样的输出功率,就需要加大

59

高频激励电压 $U_{bm}$、激励功率 $P_b$ 的数值。

(2) 由于 $i_c$ 脉冲展宽,导致了 $I_{c1m}/I_{c0}$ 比值的下降,集电极效率降低。

(3) 由于饱和压降增大,电压利用系数降低,使输出功率减小,集电极效率降低,管子损耗增大。

(4) 由于激励电压 $U_{bm}$ 和输出电压 $U_{cm}$ 有相移,设计放大器时必须考虑它的影响。

(5) 基极电流的直流分量减小,甚至可能出现反向电流。

### 3.3.8 倍频器

倍频器是一种将输入信号频率成整数倍(2倍,3倍,$\cdots$,$n$倍)增加的电路。它主要用于甚高频无线电发射机或其他电子设备的中间级。

倍频器按工作原理可分为两大类,一种是利用 PN 结电容的非线性变化,得到输入信号的谐波,这种倍频器称为"参变量倍频器"。另一种是"丙类倍频器"。

本节主要介绍用调谐功率放大器(丙类放大器)构成的倍频器,即所谓"丙类倍频器"。

**1. 丙类倍频器的工作原理**

图 3-17 为丙类倍频器的原理电路,从电路形式看,它与丙类放大器基本相同。不同之处在于丙类倍频器的集电极谐振回路是对输入频率 $f_i$ 的 $n$ 倍频谐振,而对基波和其他谐波失谐,$i_c$ 中的 $n$ 次谐波通过谐振回路,而基波和其他谐波被滤除,从而在谐振回路两端产生频率为 $nf_i$ 的输出电压。

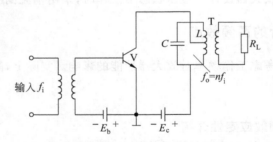

图 3-17 丙类倍频器的原理电路

例如,二倍频器的负载谐振回路的 $f_o$ 为 $2f_i$,所以,回路可以选出二次谐波,输出频率为 $2f_i$ 的电压信号,并滤除基波和其他谐波信号。

**2. 丙类倍频器的功率和效率**

利用前面分析的结果知道,$n$ 次倍频器输出的功率和效率为

$$P_{on} = \frac{1}{2} I_{cnm} U_{cnm} = \frac{1}{2} U_{cnm} \alpha_n(\theta) I_{cnmax} \tag{3-30}$$

$$\eta_{cn} = \frac{1}{2} \frac{I_{cnm}}{I_{c0}} \frac{U_{cnm}}{E_c} = \frac{1}{2} \frac{\alpha_n(\theta) U_{cnm}}{\alpha_0(\theta) E_c} \tag{3-31}$$

式中 $U_{cnm}$ 是谐振回路两端 $n$ 次谐波电压幅值。

由余弦脉冲分解系数可知,无论导通角 $\theta$ 为何值,$\alpha_n$ 均小于 $\alpha_1$,即在其他情况相同的条件下,丙类倍频器的输出功率和效率将远低于丙类放大器,且随着次数 $n$ 的增大而迅速降低。为了提高倍频器的输出功率和效率,要选择适当的导通角 $\theta$。例如:$n=2$ 的二倍频器,二次谐波系数最大($\alpha_2=0.278$)时,由图 3-5 可得,对应的导通角 $\theta$ 为 60°;$n=3$ 的三倍频器,三次谐波系数最大($\alpha_3=0.185$)时,对应的导通角 $\theta$ 为 40°,此时输出的功率和效率也最大。可见最佳导通角 $\theta$ 与倍频次数 $n$ 的关系为

$$\theta_n = \frac{120°}{n} \tag{3-32}$$

需要注意的是,由于高次谐波电流的幅度比基波小,而在倍频器的输出中,不仅需要滤去更高次谐波成分,而且还要滤去占相当比重的基波成分,而滤去后者要困难得多。因此在同样 $Q$ 值下,倍频器输出的波形失真比较大。为了进一步提高输出滤波能力,有时需要加一个专门滤除基波的环节,例如将一个调谐于基波频率的串联谐振电路并联于输出回路两端。

通过以上讨论知道,单级丙类倍频器一般只作二倍频器或三倍频器使用,若要提高倍频次数,可采用多级倍频器。例如使用串联连接的两级二倍频器就可以实现四次倍频。

## 3.4　典型例题分析

**例 3-1**　有一个高频功率管 3DA1 做成的谐振功率放大器,已知 $E_c=24\text{V}$,$P_o=2\text{W}$,工作频率 $f_0=10\text{MHz}$,导通角 $\theta=70°$。试验证该管是否满足要求。3DA1 的有关参数为 $f_T\geqslant70\text{MHz}$,$I_{CM}=740\text{mA}$,$U_{ces}$(集电极饱和压降)$\geqslant1.5\text{V}$,$P_{CM}=1\text{W}$,$BV_{ceo}\geqslant50\text{V}$。

**分析**　一个高频功率管作谐振功率放大器使用时,需要满足下列条件:

$$I_{CM}\geqslant I_{cmax}$$
$$BV_{ceo}\geqslant 2E_c$$
$$P_{CM}\geqslant P_C$$
$$f_T=(3\sim5)f_0$$

**解**　(1) 求集电极电流各成分

$$R_c=\frac{(E_c-U_{ces})^2}{2P_o}=\frac{(24-1.5)^2}{2\times2}\Omega=126\Omega$$

$$P_o=\frac{1}{2}I_{clm}^2R_c,\quad I_{clm}=\sqrt{2P_o/R_c}=174\text{mA}$$

$$I_{cmax}=\frac{I_{clm}}{\alpha_1(70°)}=\frac{174}{0.43}\text{mA}=405\text{mA}$$

$$I_{c0}=\alpha_0 I_{cmax}=0.25\times405\text{mA}=101\text{mA}$$

$$P_S=E_c I_{c0}=24\times101\text{W}=2.42\text{W}$$

(2) 求 $P_C$,$\eta_c$

$$P_C=P_S-P_o=(2.42-2)\text{W}=0.42\text{W}$$

$$\eta_c=\frac{P_o}{P_S}=\frac{2}{2.42}=83\%$$

（3）验证 3DA1 管是否满足要求

① $I_{cmax} = 405mA < I_{CM} = 750mA$；

② $P_C = 0.42W < P_{CM} = 1W$；

③ $BV_{ceo} \geqslant 50V$，满足 $BV_{ceo} \geqslant 2E_c = 48V$；

④ $f_T = (3 \sim 5) f_0$。

现取 $5 f_0 = 50MHz$，$f_T = 70MHz > 50MHz$。

因此 3DA1 管能满足要求。

**例 3-2** 已知某谐振功率放大器工作在临界状态，输出功率 $P_o = 15W$，且 $E_c = 24V$，$\theta = 70°$。$\alpha_0(70°) = 0.253$，$\alpha_1(70°) = 0.436$。功放管的参数为：临界线斜率 $g_{cr} = 1.5A/V$，$I_{CM} = 5A$。

（1）求直流功率 $P_S$、集电极损耗功率 $P_C$、集电极效率 $\eta_c$ 及最佳负载电阻 $R_{cp}$ 各为多少？

（2）若输入信号振幅增加一倍，功放的工作状态将如何变化？此时的输出功率大约为多少？

**分析** ① 根据已知输出功率 $P_o$ 及临界线斜率 $g_{cr}$ 求得 $U_{cm}$；

② 根据 $U_{cm} \rightarrow I_{cmax} \rightarrow I_{c0} \rightarrow P_S \rightarrow P_C$ 和 $\eta_c$；

③ 根据 $U_{cm}$ 及 $P_o \rightarrow R_{cp}$。

**解** （1）直流功率 $P_S$、集电极损耗功率 $P_C$、集电极效率 $\eta_c$ 及最佳负载电阻 $R_{cp}$ 的确定

① 根据已知输出功率 $P_o$ 及临界线斜率 $g_{cr}$ 求得 $U_{cm}$

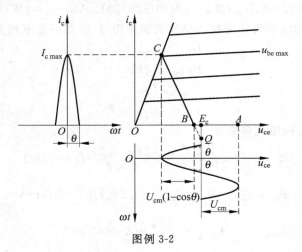

图例 3-2

图例 3-2 所示为调谐功率放大器的动态特性，由图可知：

$$U_{ces} = \frac{I_{cmax}}{g_{cr}}$$

$$I_{cmax} = g_{cr} U_{ces} = g_{cr}(E_c - U_{cm}) = 0.5 \times (24 - U_{cm})$$

$$I_{c1m} = \alpha_1 I_{cmax} = \alpha_1 g_{cr}(E_c - U_{cm}) = 0.436 \times 1.5 \times (24 - U_{cm}) = 0.654 \times (24 - U_{cm})$$

$$P_o = \frac{1}{2} I_{c1m} U_{cm} = \frac{1}{2} \times 0.654 \times (24 - U_{cm}) U_{cm}$$

$$= 0.327 \times (24 - U_{cm}) U_{cm} = 15W$$

$$U_{cm}^2 - 24 U_{cm} + 45.8 = 0, \quad U_{cm} = 21.84V$$

② 根据 $U_{cm} \rightarrow I_{cmax} \rightarrow I_{c0} \rightarrow P_S \rightarrow P_C$ 和 $\eta_c$

$$I_{cmax} = 1.5 \times (24 - U_{cm}) = 1.5 \times 2.16A = 3.24A$$

$$I_{c0} = \alpha_0 I_{cmax} = 0.253 \times 3.24A = 0.81A$$

$$P_S = E_c I_{c0} = 24 \times 0.81W = 19.4W$$

$$P_C = P_S - P_o = (19.4 - 15)W = 4.4W$$

$$\eta_c = \frac{P_o}{P_S} = \frac{15}{19.4} = 0.773 = 77.3\%$$

③ 根据 $U_{cm}$ 及 $P_o \rightarrow R_{cp}$

$$R_{cp} = \frac{U_{cm}^2}{2 P_o} = \frac{21.84^2}{2 \times 15} \Omega = 15.89 \Omega$$

(2) 若输入信号振幅增加一倍,根据功放的振幅特性,将工作在过电压状态,此时电压、电流几乎不变,故输出功率基本不变。

**例 3-3**　某调谐功率放大器,已知 $E_c = 24V, P_o = 5W$,问:

(1) 当 $\eta_c = 60\%$ 时,$P_C$ 及 $I_{c0}$ 值是多少?

(2) 若 $P_o$ 保持不变,将 $\eta_c$ 提高到 $80\%$,$P_C$ 减少多少?

**解**　(1) $\eta_c = \dfrac{P_o}{P_S}$,　$P_S = 8.33W$,　$I_{c0} = \dfrac{P_S}{E_c} = \dfrac{8.33}{24}A = 0.34A$

$$P_C = P_S - P_o = (8.33 - 5)W = 3.33W$$

(2) $\eta_c = \dfrac{P_o}{P_S}$

$$\eta_{c1} = \frac{P_o}{P_{S1}}, \quad 0.6 = \frac{P_o}{P_{S1}}, \quad P_{S1} = 8.33W, \quad P_{C1} = P_{S1} - P_o = (8.33 - 5)W = 3.33W$$

$$\eta_{c2} = \frac{P_o}{P_{S2}}, \quad 0.8 = \frac{P_o}{P_{S1}}, \quad P_{S2} = 6.25W, \quad P_{C2} = P_{S2} - P_o = (6.25 - 5)W = 1.25W$$

$$P_C = P_{C1} - P_{C2} = (3.33 - 1.25)W = 2.08W$$

**答**　当 $\eta_c = 60\%$ 时,$P_C = 3.33W$,$I_{c0} = 0.34A$;若 $P_o$ 保持不变,将 $\eta_c$ 提高到 $80\%$,$P_C$ 减少 $2.08W$。

# 3.5　思考题与习题解答

3-1　为什么低频功率放大器不能工作在丙类? 而高频功率放大器则可以工作在丙类?

**答**　低频功率放大器因其信号的频率覆盖系数大,不能采用谐振回路作负载,因此一般工作在甲类状态;采用推挽电路时可以工作在乙类。高频功率放大器因其信号的频率覆盖系数小,可以采用谐振回路作负载,故通常工作在丙类。

3-2　当谐振功率放大器的激励信号为正弦波时,集电极电流通常为余弦脉冲,而为什么能得到正弦电压输出?

**答**　采用谐振回路作为集电极负载,通过谐振回路的选频功能,可以滤除放大器的集电极电流中的谐波成分,选出基波分量,从而基本消除了非线性失真,能得到正弦电压输出。但是谐振回路的 $Q$ 值要足够大。

3-3　晶体管集电极效率是怎样确定的? 若提高集电极效率应从何处下手?

**答**　$$\eta_{\mathrm{c}} = \frac{P_{\mathrm{o}}}{P_{\mathrm{S}}} = \frac{U_{\mathrm{cm}} I_{\mathrm{c1m}}}{2 E_{\mathrm{c}} I_{\mathrm{c0}}} = \frac{1}{2} \frac{U_{\mathrm{cm}}}{E_{\mathrm{c}}} \frac{\alpha_1 I_{\mathrm{cmax}}}{\alpha_0 I_{\mathrm{cmax}}} = \frac{1}{2} \frac{\alpha_1}{\alpha_0} \frac{U_{\mathrm{cm}}}{E_{\mathrm{c}}}$$

$\eta_{\mathrm{c}}$ 与 $\frac{\alpha_1}{\alpha_0}$,$\frac{U_{\mathrm{cm}}}{E_{\mathrm{c}}}$ 成正比,$\frac{\alpha_1}{\alpha_0}$ 的比值称为集电极电流利用系数。$\frac{\alpha_1}{\alpha_0}$ 是 $\theta$ 的函数,为了兼顾输出功率和效率两个方面,通常取 $\theta = 50° \sim 70°$ 为宜,这时 $\frac{\alpha_1}{\alpha_0} = 1.7 \sim 1.9$。$\frac{U_{\mathrm{cm}}}{E_{\mathrm{c}}}$ 是集电极基波电压幅值与直流电源电压之比,称为集电极电压利用系数。当 $U_{\mathrm{cm}}$ 增大时,$\frac{U_{\mathrm{cm}}}{E_{\mathrm{c}}}$ 也增大,从而使 $\eta_{\mathrm{c}}$ 提高。不过 $\frac{U_{\mathrm{cm}}}{E_{\mathrm{c}}}$ 也不能任意提高,因为在管子导通的某一瞬间,集电极电压 $u_{\mathrm{ce}}$ 下降的最小值(见图 3-4)为

$$u_{\mathrm{ce\,min}} = E_{\mathrm{c}} - U_{\mathrm{cm}}$$

$U_{\mathrm{cm}}$ 增大,则 $u_{\mathrm{ce\,min}}$ 减小,当减小到一定程度(为 $1 \sim 2\mathrm{V}$),晶体管进入饱和区。此后,虽然 $U_{\mathrm{cm}}$ 仍可增大,$u_{\mathrm{ce\,min}}$ 进一步减小,电压利用系数也有所提高,但其变化缓慢,极限为 1。一般管子饱和电压可按 $1\mathrm{V}$ 计算,高频时可适当增大。

3-4　什么是丙类放大器的最佳负载? 怎样确定最佳负载?

**答**　放大器工作在临界状态输出功率最大,效率也较高。因此,放大器工作在临界状态的等效电阻,就是放大器阻抗匹配所需的最佳负载电阻,以 $R_{\mathrm{cp}}$ 表示:

$$R_{\mathrm{cp}} = \frac{U_{\mathrm{cm}}^2}{2 P_{\mathrm{o}}}$$

其中 $U_{\mathrm{cm}}$ 为临界状态槽路抽头部分的电压幅值:

$$U_{\mathrm{cm}} = E_{\mathrm{c}} - U_{\mathrm{ces}}$$

$U_{\mathrm{ces}}$ 可按 $1\mathrm{V}$ 估算,更精确的数值可根据管子特性曲线确定。

3-5　实际信道输入阻抗是变化的,在设计调谐功率放大器时,应怎样考虑负载值?

**答**　对于变化的负载,假如设计在负载电阻高的情况下工作在临界状态,那么在低电阻时为欠压状态下工作,就会造成输出功率 $P_{\mathrm{o}}$ 减小而管耗增大,所以选管子时功率 $P_{\mathrm{CM}}$ 一定要充分留有余量。反之,假如设计在负载电阻低的情况下工作在临界状态,那么在高电阻时为过压状态下工作。过压时,谐波含量增大,采用基极自给偏压,使过压深度减轻。

3-6　导通角怎样确定? 它与哪些因素有关? 导通角变化对丙类放大器输出功率有何影响?

**答**　由导通角定义得

$$\cos\theta = \frac{U_{\mathrm{j}} + E_{\mathrm{b}}}{U_{\mathrm{bm}}}$$

$\theta$ 被称为导通角。在一定的 $U_j+E_b$ 时,激励越强(即 $U_{bm}$ 越大),则 $\theta$ 越大;在一定的激励下,$U_j+E_b$ 越大,$\theta$ 越小。在放大器的调整中,通过调整 $E_b$ 就可控制 $\theta$ 到所需值。由于晶体管起始导通电压的影响,即使 $E_b$ 等于零,导通角也小于 90°,硅管 $U_j$ 较大,$\theta$ 较小,为 40°~60°;锗管 $U_j$ 较小,$\theta$ 较大,为 60°~80°,在高频情况下 $\theta$ 要更大些。

$$P_o = \frac{1}{2}U_{cm}I_{c1m} = \frac{1}{2}U_{cm}\alpha_1 I_{cmax}$$

其中 $\alpha_1$ 是 $\theta$ 的函数。故导通角 $\theta$ 变化,会影响丙类放大器输出功率变化。

**3-7**　根据丙类放大器的工作原理,定性分析电源电压变化对 $I_{c0}$,$I_{c1m}$,$I_{b0}$,$I_{b1m}$ 的影响。

**答**　当 $E_c$ 改变时,放大器工作状态的变化如图 3-10 所示。因为 $E_b$,$U_{bm}$ 不变,$u_{bemax} = U_{bm}-E_b$ 不变,又因为 $R_c$ 不变,动态负载特性曲线的斜率也不变。但因为 $u_{cemin} = E_c - U_{cm}$,$E_c$ 变化,$u_{cemin}$ 也随之变化,使得 $u_{cemin}$ 和 $U_{ces}$ 的相对大小发生变化。当 $E_c$ 较大时,$u_{cemin}$ 具有较大数值,且远大于 $U_{ces}$,放大器工作在欠压状态。随着 $E_c$ 减小,$u_{cemin}$ 也减小,当 $u_{cemin}$ 接近 $U_{ces}$ 时,放大器工作在临界状态。$E_c$ 再减小,$u_{cemin}$ 小于 $U_{ces}$ 时,放大器工作在过压状态。

在图 3-10 中,$E_c = E_{c2}$ 时,放大器工作在临界状态;$E_c > E_{c2}$ 时,放大器工作在欠压状态;$E_c < E_{c2}$ 时,放大器工作在过压状态。即当 $E_c$ 由大变小时,放大器的工作状态由欠压进入过压,$i_c$ 波形也由余弦脉冲波形变为中间出现凹陷的脉冲波。由于 $E_c$ 控制 $i_c$ 波形的变化,$I_{c0}$,$I_{c1m}$ 也同样随 $E_c$ 变化而变化。如图 3-11 所示。

**3-8**　根据丙类放大器的工作原理,定性分析偏压变化对 $I_{c0}$,$I_{c1m}$,$I_{b0}$,$I_{b1m}$ 的影响。

**答**　因为 $u_{bemax} = U_{bm}-E_b$,当 $U_{bm}$ 一定时,$E_b$ 从负值向正值方向增大时,$u_{bemax}$ 随之增大,从而导致 $I_{cmax}$ 和 $\theta$ 的增加。在欠压状态下,由于 $u_{bemax}$ 较小,所以 $I_{cmax}$ 和 $\theta$ 也较小,从而 $I_{c0}$,$I_{c1m}$ 都较小。增大 $E_b$,$I_{cmax}$ 和 $\theta$ 也增大,从而 $I_{c0}$,$I_{c1m}$ 也随之增大,当 $E_b$ 增大到一定程度,放大器的工作状态由欠压进入过压,电流波形出现凹陷。但此时,$I_{cmax}$ 和 $\theta$ 还会增大,所以 $I_{c0}$,$I_{c1m}$ 随着 $E_b$ 增大略有增加。$I_{bmax}$ 随 $u_{bemax}$ 的增大而大大增加,使 $I_{b0}$,$I_{b1m}$ 也大大增加。

**3-9**　根据丙类放大器的工作原理,定性分析负载变化对 $I_{c0}$,$I_{c1m}$,$I_{b0}$,$I_{b1m}$ 的影响。

**答**　在欠压区 $R_c$ 增大,$I_{cmax}$,$\theta$ 略有减小,相应地在图 3-9(a)中 $I_{c0}$,$I_{c1m}$ 随 $R_c$ 增大而减小;$I_{b0}$,$I_{b1m}$ 也随 $R_c$ 增大而减小。在临界点后 $R_c$ 再增大,$i_c$ 波形下凹,$I_{cmax}$ 下降较快,相应地 $I_{c0}$,$I_{c1m}$ 也很快下降,且 $R_c$ 增大越多,下降越迅速;$I_{b0}$,$I_{b1m}$ 随 $R_c$ 增大而增大。

**3-10**　谐振功率放大器原工作在临界状态,若外接负载突然断开,晶体管 $I_{c0}$,$I_{c1m}$ 如何变化?输出功率 $P_o$ 将如何变化?

**答**　参见图 3-9(b),当负载断开时,$R_c = \infty$,工作于过压状态,$I_{c0}$,$I_{c1m}$ 减小;而 $P_o = \frac{1}{2}U_{cm}I_{c1m}$,所以 $P_o$ 减小。

**3-11**　谐振功率放大器原工作在临界状态,若等效负载电阻 $R_c$ 突然变化:(a)增大一倍,(b)减小一半。其输出功率 $P_o$ 将如何变化?并说明理由。

**答**　谐振功率放大器原工作在临界状态,若等效负载电阻 $R_c$ 增大一倍,放大器工作于过压状态,根据 $P_o = \dfrac{1}{2}\dfrac{U_{cm}^2}{R_c}$,$U_{cm}$ 近似不变,输出功率 $P_o$ 约为原来一半;若等效负载电阻 $R_c$ 减小一半,放大器工作于欠压状态,$I_{c1m}$ 近似不变,根据 $P_o = \dfrac{1}{2}I_{c1m}^2 \cdot R_c$,输出功率 $P_o$ 约为原来一半。

3-12 在谐振功率放大器中,若 $E_b$,$U_{bm}$,$U_{cm}$ 维持不变,当 $E_c$ 改变时 $I_{c1m}$ 有明显变化,问放大器原来工作于何种状态?为什么?

**答** 由图 3-11 可知,放大器原来工作于过压状态。

3-13 在谐振功率放大器中,若 $U_{bm}$,$E_c$,$U_{cm}$ 不变,而当 $E_b$ 改变时 $I_{c1m}$ 有明显变化,问放大器原来工作于何种状态?为什么?

**答** 由图 3-12 可知,放大器原来工作于欠压状态。

3-14 某一晶体管谐振功率放大器,设已知 $E_c = 24\text{V}$,$I_{c0} = 250\text{mA}$,$P_o = 5\text{W}$,电压利用系数等于 1。求 $I_{c1m}$,$\eta_c$,$P_C$,$R_c$。

**解** (1)电压利用系数 $\dfrac{U_{cm}}{E_c} = 1$,则 $U_{cm} = E_c = 24\text{V}$,$P_o = \dfrac{1}{2}U_{cm}I_{c1m}$,$I_{c1m} = \dfrac{2P_o}{U_{cm}} = \dfrac{10}{24}\text{mA} = 416\text{mA}$

(2)$\eta_c = \dfrac{1}{2}\dfrac{I_{c1m}}{I_{c0}}\dfrac{U_{cm}}{E_c} = \dfrac{1}{2} \times \dfrac{416}{250} \times 1 = 83.2\%$

(3)$P_S = E_c I_{c0} = 24 \times 0.25\text{W} = 6\text{W}$,$P_C = P_S - P_o = (6-5)\text{W} = 1\text{W}$

(4)$R_c = \dfrac{U_{cm}^2}{2P_o} = \dfrac{576}{10}\Omega = 57.6\Omega$

可知

$I_{c1m}$ 为 416mA,$\eta_c$ 为 83.2%,$P_C$ 为 1W,$R_c$ 为 57.6Ω。

3-15 某调谐功率放大器,已知 $E_c = 24\text{V}$,$P_o = 5\text{W}$,问:

(1)当 $\eta_c = 60\%$ 时,$P_C$ 及 $I_{c0}$ 值是多少?

(2)若 $P_o$ 保持不变,将 $\eta_c$ 提高到 80%,$P_C$ 减少多少?

**解** 详见例 3-3 分析。

3-16 已知晶体管输出特性曲线中饱和临界线跨导 $g_{cr} = 0.8\text{A/V}$,用此晶体管做成的谐振功放电路的 $E_c = 24\text{V}$,$\theta = 70°$,$I_{cmax} = 2.2\text{A}$,$\alpha_0(70°) = 0.253$,$\alpha_1(70°) = 0.436$,并工作在临界状态。试计算 $P_o$,$P_S$,$\eta_c$ 和 $R_{cp}$。

**解** (1)$P_S = E_c I_{c0} = E_c I_{cmax}\alpha_0(70°) = 2.2 \times 0.253 \times 24\text{W} = 13.36\text{W}$

(2)$U_{ces} = \dfrac{I_{cmax}}{g_{cr}}$

$U_{cm} = E_c - U_{ces} = \left(24 - \dfrac{2.2}{0.8}\right)\text{V} = 21.25\text{V}$

则

$P_o = \dfrac{1}{2}U_{cm}I_{c1m} = \dfrac{1}{2}U_{cm}I_{cmax}\alpha_1(70°) = \dfrac{1}{2} \times 21.25 \times 2.2 \times 0.436\text{W} = 10.19\text{W}$

(3)$\eta_c = \dfrac{P_o}{P_S} = 0.76$

（4）$R_{cp} = \dfrac{(E_c - U_{ces})^2}{2P_o} = \dfrac{(U_{cm})^2}{2P_o}$

代入数值得

$$R_{cp} = 22.16\Omega$$

可知

$P_o$ 为 10.19W，$P_S$ 为 13.36W，$\eta_c$ 为 0.76，$R_{cp}$ 为 22.16$\Omega$。

3-17　若设计一个调谐功率放大器，已知 $E_c = 12\text{V}$，$U_{ces} = 1\text{V}$，$Q_0 = 20$，$Q_L = 4$，$\alpha_1(60°) = 0.39$，$\alpha_0(60°) = 0.21$，要求负载上所消耗的交流功率 $P_L = 200\text{mW}$，工作频率 $f_0 = 2\text{MHz}$，问如何选择晶体管？

**解**　$\eta_T = \dfrac{Q_0 - Q_L}{Q_0} = 1 - \dfrac{4}{20} = 0.8$

$U_{cm} = E_c - U_{ces} = (12 - 1)\text{V} = 11\text{V}$

$\eta_c = \dfrac{1}{2}\dfrac{\alpha_1}{\alpha_0}\dfrac{U_{cm}}{E_c} = \dfrac{1}{2} \times \dfrac{0.39}{0.21} \times \dfrac{11}{12} = 0.85$

$\eta_T = \dfrac{P_L}{P_o}$，　$P_o = \dfrac{P_L}{\eta_T} = \dfrac{0.2}{0.8}\text{W} = 0.25\text{W}$

$I_{c1m} = \dfrac{2P_o}{U_{cm}} = \dfrac{2 \times 0.25}{11}\text{A} = 0.045\text{A}$

$I_{cmax} = \dfrac{I_{c1m}}{\alpha_1(60°)} = \dfrac{0.045}{0.39}\text{mA} = 115\text{mA}$

$P_C = \dfrac{P_L}{\eta_T}\left(\dfrac{1}{\eta_c} - 1\right) = \dfrac{0.2}{0.8} \times \left(\dfrac{1}{0.85} - 1\right)\text{W} = 0.044\text{W}$

$I_{CM} > I_{cmax} = 115\text{mA}$

$P_{CM} > P_C = 0.044\text{W}$

$f_T = (3 \sim 5)f_0$

现取 $5f_0 = 10\text{MHz}$，则 $f_T > 10\text{MHz}$，可知

$$BV_{ceo} \geqslant 2E_c = 24\text{V}$$

根据 $BV_{ceo} \geqslant 2E_c = 24\text{V}$，$P_{CM} > P_C = 0.044\text{W}$，$I_{CM} > I_{cmax} = 115\text{mA}$ 以及 $f_T > 10\text{MHz}$ 选择晶体管。

3-18　已知两个谐振功率放大器具有相同的回路元件参数，它们的输出功率分别为 1W 和 0.6W。若增大两功放的 $E_c$，发现前者的输出功率增加不明显，后者的输出功率增加明显，试分析其原因。若要明显增大前者的输出功率，问还需采取什么措施？

**答**　已知 $P_{o1} = 1\text{W}$，$P_{o2} = 0.6\text{W}$，分析可知前者的输出功率增加不明显，是因为谐振功率放大器工作在欠压状态，在欠压状态，当 $E_c$ 改变时，$U_{cm}$，$I_{c1m}$ 基本不变，所以输出功率增加不明显。后者的输出功率增加明显，是因为谐振功率放大器工作在过压状态，在过压状态，当 $E_c$ 增加时，$U_{cm}$，$I_{c1m}$ 都呈线性增加，所以输出功率增加明显。若要明显增大前者的输出功率，采取 $E_c$ 减小，或使 $R_c$ 增加等措施使谐振功率放大器工作在过压状态。

3-19　已知某一谐振功率放大器工作在临界状态，其外接负载为天线，等效阻抗近似为电阻。若天线突然短路，试分析电路工作状态如何变化？晶体管工作是否安全？

**答** 当天线突然短路时,$R_c$ 近似为 0,这时根据放大器外部特性曲线,可知:

(1) $R_c$ 变小,$U_{cm}$ 也减小,而 $I_{c1m}$ 和 $I_{c0}$ 可达到最高值。即:$R_c=0$ 时,基波槽路电压降为 0,而此时基波的电流幅值达最大值,放大器进入欠压区工作。

(2) 当 $R_c=0$ 时,电源供给功率 $P_S$ 达最大值,输出功率 $P_o$ 由最大值变化为最小值 0,$\eta_c$ 也由较大值变为最小值 0,此时晶体管损耗达最大值,晶体管很可能被毁坏。

3-20 功率谐振放大器原工作在临界状态,如果集电极回路稍有失谐,晶体管 $I_{c0}$,$I_{c1m}$ 如何变化? 集电极损耗功率 $P_C$ 如何变化? 有何危险?

**答** (1) 当集电极回路有失谐时,无论 $f$ 是大于 $f_0$ 还是小于 $f_0$,均会使 $|Z|$ 下降,即使 $R_c$ 减小。

(2) 如图 3-9(a)所示,$R_c$ 减小,则 $I_{c0}$ 及 $I_{c1m}$ 有所上升,放大器进入欠压状态工作。

(3) 如图 3-9(b)所示,$R_c$ 变小后,$P_C$ 将有所增加。若失谐量 $\dfrac{\Delta f}{f_0}$ 过于严重,$R_c$ 将趋于 0,$P_C$ 将趋于最大值,使晶体管易毁坏。

3-21 利用功放进行振幅调制时,当调制的音频信号加在基极或集电极时,应如何选择功放的工作状态?

**答** 利用功放进行振幅调制时,当调制的音频信号加在基极时,由调谐功放的基极调制特性可知,功放应选择为欠压工作状态;当调制的音频信号加在集电极时,由调谐功放的集电极调制特性可知,功放应选择为过压工作状态。

3-22 已知某谐振功率放大器工作在临界状态,输出功率 15W,且 $E_c=24V$,$\theta=70°$。$\alpha_0(70°)=0.253$,$\alpha_1(70°)=0.436$。功放管的参数为:临界线斜率 $g_{cr}=1.5A/V$,$I_{CM}=5A$。求:

(1) 直流功率 $P_S$、集电极损耗功率 $P_C$、集电极效率 $\eta_c$ 及最佳负载电阻 $R_{cp}$ 各为多少?

(2) 若输入信号振幅增加一倍,功放的工作状态将如何变化? 此时的输出功率大约为多少?

**解** 详见例 3-2 分析。

3-23 谐振功率放大器的电源电压 $E_c$、集电极电压 $U_{cm}$ 和负载电阻 $R_L$ 保持不变,当集电极电流的导通角由 100° 减少为 60° 时,效率 $\eta_c$ 提高了多少? 相应的集电极电流脉冲幅值变化了多少?

**解**
$$\eta_{c1}=\frac{1}{2}\frac{\alpha_1(100°)}{\alpha_0(100°)}\times\frac{U_{cm}}{E_c}=\frac{1}{2}\times1.5\frac{U_{cm}}{E_c}$$

$$\eta_{c2}=\frac{1}{2}\frac{\alpha_1(60°)}{\alpha_0(60°)}\frac{U_{cm}}{E_c}=\frac{1}{2}\times1.8\frac{U_{cm}}{E_c}$$

$$\frac{\Delta\eta_c}{\eta_c}=\frac{\eta_{c2}-\eta_{c1}}{\eta_{c1}}=\frac{\dfrac{1}{2}\times1.8\dfrac{U_{cm}}{E_c}-\dfrac{1}{2}\times1.5\dfrac{U_{cm}}{E_c}}{\dfrac{1}{2}\times1.5\dfrac{U_{cm}}{E_c}}=\frac{1.8-1.5}{1.5}=20\%$$

由于集电极电压 $U_{cm}$ 和负载电阻 $R_L$ 保持不变,因此 $I_{c1m}=\dfrac{U_{cm}}{R_c}$ 不变。

$$I_{c1max}=\frac{I_{c1m}}{\alpha_1(100°)}=\frac{I_{c1m}}{0.52},\quad I_{c2max}=\frac{I_{c1m}}{\alpha_1(60°)}=\frac{I_{c1m}}{0.39}$$

$$\frac{\Delta I_{cmax}}{I_{cmax}} = \frac{I_{c2max} - I_{c1max}}{I_{c1max}} = \frac{\dfrac{I_{c1m}}{0.39} - \dfrac{I_{c1m}}{0.52}}{\dfrac{I_{c1m}}{0.52}} = \frac{0.52}{0.39} - 1 = 33\%$$

可知效率 $\eta_c$ 提高了 $20\%$，相应的集电极电流脉冲幅值变化了 $33\%$。

3-24　某谐振功率放大器的动态特性如图题 3-24 所示，试回答并计算以下各项：

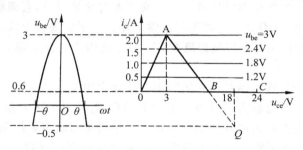

图题 3-24

(1) 功率放大器工作于何种状态，画出 $i_c(t)$ 的波形图。

(2) 计算 $\theta, P_o, P_c$ 和 $R_{cp}$。［注：$\alpha_0(\theta) = 0.259, \alpha_1(\theta) = 0.444$］

(3) 若要求提高功率放大器的效率，应如何调整？

**答**　(1) 临界，$i_c(t)$ 为余弦脉冲，幅值为 2A，波形从略。

(2) 由图题 3-24 可知，$U_{bm} = 3.5\text{V}, E_b = 0.5\text{V}, U_j = 0.6\text{V}$

$$\cos\theta = \frac{U_j + E_b}{U_{bm}} = 0.314 \Rightarrow \theta = 72°$$

$$P_o = \frac{1}{2} U_{cm} I_{c1m} = \frac{1}{2} \times 15 \times 2 \times 0.444 \text{W} = 6.66 \text{W}$$

$$P_s = E_c I_{co} = 18 \times 2 \times 0.259 \text{W} = 9.324 \text{W}$$

$$P_c = P_s - P_o = 2.664 \text{W}$$

$$R_{cp} = \frac{U_{cm}}{I_{c1m}} = 16.89 \Omega$$

(3) $E_b \uparrow$，同时 $U_{bm} \uparrow$

3-25　某谐振功率放大器，如果它原来工作在临界状态，如何调整外部参数，可以让它到过压或欠压状态，三种状态各适合什么用途？

**提示**　本题思路在于改变外部参数——即当 $R_c$、$E_c$、$E_b$ 和 $U_{bm}$ 变化对放大器工作状态的影响。改变其中一个参数时，其余三个参数不变。

**答**　见题 3-25 表所示。

**题 3-25 表**

| 原来工作状态 | 变化后工作状态 | | 变化后工作状态 | | 变化后工作状态 | | 变化后工作状态 | |
|---|---|---|---|---|---|---|---|---|
| | $R_c \downarrow$ | $R_c \uparrow$ | $E_c \downarrow$ | $E_c \uparrow$ | $E_b \downarrow$ | $E_b \uparrow$ | $U_{bm} \downarrow$ | $U_{bm} \uparrow$ |
| 临界 | 欠压 | 过压 | 过压 | 欠压 | 欠压 | 过压 | 欠压 | 过压 |

3-26　试画出两级谐振功放的实际线路,要求:

(1)两级均采用 NPN 型晶体管,发射极直接接地。

(2)第一级基极采用组合式偏置电路,与前级互感耦合;第二级基极采用零偏置电路。

(3)第一级集电极馈电线路采用并联形式,第二级集电极馈电线路采用串联形式。

(4)两级间的回路为 T 型网络,输出回路采用 Π 型匹配网络,负载为天线。

**提示**　构成一个实际电路时应满足——交流要有交流通路,直流要有直流通路,而且交流不能流过直流电源,否则电路将不能正常工作。为了实现以上线路的组成原则,在设计时需要正确使用阻隔元件:高频扼流圈 ZL、旁路或耦合电容 C 等。

**答**　从略。

3-27　什么是倍频器? 倍频器在实际中有什么作用?

**答**　倍频器是一种将输入信号频率成整数倍(2 倍,3 倍,…,n 倍)增加的电路,它主要用于甚高频无线电发射机或其他电子设备。采用倍频器的主要作用是:

(1)降低设备的主振频率。由于振荡器频率越高稳定性越差,一般采用频率较低而稳定度较高的晶体振荡器,以后加若干级倍频器达到所需频率。一般基音晶体频率不高于 20MHz,具有高稳定性的晶体频率通常不超过 5MHz。所以工作频率高、要求稳定性又严格的通信设备和电子仪器就需要倍频。

(2)对于调相或调频发射机,利用倍频器可以加大相移或频移,即可增加调制度。

(3)可以提高发射机的工作频率稳定性。因为采用了倍频器,输入频率与输出频率不同,从而减弱了寄生耦合。

(4)扩展频段。

3-28　晶体管倍频器一般工作在什么状态? 当倍频次数提高时其最佳导通角是多少? 二倍频器和三倍频器的最佳导通角分别为多少?

**答**　晶体管倍频器一般工作在丙类状态,也称为丙类倍频器。最佳导通角 $\theta$ 与倍频次数 $n$ 的关系为

$$\theta_n = \frac{120°}{n}$$

二倍频器和三倍频器的最佳导通角分别为 60°或 40°。即此时输出的功率和效率也最大。

3-29　为什么倍频器比基波放大器对输出回路滤波电路的要求高?

**答**　丙类倍频器的原理电路,从电路形式看,它与丙类高频放大器基本相同。不同之处在于丙类倍频器的集电极谐振回路是对输入频率 $f_i$ 的 $n$ 倍频谐振,而对基波和其他谐波失谐,因而 $i_c$ 中的 $n$ 次谐振通过谐振回路获得最大电压,而基波和其他谐波被滤除,也即滤除幅值大的基波成分,所以对输出回路滤波电路的要求高。

3-30　某一基波功率放大器和某一丙类二倍频器,它们采用相同的三极管,均工作于临界状态,有相同的 $E_b$,$E_c$,$U_{bm}$,$\theta$,且 $\theta=70°$,试计算放大器与倍频器的功率之比和效率之比。

**解**　当工作于临界状态时,$U_{c1m}=U_{c2m}$,那么,

$$\frac{P_{o放}}{P_{o倍}} = \frac{\frac{1}{2}U_{c1m}I_{c1m}}{\frac{1}{2}U_{c2m}I_{c2m}} = \frac{I_{cmax}\alpha_1(70°)}{I_{cmax}\alpha_2(70°)} = \frac{0.436}{0.260} = 1.68$$

$$\frac{\eta_{\text{o放}}}{\eta_{\text{o倍}}} = \frac{\dfrac{\frac{1}{2}U_{\text{c1m}}I_{\text{c1m}}}{E_{\text{c}}I_{\text{c0}}}}{\dfrac{\frac{1}{2}U_{\text{c2m}}I_{\text{c2m}}}{E_{\text{c}}I_{\text{c0}}}} = \frac{P_{\text{o放}}}{P_{\text{o倍}}} = 1.68$$

可知功率、效率之比均为 1.68。

3-31　1：4 和 4：1 传输线变压器有什么共同之处和不同之处？

**答**　图题 3-31(1)所示为 1：4 传输线变压器的阻抗变换及等效电路图。图题 3-31 (2)所示为 4：1 传输线变压器的阻抗变换及等效电路图。它们仅在信源与负载的位置上有所不同,能量传递过程是相同的。1：4 传输线变压器适用于作为 $R_L > R_S$ 时信源与负载间的匹配网络,而 4：1 传输线变压器则适用于作为 $R_L < R_S$ 时信源与负载间的匹配网络。

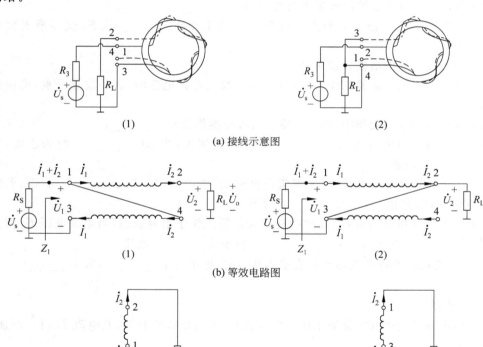

图题 3-31　(1) 1：4 传输线变压器的阻抗变换及等效电路图;
(2) 4：1 传输线变压器的阻抗变换及等效电路图

71

3-32　传输线变压器组成的混合网络有什么功能？在分析时要注意什么？

**答**　传输线变压器组成的混合网络既可作功率合成网络，又可作功率分配网络。

在分析时要注意两点：根据传输线原理，它的两个线圈中对应点所通过的电流大小相等、方向相反；在满足匹配条件时，不考虑传输线的损耗，变压器输入端与输出端的电压大小是相等的。

# 3.6　自测题

## 1. 填空题

(1) 高频功率放大器原来工作于临界状态，当谐振阻抗增大时，工作于＿＿＿＿状态，此时 $I_{c0}$，$I_{c1m}$＿＿＿＿，$i_c$ 波形出现＿＿＿＿。

(2) 丙类功率放大器输出波形不失真是由于＿＿＿＿。

(3) 高频功率放大器的调整是指保证放大器工作在＿＿＿＿状态，获得所需要的＿＿＿＿和＿＿＿＿。

(4) 丙类放大器的最佳导通角是＿＿＿＿。

(5) 已知功率放大器原工作在临界状态，当改变电源电压时，管子发热严重，说明管子进入了＿＿＿＿。

(6) 在谐振功率放大器中，匹配网络的阻抗变换作用是＿＿＿＿。

(7) 功率放大器的分类，当 $2\theta=$＿＿＿＿时为甲类，当 $2\theta=$＿＿＿＿时为乙类，当 $\theta<$＿＿＿＿时为丙类。

(8) 丙类高频功率放大器，要实现集电极调幅，放大器应工作于＿＿＿＿状态；若要实现基极调幅，放大器应工作于＿＿＿＿状态。

(9) 输入单频信号时，丙类高频功率放大器原工作于临界状态，当电源电压 $E_c$ 增大时，工作于＿＿＿＿状态，$I_{c0}$，$I_{c1m}$＿＿＿＿，$i_c$ 波形为＿＿＿＿电流。

(10) 丙类高频功率放大器工作在临界状态时，输出功率＿＿＿＿，效率＿＿＿＿。

## 2. 判断题

(1) 丙类高频功率放大器原工作于临界状态，当其负载断开时，其电流 $I_{c0}$，$I_{c1m}$ 增加，功率 $P_o$ 增加。

(2) 丙类高频功率放大器输出功率 6W，当集电极效率为 60% 时，晶体管集电极损耗为 2.4W。

(3) 丙类高频功率放大器电压利用系数为集电极电压与基极电压之比。

(4) 高频功率放大器功率增益是指集电极输出功率与基极激励功率之比。

(5) 输入单频信号时，丙类高频功率放大器原工作于临界状态，当电源电压 $E_c$ 增大时，工作于过压状态，$I_{c0}$，$I_{c1m}$ 减小，$i_c$ 波形为凹陷电流。

## 3. 问答与计算题

(1) 为什么丙类功率放大器的输出功率与效率大于丙类倍频器的输出功率与效率？

（2）一个谐振功放，原来工作在临界状态，后来发现该功放的输出功率下降，效率反而提高，但电源电压 $E_c$、输出电压振幅 $U_{cm}$ 及 $u_{bemax}$ 不变，问这是什么原因造成的，此时功放工作在什么状态？

（3）某谐振功率放大器工作在临界状态，$E_c = 18V$，$\theta = 80°$，$\alpha_1(\theta) = 0.472$，$\alpha_0(\theta) = 0.286$，临界线斜率 $g_{cr} = 0.5A/V$。若要求输出功率 $P_o = 2W$，计算谐振功放的 $P_S$，$P_C$，$\eta_c$ 以及最佳负载电阻 $R_{cp}$。

# 第4章 正弦波振荡器

## 4.1 内容提要和知识结构框图

### 1. 内容提要

$LC$ 正弦波振荡器在电子技术领域里有着广泛的应用。在信息传输系统的各种发射机中,就是把主振器(振荡器)所产生的载波,经过放大、调制而把信息发射出去的。在超外差式的各种接收机中,是由振荡器产生一个"本地振荡"信号,送入混频器,才能将高频信号变成中频信号。本章所涉及的内容主要有反馈型正弦波自激振荡器基本原理、三点式 $LC$ 振荡器、改进型电容三点式电路、振荡器的频率稳定问题、石英晶体振荡器等。

在交流通路中,$LC$ 回路通过引出三个端点,分别同晶体管的三个电极相连而构成振荡器,称为三点式振荡器。它分为电容三点式和电感三点式。不论是电容三点式还是电感三点式电路都有这样一个规律:发射极、基极和发射极、集电极间回路元件的电抗性质相同(同为电感或电容);基极、集电极间回路元件的电抗性质同上述两元件相反。总结为一句话就是:射同集(基)反。该规律对于三点式电路有普遍意义。

振荡器的频率稳定是一个十分重要的问题。例如,通信系统的频率不稳,就会漏失信号而联系不上;测量仪器的频率不稳,就会引起较大的测量误差;载波电话中的载波频率不稳,将会引起话音失真。造成频率不稳定的因素是 $LC$ 回路参数的不稳定以及晶体管参数的不稳定。

石英晶体振荡器就是以石英晶体谐振器取代 $LC$ 振荡器中构成谐振回路的电感、电容元件所组成的正弦波振荡器,它的频率稳定度可达 $10^{-10} \sim 10^{-11}$ 数量级,所以得到极为广泛的应用。

### 2. 知识结构框图

本章知识结构框图如图 4-1 所示。

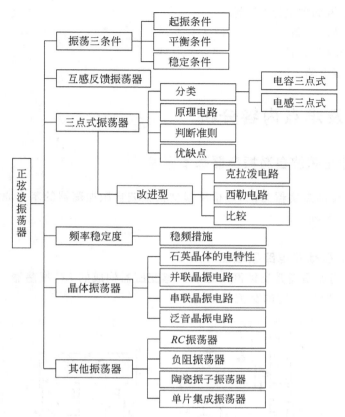

图 4-1　知识结构框图

# 4.2　本章知识点

1．正弦波振荡器的分类及各频段的振荡器

2．反馈型正弦波自激振荡器基本原理（重点）

（1）互感反馈振荡器；

（2）振荡的平衡条件、起振条件、稳定条件。

3．三点式 $LC$ 振荡器（重点）

（1）电容三点式振荡器（考毕兹电路）；

（2）电感三点式振荡器（哈特莱电路）；

（3）三点式 $LC$ 振荡器相位平衡条件的判断准则。

4．串联改进型电容三点式振荡器（克拉泼电路）（重点）

5．并联改进型电容三点式振荡器（西勒电路）（重点）

6．几种三点式振荡器的比较

7．振荡器的频率稳定问题（重点、难点）

8．石英晶体谐振器

9. 石英晶体振荡器电路(重点)

(1) 并联型晶振电路;

(2) 串联型晶振电路;

(3) 泛音晶振电路。

# 4.3　重点及难点内容分析

## 4.3.1　反馈型正弦波自激振荡器基本原理

本节以互感反馈振荡器为例,分析反馈型正弦波自激振荡器的基本原理、振荡产生的条件、建立和稳定过程。

### 1. 互感反馈振荡器电路原理图

互感反馈振荡器是指其反馈网络是由互感变压器构成的 $LC$ 振荡器。图 4-2(a)是它的原理电路,图 4-2(b)是它的交流等效电路。

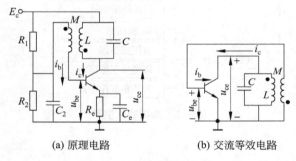

(a) 原理电路　　　　　(b) 交流等效电路

图 4-2　互感反馈振荡器

### 2. 工作原理

$LC$ 回路作为振荡电路的选频网络,决定了电路的振荡频率。再利用互感变压器将输出信号耦合到输入端,使电路在谐振频率上满足振荡条件,从而构成互感反馈振荡器。

它包括振幅平衡条件和相位平衡条件两个方面。

### 3. 相位判断准则

根据互感变压器的同名端位置和瞬时极性法判断电路是否为正反馈。

归纳本节分析的问题,可把振荡条件列于表 4-1 中。

表 4-1　振荡条件

| 平衡条件 | $\dot{K}\dot{F}=1$ | 振幅平衡条件 $KF=1$ |
|---|---|---|
| | | 相位平衡条件 $\sum \varphi = n \times 360°$ |

续表

| 起振条件 | | $\dot{K}\dot{F}>1$ |
| --- | --- | --- |
| 稳定条件 | 振幅稳定条件 | 在平衡点 $K\sim u$ 曲线斜率为负<br>$\left.\dfrac{\mathrm{d}K}{\mathrm{d}u}\right|_{K=\frac{1}{F}}<0$ |
| | 相位稳定条件 | 在平衡点 $\varphi\sim f$ 曲线斜率为负<br>$\left.\dfrac{\mathrm{d}\varphi}{\mathrm{d}f}\right|_{f=f_0}<0$ |

## 4.3.2　三点式 *LC* 振荡器

### 1. 组成原理及相位判断准则

在电流通路中，*LC* 回路引出三个端点，分别同晶体管的三个电极相连的振荡器，称为三点式振荡器。它分为电容三点式和电感三点式。不论是电容三点式还是电感三点式电路都有这样一个规律：发射极、基极和发射极、集电极间回路元件的电抗性质相同（同为电感或电容）；基极、集电极间回路元件的电抗性质同上述两元件相反。总结为一句话：射同集（基）反——与射极相连的元件电抗性质相同，与集电极、基极相连的元件的电抗性质相反。该规律对于三点式电路有普遍意义。图 4-3 所示即为三点式电路相位平衡条件准则：

（1）与发射极相连的两电抗 $X_{ce}$ 和 $X_{be}$ 性质相同；

（2）$X_{cb}$ 和 $X_{ce}$，$X_{be}$ 性质相反。

对于场效应管振荡器，将源极对应于发射极，栅极对应于基极，漏极对应于集电极即可。

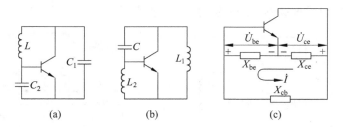

图 4-3　三点式电路相位条件判别

### 2. 电容三点式振荡器

图 4-4 所示为电容反馈三点线路，也称为"考毕兹"振荡电路。其中图 4-4(a)为原理电路；图 4-4(b)为交流等效电路。图中，*L*，$C_1$，$C_2$ 组成振荡器回路，作为晶体管放大器的负载阻抗，反馈信号从 $C_2$ 两端取得，送回放大器输入端。扼流圈 ZL 的作用是为了避免高频信号被旁路，而且为晶体管集电极构成直流通路。也可用 $R_c$ 代替 ZL，但 $R_c$ 将引入

损耗,使回路有载 $Q$ 值下降,所以 $R_c$ 值不能过小。

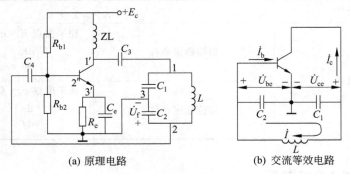

(a) 原理电路　　　　　(b) 交流等效电路

图 4-4　电容三点式振荡器

由于它是利用电容 $C_2$ 将谐振回路的一部分电压反馈到基极上,而且也是将 $LC$ 谐振回路的三个端点分别与晶体管三个电极相连,所以这种电路又称为电容反馈三点式振荡器。这种电路满足"射同集(基)反"的相位平衡条件准则。

电容三点式振荡器的起振条件:

$$\beta > \frac{R_i}{F}\left(\frac{1}{R_S} + \frac{1}{n^2 R_0}\right) + F$$

如果 $n^2 R_0 \gg R_S$,则回路损耗可以忽略,得

$$\beta > \frac{R_i}{R_S}\frac{1}{F} + F \tag{4-1}$$

### 3. 电感反馈三点电路(哈特莱电路)

图 4-5 所示为电感反馈三点电路,其中图 4-5(a)为原理电路;图 4-5(b)为交流等效电路。该电路是以 $LC$ 谐振回路为集电极负载,并利用电感 $L_2$ 将谐振电压反馈到基极上,故称为电感反馈式振荡器,也称为"哈特莱"振荡器。

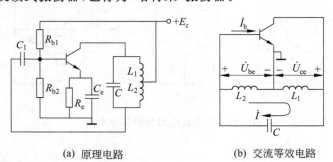

(a) 原理电路　　　　　(b) 交流等效电路

图 4-5　电感三点式振荡器

这种电路同样满足射同集(基)反的相位平衡条件准则。

与电容反馈三点振荡相似的起振条件的公式为

$$\beta > \frac{R_i}{F}\left(\frac{1}{R_S} + \frac{1}{n^2 R_0}\right) + F \tag{4-2}$$

### 4.3.3　改进型电容三点式电路

前面讨论的三种 $LC$ 振荡器的振荡频率不仅与谐振回路的 $LC$ 元件的值有关,而且还与晶体管的输入电容 $C_i$ 以及输出电容 $C_o$ 有关。当工作环境改变或更换管子时,振荡频率及其稳定性就要受到影响。例如,对于电容三点式电路,晶体管的电容 $C_o$,$C_i$ 分别同回路电容 $C_1$,$C_2$ 并联,图 4-4 振荡频率可以近似写成

$$\omega_0 \approx \frac{1}{\sqrt{L\dfrac{(C_1+C_o)(C_2+C_i)}{C_1+C_2+C_o+C_i}}} \tag{4-3}$$

如何减小 $C_i$,$C_o$ 的影响,以提高频率稳定度呢? 表面看来,加大回路电容 $C_1$ 与 $C_2$ 的电容量,可以减弱由于 $C_i$,$C_o$ 的变化对振荡频率的影响。但是这只适用于频率不太高、$C_1$ 和 $C_2$ 较大的情况。当频率较高时,过分地增加 $C_1$ 和 $C_2$,必然减小 $L$ 的值(维持振荡频率不变),这就导致回路的 $Q$ 值下降,振荡幅度下降,甚至会使振荡器停振。这就有待于改进。

**1. 串联改进型电容反馈三点线路(克拉泼电路)**

串联改进型电容反馈三点线路的原理电路如图 4-6(a)所示,它的交流等效电路如图 4-6(b)所示。

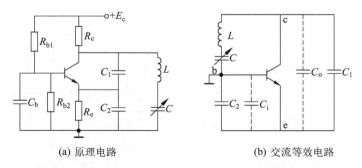

(a) 原理电路　　　　　　　　　(b) 交流等效电路

图 4-6　串联改进型电容反馈三点线路

它的特点是把基本型的电容反馈三点线路集电极—基极支路的电感改用 $LC$ 串联回路代替,这正是它的名称的由来——串联改进型电容反馈三点线路,又称为"克拉泼"电路。

电路接成共基极,$C_b$ 对交流短路,故基极接地。这种振荡器的频率为

$$\omega_0 = \frac{1}{\sqrt{LC_\Sigma}} \tag{4-4}$$

其中 $C_\Sigma$ 由下式决定:

$$\frac{1}{C_\Sigma} = \frac{1}{C} + \frac{1}{C_1+C_o} + \frac{1}{C_2+C_i} \tag{4-5}$$

选 $C_1 \gg C$,$C_2 \gg C$ 时,$C_\Sigma \approx C$,振荡频率 $\omega_0$ 可近似写成

$$\omega_0 \approx \frac{1}{\sqrt{LC}} \qquad (4\text{-}6)$$

这就使 $C_o$ 和 $C_i$ 几乎与 $\omega_0$ 值无关,它们的变动对振荡频率的稳定性就没有什么影响了,提高了频率稳定度。

式(4-6)成立的条件是 $C_1$ 和 $C_2$ 都要选得比较大,但不是 $C_1$,$C_2$ 越大越好。回路谐振电阻 $R$ 表示在图 4-7 中,折合到晶体管 c-e 端的电阻 $R'$ 经推导可得

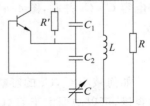

$$R' = n^2 R \approx \frac{\omega_0 LQ}{\omega_0^4 L^2 C_1^2} = \frac{1}{\omega_0^3}\frac{Q}{LC_1^2} \qquad (4\text{-}7)$$

由式(4-7)看出,$C_1$,$C_2$ 过大时,$R'$ 变得很小,放大器电压增益降低,振幅下降。还可看出,$R'$ 同振荡器 $\omega_0$ 的三次方成反比,当减小 $C$ 以提高频率 $\omega_0$ 时,$R'$ 的值急剧下降,振荡幅度显著下降,甚至会停振。另外,用作频率可调的振荡器时,振荡幅度随频率增加而下降,在波段范围内幅度不平稳,因此,频率覆盖系数(在频率可调的振荡器中,高端频率和低端频率之比称为频率覆盖系数)不大,为 1.2~1.3。

图 4-7 谐振电阻 $R$ 折合到晶体管输出端

## 2. 并联改进型电容反馈三点线路(西勒电路)

并联改进型电容反馈三点线路的原理电路如图 4-8(a)所示,它的交流等效电路如图 4-8(b)所示。

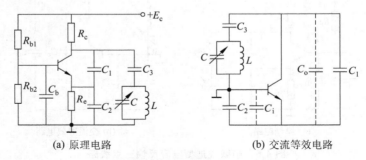

(a) 原理电路       (b) 交流等效电路

图 4-8 并联改进型电容反馈三点线路

此电路除了采用两个容量较大的 $C_1$,$C_2$ 外,主要特点是把基本型的电容反馈线路集电极—基极支路改用 $LC$ 并联回路再与 $C_3$ 串联,所以称为并联改进型电路,也称为"西勒"电路。

下面对该电路的有关参数进行分析。

回路谐振频率 $\omega_0$ 为

$$\omega_0 \approx \frac{1}{2\pi\sqrt{LC_\Sigma}}$$

其中,回路总电容 $C_\Sigma$ 为

$$C_\Sigma = C + \cfrac{1}{\cfrac{1}{C_1+C_o} + \cfrac{1}{C_2+C_i} + \cfrac{1}{C_3}} \qquad (4\text{-}8)$$

折合到晶体管输出端的谐振电阻 $R'$ 为

$$R' = n^2 R$$

其中 $n$ 为分压比,由图 4-9 可推得

$$n = 1 \Big/ \left[ 1 + \frac{(C_1 + C_o)(C_3 + C_2 + C_i)}{C_3(C_2 + C_i)} \right]$$

(4-9)

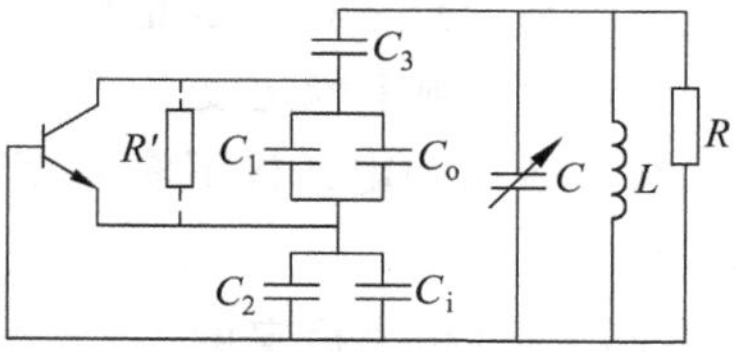

由式(4-9)可知,$n$ 和 $C$ 无关,当调节 $C$ 来改变振荡频率时,$n$ 不变。

如果把 $R$ 折合到 c-e 端,$R'$ 的表示式仍为

$$R' = n^2 R = n^2 Q \omega_0 L \qquad (4-10)$$

图 4-9　谐振电阻折合到晶体管输出端(西勒振荡器)

当改变 $C$ 时,$n,L,Q$ 都是常数,则 $R'$ 仅随 $\omega_0$ 线性增长,易于起振,振荡幅度增加,使得在波段范围内幅度比较平稳,频率覆盖系数较大,可达 $1.6 \sim 1.8$。另外,西勒电路频率稳定性好,振荡频率可以较高。因此,其在短波、超短波通信机及电视接收机等高频设备中得到广泛应用。

**3. 几种三点线路振荡器的比较**

表 4-2 给出了四种三点线路的性能比较。

表 4-2　三点式振荡电路的性能比较

| 名　称 | 电容反馈<br>(考毕兹) | 电感反馈<br>(哈特莱) | 电容串联改进<br>(克拉泼) | 电容并联改进<br>(西勒) |
|---|---|---|---|---|
| 振荡频率 $f_0$ 近似式 | $\dfrac{1}{2\pi\sqrt{LC}}$<br>$\dfrac{1}{C} = \dfrac{1}{C_1} + \dfrac{1}{C_2}$ | $\dfrac{1}{2\pi\sqrt{LC}}$<br>$L = L_1 + L_2 + 2M$ | $\dfrac{1}{2\pi\sqrt{LC_\Sigma}}$<br>$\dfrac{1}{C_\Sigma} \approx \dfrac{1}{C}$ | $\dfrac{1}{2\pi\sqrt{LC_\Sigma}}$<br>$C_\Sigma \approx C + C_3$ |
| 波形 | 好 | 差 | 好 | 好 |
| 反馈系数 | $\dfrac{C_1}{C_2}$ | $\dfrac{L_2+M}{L_1+M}$ 或 $\dfrac{N_2}{N_1}$ | $\dfrac{C_1}{C_2}$ | $\dfrac{C_1}{C_2}$ |
| 作可变 $f_0$ 振荡器 | 不方便 | 可以 | 方便,但幅度不稳 | 方便,幅度平稳 |
| 频率稳定度 | 差 | 差 | 好 | 好 |
| 最高振荡频率 | 几百至几千兆赫,但频率稳定度下降 | 几十兆赫 | 百兆赫但幅度下降 | 百兆赫至千兆赫 |

## 4.3.4　振荡器的频率稳定问题

振荡器的频率稳定是一个十分重要的问题。例如,通信系统的频率不稳,就会漏失信号而联系不上;测量仪器的频率不稳,就会引起较大的测量误差;在载波电话中,载波频率不稳,将会引起话音失真。

### 1. 振荡器的频率稳定度

振荡器的频率稳定度指标是用频率稳定度来衡量的。频率稳定度有两种表示方法：

(1) 绝对频率稳定度

它是指在一定条件下实际振荡频率与标准频率的偏差 $\Delta f$：

$$\Delta f = f_0 - f \tag{4-11}$$

(2) 相对频率稳定度

它是指在一定条件下，绝对频率稳定度与标准频率之间的比值：

$$\frac{\Delta f}{f_0} = \frac{f_0 - f}{f_0} \tag{4-12}$$

常用的是相对频率稳定度，简称频率稳定度。例如，一个振荡频率为 1MHz 的振荡器，实际工作在 0.999 99MHz 上，它的相对频率稳定度 $\frac{\Delta f}{f_0} = \frac{10\,\text{Hz}}{1\text{MHz}} = \frac{10}{10^6} = 1 \times 10^{-5}$。$\frac{\Delta f}{f_0}$ 越小，频率稳定度越高。上面所说的"一定条件"可以指一定的时间范围，或一定的温度，或电压变化范围。例如，在一定时间范围内的频率稳定度可以分为以下几种情况：

短期稳定度——1h 内的相对频率稳定度，一般用来评价测量仪器和通信设备中主振器的频率稳定指标；

中期稳定度——1d 内的相对频率稳定度；

长期稳定度——数月或 1a 内的相对频率稳定度。

频率稳定度用 10 的负几次方表示，次方绝对值越大，稳定度越高。中波广播电台发射机的中期稳定度是 $2 \times 10^{-5}/\text{d}$；电视发射台是 $5 \times 10^{-7}/\text{d}$；一般 $LC$ 振荡器是 $(10^{-3} \sim 10^{-4})/\text{d}$；克拉泼和西勒振荡器是 $(10^{-4} \sim 10^{-5})/\text{d}$。

### 2. 造成频率不稳定的因素

振荡器的频率主要取决于回路的参数，也与晶体管的参数有关，这些参数不可能固定不变，所以振荡频率也不能绝对稳定。

(1) $LC$ 回路参数的不稳定

温度变化是使 $LC$ 回路参数不稳定的主要因素。温度改变会使电感线圈和回路电容几何尺寸变形，因而改变电感 $L$ 和电容 $C$ 的数值。一般 $L$ 具有正温度系数，即 $L$ 随温度的升高而增大；而电容由于介电材料和结构的不同，电容器的温度系数可正可负。

另外机械振动使电感和电容产生形变，$L$ 和 $C$ 的数值变化，因而引起振荡频率的改变。

(2) 晶体管参数的不稳定

当温度变化或电源变化时，必定引起静态工作点和晶体管结电容的改变，从而使振荡频率不稳定。

### 3. 稳频措施

(1) 减小温度的影响；

（2）稳定电源电压；

（3）减少负载的影响；

（4）晶体管与回路之间的连接采用松耦合；

（5）提高回路的品质因数 $Q$；

（6）使振荡频率接近于回路的谐振频率；

（7）屏蔽、远离热源。

## 4.3.5　石英晶体振荡器

石英晶体振荡器就是以石英晶体谐振器取代 $LC$ 振荡器中构成谐振回路的电感、电容元件所组成的正弦波振荡器,它的频率稳定度可达 $10^{-10} \sim 10^{-11}$ 数量级,所以得到极为广泛的应用。它之所以具有极高的频率稳定度,关键是采用了石英晶体这种具有高 $Q$ 值的谐振元件。

由石英谐振器(石英晶体振子)构成的振荡电路通常叫"晶振电路"。从晶体在电路中的作用来看分两类:一类是工作在晶体并联谐振频率附近,晶体等效为电感的情况,叫做"并联晶振电路";另一类是工作在晶体串联谐振频率附近,晶体近于短路的情况,叫做"串联晶振电路"。

### 1. 并联晶振电路

这种电路由晶体与外接电容器或线圈构成并联谐振回路,按三点线路的连接原则组成振荡器,晶体等效为电感。

（1）皮尔斯(Pierce)振荡电路

图 4-10 所示的电路,称为"皮尔斯"电路。这种电路不需外接线圈,而且频率稳定度较高。

图 4-11 给出了这种电路的实例。这里,晶体等效为电感,晶体与外接电容(包括 4.5/20pF 与 20pF 两个小电容)和 $C_1,C_2$ 组成并联回路,其振荡频率应落在 $f_\mathrm{p}$ 与 $f_\mathrm{s}$ 之间。

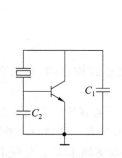

图 4-10　并联晶体振荡器
原理电路图

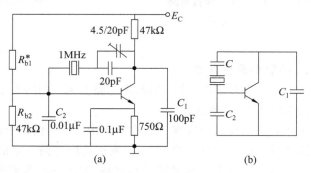

(a)　　　　　　　　　(b)

图 4-11　并联晶体振荡器实例

① 振荡频率 $f_0$ 的确定

图 4-12 是图 4-11 中谐振回路的等效电路。

该谐振回路的电感就是 $L_q$,而谐振回路的总电容应由 $C_q$,$C_0$ 及外接电容 $C$,$C_1$,$C_2$ 组合而成。$C_\Sigma$ 由下式确定:

$$\frac{1}{C_\Sigma} = \frac{1}{C_q} + \cfrac{1}{C_0 + \cfrac{1}{\cfrac{1}{C} + \cfrac{1}{C_1} + \cfrac{1}{C_2}}} \tag{4-13}$$

选择电容时,要满足 $C \ll C_1$,$C \ll C_2$ 条件,可推得此时的振荡频率为

$$f_0 = \cfrac{1}{2\pi\sqrt{L_q \cfrac{C_q(C_0 + C)}{C_q + C_0 + C}}} \tag{4-14}$$

② $f_0$ 总是处在 $f_p$ 与 $f_s$ 两频率之间

调节 $C$ 可使 $f_0$ 产生很微小的变动。无论怎样调节 $C$,$f_0$ 总是处于晶体 $f_p$ 与 $f_s$ 的两频率之间。但是,只有在 $f_p$ 附近,晶体才具有并联谐振回路的特点。

(2) 密勒(Miller)振荡电路

图 4-13 所示为另一种并联型晶振电路原理图,该电路中晶体连接在基极和发射极之间。$L_1 C_1$ 并联回路连接在集电极和发射极之间,只要晶体呈现感性即可构成电感三点式电路。此电路又称为密勒振荡电路。由于晶体并接在输入阻抗较低的晶体管 be 间,降低了有载品质因数,与皮尔斯振荡电路相比,频率稳定度较低。

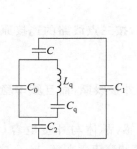

图 4-12　图 4-11 中谐振回路
的等效电路

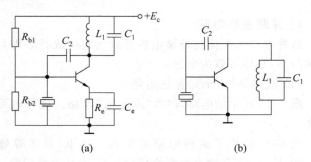

(a)　　　　　　　　　　(b)

图 4-13　密勒振荡电路

## 2. 串联型晶振电路

图 4-14(a)给出了一个串联晶振电路实例,它是按三点线路形式构成的,它的交流等效电路如图 4-14(b)所示。

这种电路很类似于电容三点式振荡器。区别仅在于两个分压电容的抽头是经过石英谐振器接到晶体管发射极的,由此构成正反馈通路。它的工作原理是:$C_1$ 与 $C_2$ 并联,再与 $C_3$ 串联,然后与 $L$ 组成并联谐振回路,调谐在振荡频率。当振荡频率等于石英谐振器的串联谐振频率时,晶体呈现纯电阻,阻抗最小,阻抗呈短路,正反馈最强,相移为零,满足相位条件。因此振荡器的频率稳定度主要由石英谐振器来决定。在其他频率,不能满足振荡条件。用图 4-14 电路中标出的元件数值,可得到 1MHz 的振荡频率,适当选取电路参数可使振荡频率高达几十兆赫。

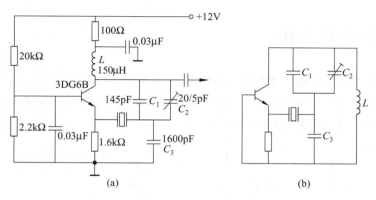

图 4-14　串联晶振实例

### 3．泛音晶振电路

所谓泛音，是指石英片振动的机械谐波。它与电气谐波的主要区别是，电气谐波与基频是整数倍的关系，且谐波和基波同时并存；而泛音是在基频奇数倍附近，且两者不能同时并存。石英谐振器的频率越高，则要求晶片越薄，机械强度越差，用在电路中易于振碎。一般晶体频率不超过 30MHz。为了提高晶振电路的工作频率，可使电路振荡频率工作在晶体的谐波（一般在 3 次到 7 次谐波）频率上，这是一种特制的晶体，称为泛音晶体（例如 JA12 型）。这样就可利用几十兆赫基频的晶片产生上百兆赫的稳定振荡。

并联型泛音晶体振荡器原理电路如图 4-15(a)所示。它与皮尔斯振荡器不同之处是用 $L_1 C_1$ 谐振回路代替了电容 $C_1$，而根据三点式振荡器的组成原则，该谐振回路应该呈容性阻抗。图 4-15(b)所示为 $L_1 C_1$ 回路的电抗特性。假如要求晶体工作在 5 次泛音，则调谐好的 $L_1 C_1$ 回路对 3 次泛音呈现感性阻抗，不满足三点式电路的相位条件，电路不能起振；而对 5 次泛音，$L_1 C_1$ 回路又相当一电容，即满足了起振的相位条件，若又满足了振幅条件，电路才可以振荡。至于 7 次及以上的泛音，$L_1 C_1$ 回路虽呈容性，但其等效电容量过大，致使电容分压比 $n$ 过小，不满足振幅起振条件，因而也不能在这些频率上振荡。

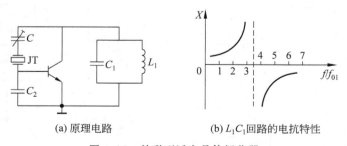

(a) 原理电路　　　　　　　(b) $L_1 C_1$ 回路的电抗特性

图 4-15　并联型泛音晶体振荡器

# 4.4 典型例题分析

**例 4-1** 考毕兹振荡电路如图 4-4 所示。给定回路参数 $C_1 = 36\text{pF}$，$C_2 = 680\text{pF}$，$L = 2.5\mu\text{H}$，$Q_0 = 100$，晶体管参数 $R_s = 10\text{k}\Omega$，$R_i = 2\text{k}\Omega$，$C_o = 4.3\text{pF}$，$C_i = 36\text{pF}$。求：振荡频率 $f_0$、反馈系数 $F$ 以及为满足起振所需的 $\beta$ 最小值。

**解** （1）求 $f_0$

$$C_1' = C_1 + C_o = (36 + 4.3)\text{pF} \approx 40\text{pF}$$

$$C_2' = C_2 + C_i = (680 + 41)\text{pF} \approx 720\text{pF}$$

$$C = \frac{C_1' C_2'}{C_1' + C_2'} \approx 38\text{pF}$$

$$f_0 \approx \frac{1}{2\pi\sqrt{LC}} = \frac{1}{2\pi\sqrt{2.5 \times 38 \times 10^{-18}}}\text{MHz} \approx 16.3\text{MHz}$$

（2）求 $F$

$$F = \frac{C_1'}{C_2'} = \frac{40}{720} = \frac{1}{18}$$

（3）求起振条件

先求出 $R_0$ 和 $n$，有

$$R_0 = Q_0\sqrt{\frac{L}{C}} = 100\sqrt{\frac{2.5}{38} \times 10^6}\text{k}\Omega = 100 \times 0.25 \times 10^3\text{k}\Omega = 25\text{k}\Omega$$

$$n = \frac{C_2'}{C_1' + C_2'} \approx 1$$

根据起振条件可得

$$\beta > \frac{R_i}{F}\left(\frac{1}{R_s} + \frac{1}{n^2 R_0}\right) + F = 2 \times 18 \times \left(\frac{1}{10} + \frac{1}{25}\right) + \frac{1}{18} \approx 5$$

**例 4-2** 利用相位平衡条件的判断准则，判断图例 4-2 中所示的三点式振荡器交流等

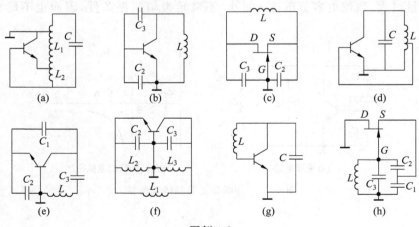

图例 4-2

效电路,哪个是错误(不可能振荡)的? 哪个是正确(有可能振荡)的? 属于哪种类型的振荡电路? 有些电路应说明在什么条件下才能振荡?

**解**　分析思路——判断一个三点式 $LC$ 振荡电路是否满足自激所需相位条件,根本方法是考察 c,b,e 三个电极间电抗的符号关系,$X_{ce}$ 与 $X_{be}$ 应同号,它们和 $X_{cb}$ 反号。射同基(集)反。如果每两个电极之间只是一种性质的电抗,能否满足自激所需相位条件,只有两种可能:要么满足,要么不满足。如果两个电极之间不止一种性质的电抗时,则两种电抗在一定数值条件下,电路满足自激所需相位条件。

所以图例 4-2(a),图例 4-2(e),图例 4-2(h)有可能相位满足平衡条件的判断准则——射同基(集)反,有可能振荡。图例 4-2(a)中的 $X_{cb}$ 必须是容性;图例 4-2(e)中的 $X_{cb}$ 必须是感性;图例 4-2(h)是场效应管振荡器,对于场效应管振荡器,将发射极对应场效应管的源极即可,图中的 $X_{GD}$ 必须是感性。

图例 4-2(b),图例 4-2(c),图例 4-2(d)不可能振荡,因为相位不满足平衡条件的判断准则——射同基(集)反。当 $L_2C_2 < L_3C_3$ 时,图例 4-2(f)有可能振荡;计振荡器输入电容时,图例 4-2(g)有可能振荡。

**例 4-3**　图例 4-3 表示三回路振荡器的交流等效电路,假定有以下 6 种情况:

(1) $L_1C_1 > L_2C_2 > L_3C_3$; (2) $L_1C_1 < L_2C_2 < L_3C_3$;

(3) $L_1C_1 = L_2C_2 = L_3C_3$; (4) $L_1C_1 = L_2C_2 > L_3C_3$;

(5) $L_1C_1 < L_2C_2 = L_3C_3$; (6) $L_2C_2 < L_3C_3 < L_1C_1$。

试问哪几种情况可能振荡? 等效为哪种类型的振荡电路? 其振荡频率与各回路的固有谐振频率之间有什么关系?

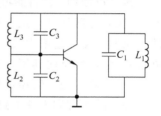

图例 4-3

**解**　分析思路——本题用三个并联谐振回路代替了基本回路中的三个电抗元件,判断时应注意:

① 同样应满足射同基(集)反的原则,要使得电路可能振荡,根据三点式振荡器的组成原则有:$L_1$,$C_1$ 回路与 $L_2$,$C_2$ 回路在振荡时呈现的电抗性质相同,$L_3$,$C_3$ 回路与它们的电抗性质不同。

② 由于三个回路都是并联谐振回路,这就要通过回路的相频特性去判断。根据并联谐振回路的相频特性,该电路要能够振荡,三个回路的谐振频率必须满足 $f_{03} > \max(f_{01}, f_{02})$ 或 $f_{03} < \min(f_{01}, f_{02})$,所以:

(1) $L_1C_1 > L_2C_2 > L_3C_3$,则 $f_{01} < f_{02} < f_{03}$,故电路可能振荡。可能振荡的频率 $f_1$ 为 $f_{02} < f_1 < f_{03}$,等效为电容反馈的振荡器。

(2) $L_1C_1 < L_2C_2 < L_3C_3$,则 $f_{01} > f_{02} > f_{03}$,故电路可能振荡。可能振荡的频率 $f_1$ 为 $f_{02} > f_1 > f_{03}$,等效为电感反馈的振荡器。

(3) $L_1C_1 = L_2C_2 = L_3C_3$,则 $f_1 = f_2 = f_3$,故电路不可能振荡。

(4) $L_1C_1 = L_2C_2 > L_3C_3$,$f_{01} = f_{02} < f_{03}$,故电路可能振荡。可能振荡的频率 $f_1$ 为 $f_{01} = f_{02} < f_1 < f_{03}$,等效为电容反馈的振荡器。

(5) $L_1C_1 < L_2C_2 = L_3C_3$,同样分析可知电路不可能振荡。

(6) $L_2C_2 < L_3C_3 < L_1C_1$,同样分析可知电路不可能振荡。

## 4.5　思考题与习题解答

**4-1**　为什么晶体管振荡器大都采用固定偏置与自偏置的混合偏置电路?

**答**　晶体管 $LC$ 振荡器采用固定的正向偏置是为了使振荡类型为软激励,无须在外加强的激励下就能起振,也不致停振。而采用自生反偏置则可以稳幅。二者不结合的话,不可能两个优点兼而有之。

**4-2**　为什么兆赫级以上的振荡器很少用 $RC$ 振荡电路?

**答**　$RC$ 振荡电路用 $RC$ 选频网络,而 $RC$ 选频网络的选频特性很差。为了改变波形,$RC$ 振荡器在加正反馈的同时,还加有负反馈。而为了能在振荡频率的谐波获得深度负反馈,要求放大器有高的增益。因为高增益的高频放大器成本高,使振荡器的成本随之升高,与相同指标的 $RC$ 高频振荡电路相比,$LC$ 振荡电路的成本低得多。故兆赫级以上的振荡器不宜采用 $RC$ 振荡电路。

**4-3**　反馈型 $LC$ 自激振荡器在起振后,往往出现反向偏压,试从理论上予以解释。

**答**　反馈型 $LC$ 自激振荡器的小信号环路增益 $KF$ 值一般远大于 1,起振后振幅迅速增长,从而使器件进入强非线性区工作,并必然会有一部分时间工作于截止区。这样,器件电流的平均分量增大,这一平均电流分量的电荷被偏置电路中的电容储存起来,对偏置电阻放电,产生反向偏压,当自生反偏压超过外给正向偏压时,总的偏压便是反向偏压。

**4-4**　确定晶体管振荡器中器件和振荡回路耦合时,应从哪些方面考虑?

**答**　晶体管和振荡电路耦合太紧时,晶体管参数的改变影响频率稳定度。若集电极与振荡回路耦合太松,则集电极向回路看进去的视在阻抗很小,放大量小;基极-发射极与谐振回路的耦合太松,则反馈量小。因此,耦合过松可能不满足自激所需振幅条件。故耦合松紧应兼顾频率稳定与起振(自激所需振幅条件)两个方面。

**4-5**　为什么 $LC$ 振荡器中的谐振放大器一般是工作在失谐状态? 它对振荡器的性能指标有何影响?

**答**　因为振荡所需相位条件是 $KF$ 的总相位移为 $2n\pi$,一般反馈网络 $F$ 总不可避免地有相移,因此放大电路 $K$ 必须产生一相反的相移,以抵消 $F$ 电路的相移,这就使得放大器必须工作在失谐状态。工作在失谐状态下的放大器,放大量减小,器件损耗增大。前者使器件的最高振荡频率下降,后者使振荡器的输出功率减小。

**4-6**　$LC$ 振荡器的振幅不稳定,是否会影响频率稳定? 为什么?

**答**　会影响频率稳定。因为晶体管的结电容均为非线性电容,振荡器的振幅不稳定,改变其直流工作状态,并改变加到结电容上的电压,使结电容的容量发生变化,导致振荡频率变化。

**4-7**　作高频炉用的大功率振荡器,当调整电路,使负载电阻等于器件的输出电阻时,是否能获得大功率输出? 并说明理由。

**答**　不能获得最大的功率输出。因为当负载电阻等于器件的输出电阻时,器件的电流动态范围很小。

4-8　图 4-4 所示的电容反馈振荡器,电路中 $C_1=100\mathrm{pF}$,$C_2=300\mathrm{pF}$,$L=50\mu\mathrm{H}$,求该电路的振荡频率和维持振荡所必需的最小放大倍数 $K_{\min}$。

**答**　$f_0=2.6\mathrm{MHz}$,$K_{\min}=3$。

4-9　利用相位平衡条件的判断准则,判断图例 4-2 中所示的三点式振荡器交流等效电路,哪个是错误的(不可能振荡)? 哪个是正确的(有可能振荡)? 属于哪种类型的振荡电路? 有些电路应说明在什么条件下才能振荡?

**解**　详见例 4-2 分析。

4-10　图例 4-3 表示三回路振荡器的交流等效电路,假定有以下 6 种情况:

(1) $L_1C_1>L_2C_2>L_3C_3$;　　　　(2) $L_1C_1<L_2C_2<L_3C_3$;

(3) $L_1C_1=L_2C_2=L_3C_3$;　　　　(4) $L_1C_1=L_2C_2>L_3C_3$;

(5) $L_1C_1<L_2C_2=L_3C_3$;　　　　(6) $L_2C_2<L_3C_3<L_1C_1$。

试问哪几种情况可能振荡? 等效为哪种类型的振荡电路? 其振荡频率与各回路的固有谐振频率之间有什么关系?

**解**　详见例 4-3 分析。

4-11　图题 4-11(a)是哈特莱振荡器的改进电路原理图。

(1) 试根据相位判别规则说明它可能产生振荡;

(2) 画出它的实际电路。

**答**　(1)可能产生振荡。相位满足平衡条件的判断准则——射同基(集)反,有可能振荡。

(2) 实际电路见图题 4-11(b)。

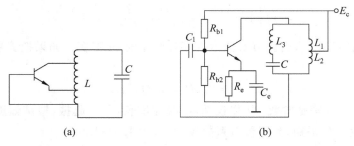

(a)　　　　　　　　　　　　　　　　(b)

图题 4-11

4-12　以克拉泼振荡器为例说明改进型电容三点式电路为什么可以提高频率稳定度?

**答**　它的特点是把基本型的电容反馈三点线路集电极-基极支路的电感改用 $LC$ 串联回路代替,这正是它的名称的由来——串联改进型电容反馈三点线路,又叫克拉泼电路。

这种振荡器的频率为

$$\omega_0=\frac{1}{\sqrt{LC_\Sigma}}$$

其中 $C_\Sigma$ 由下式决定:

$$\frac{1}{C_\Sigma}=\frac{1}{C}+\frac{1}{C_1+C_o}+\frac{1}{C_2+C_i}$$

选 $C_1 \gg C, C_2 \gg C$ 时，$C_\Sigma \approx C$，振荡频率 $\omega_0$ 可近似写成

$$\omega_0 \approx \frac{1}{\sqrt{LC}}$$

这就使 $C_o$ 和 $C_i$ 几乎与 $\omega_0$ 值无关，它们的变动对振荡频率的稳定性就没有什么影响了，提高了频率稳定度。

4-13  画出并联改进型电容反馈三点式振荡电路图(西勒电路)，写出其振荡频率表达式，并说明这种电路为什么在波段范围内幅度比较平稳？

**答**  (1) 电路图见图 4-8。

(2) 振荡频率表达式为

$$\omega_0 \approx \frac{1}{\sqrt{LC_\Sigma}}$$

其中，回路总电容 $C_\Sigma$ 为

$$C_\Sigma = C + \cfrac{1}{\cfrac{1}{C_1 + C_o} + \cfrac{1}{C_2 + C_i} + \cfrac{1}{C_3}}$$

(3) 在波段范围内幅度比较平稳分析

$$
\begin{aligned}
n &= \frac{C_3 C_2'}{C_3 + C_2'} \bigg/ \left( C_1' + \frac{C_3 C_2'}{C_3 + C_2'} \right) \\
&= 1 \bigg/ \left[ 1 + \frac{C_1(C_3 + C_2')}{C_3 C_2'} \right] \\
&= 1 \bigg/ \left[ 1 + \frac{(C_1 + C_o)(C_3 + C_2 + C_i)}{C_3(C_2 + C_i)} \right]
\end{aligned}
$$

由上式可知，$n$ 和 $C$ 无关，当调节 $C$ 来改变振荡频率时，$n$ 不变。如果把 $R$ 折合到 c-e 端，$R'$ 表示为

$$R' = n^2 R = n^2 Q \omega_0 L$$

当改变 $C$ 时，$n, L, Q$ 都是常数，则 $R'$ 仅随 $\omega_0$ 线性增长，易于起振，振荡幅度增加，使得在波段范围内幅度比较平稳，频率覆盖系数较大，可达 $1.6 \sim 1.8$。

4-14  试从工作频率范围、器件的工作状态、改善输出波形的措施、对放大器的要求等几个方面比较 $LC$ 正弦波振荡器和 $RC$ 正弦波振荡器的不同点，并对为什么产生这些不同点作简要的说明。

**答**  (1) 工作频率范围

$RC$ 振荡器适用于低频，$LC$ 振荡器适用于高频，因频率低时要求 $LC$ 值大，$LC$ 值大时将导致选频网络体积大而且笨重，频率低时要求 $R$ 阻值大并不导致体积和重量的增大，但高质量的 $RC$ 振荡器要求高增益的放大器，其原因是 $RC$ 网络的选频特性差。$LC$ 振荡器由于 $LC$ 网络选频特性好，不要求高增益放大器，而高频的高增益放大器造价高，故 $RC$ 振荡器不适用高频。

(2) 器件的工作状态

$LC$ 振荡器中的器件工作于强非线性状态，以便采用自生反向偏压稳幅。在强非线

性区工作所产生的谐波可以依靠 $LC$ 选频网络滤除。$RC$ 振荡器中的器件必须工作于线性区,以保证振荡波形良好,否则,由于 $RC$ 选频网络的选频特性差难以保证振荡波形良好。

（3）改善输出波形的措施

$LC$ 振荡器中依靠提高 $LC$ 振荡回路的 $Q$ 值来改善波形,$RC$ 振荡器采用深度负反馈减小谐波。

（4）对放大器增益的要求

$RC$ 振荡器中要求高增益的放大器,为深度负反馈创造条件。

（5）稳幅措施

$LC$ 振荡器用自生反偏压稳幅。$RC$ 振荡器由于前述原因,不允许器件工作于强非线性区而不能采用自生反偏压稳幅,于是采用非线性惰性反馈稳幅。

4-15　在图题 4-15 所示电路中,已知振荡频率 $f_0 = 100\text{kHz}$,反馈系数 $F = 1/2$,电感 $L = 50\text{mH}$。

（1）画出其交流通路（设电容 $C_b$ 很大,对交流可视为短路）;

（2）计算电容 $C_1$,$C_2$ 的值（设放大电路对谐振回路的负载效应可以忽略不计）。

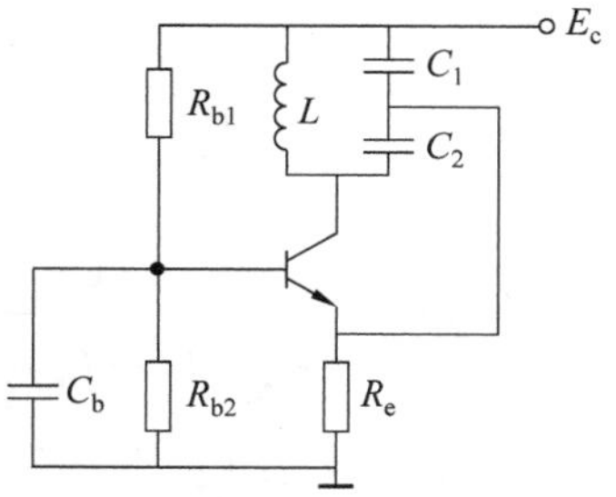

**提示**　画交流通路时,要注意严格按照题目要求来画,在题中没有要求的地方,一般都用常规画法。同时要注意直流偏置电路的画法。要灵活应用旁路电容,图题 4-15 中,$C_b$ 为基极旁路电容,目的是交流时使三极管基极接地。

图题 4-15

**解**　（1）交流通路见下图。

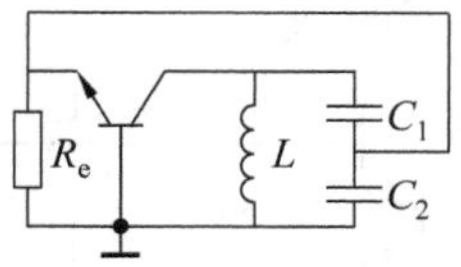

（2）由 $f_0 = \dfrac{1}{2\pi\sqrt{LC}} \Rightarrow C \approx 50\text{pF}$,由 $F = \dfrac{C_2}{C_1 + C_2} = \dfrac{1}{2} \Rightarrow C_1 = C_2$。

根据 $C = \dfrac{C_1 C_2}{C_1 + C_2} \approx 50\text{pF}$,可得 $C_1 = C_2 \approx 100\text{pF}$。

4-16　图题 4-16 所示为振荡电路。

（1）画出交流等效电路;

（2）求振荡频率 $f_0$ 和反馈系数 $F$。

**提示**　画交流等效电路时要注意到,ZL 为高频扼流圈,对交流信号相当于开路,$C_b$ 为基极耦合电容,$C_e$ 为射极旁路电容,它们对高频信号相当于短路。求振荡频率时,回路的振荡频率应与回路的总电感和总电容有关,对于总电容,一定是等效到电感两端的总电容。

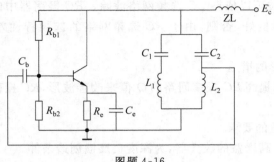

图题 4-16

(1) 交流等效电路见下图。

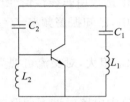

(2) $f_0 = \dfrac{1}{2\pi \sqrt{(L_1+L_2)\dfrac{C_1 C_2}{C_1+C_2}}}$

$F = \dfrac{\omega_0 L_2}{\omega_0 L_1 - \dfrac{1}{\omega_0 C_1}}$

4-17 图题 4-17 所示振荡电路中，已知 $C_1 = 508\text{pF}, C_2 = 2211\text{pF}$。

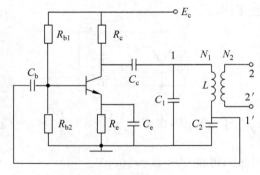

图题 4-17

(1) 要使振荡频率 $f_0 = 500\text{kHz}$，回路电感 $L$ 应为多少？

(2) 计算反馈系数 $F$，若把 $F$ 减小到 $F' = \dfrac{1}{2}F$，应如何修改电路元件参数？

(3) $R_c$ 的作用是什么？能否用扼流圈代替？如不能，说明原因；如可以，比较两者的优缺点。

(4) 若输出线圈的匝数比 $N_2/N_1 \ll 1$，用数字频率计从 2-2¹ 端测得频率值为

500kHz,从 1 端到地测得频率值为 490kHz,解释为什么两个结果不一样,哪一种测量结果更合理。

**答**　(1) 由 $f_0 = \dfrac{1}{2\pi\sqrt{L\dfrac{C_1 C_2}{C_1 + C_2}}} \Rightarrow L = 245\mu\text{H}$。

(2) $F = \dfrac{C_1}{C_2} \approx 0.23$,若把 $F$ 减小一半,则 $C_1/C_2 = \dfrac{1}{2} \times 0.23$。

又 $500 \times 10^3 = \dfrac{1}{2\pi\sqrt{245 \times 10^{-6} \times \dfrac{C_1 C_2}{C_1 + C_2}}}$,解得 $C_1 = 462\text{pF}$,$C_2 = 3986\text{pF}$。

(3) $R_c$ 的作用是给三极管提供一个合适的直流偏置电路,可改为扼流圈,因为这并不改变振荡器的振荡,仅仅使放大器的直流电流增加了。

(4) 从 $2$—$2'$ 端测得的数值更合理,因为仪表接到 $2$—$2'$ 端对振荡器的影响小。1 端到地测量时,仪表的输入电容与 $C_1$ 并联使 $C_\Sigma$ 上升,导致振荡频率下降。

**注**　本题主要考查知识点电容三点式振荡器。

4-18　泛音晶体振荡器的电路构成有什么特点?

**答**　泛音晶体振荡器电路必须有能抑制基频和低次泛音振荡的电路。通常用一个谐振回路代替一个电抗元件。在低于所需振荡频率时,该谐振回路呈现的电抗改变符号,不满足起振所需的相位条件;而在高于所需振荡频率时,虽然满足起振相位条件,但是高次泛音将因放大倍数小,振幅条件不满足而被抑制。

4-19　用石英晶体稳频,如何保证振荡一定由石英晶体控制?

**答**　用石英晶体稳频的振荡器,有两种电路:一种是并联式,石英晶体工作于感性电抗区,一旦石英晶体停止工作,其等效电抗为支架电容呈现的容抗,电路立刻停振;另一种是串联式,石英晶体接在正反馈电路中,工作于串联谐振频率,一旦石英晶体停止工作,其支架电容呈现的容抗使正反馈减小,电路立刻停振。

4-20　在图题 4-20 所示晶体振荡电路中,已知晶体与 $C_1$ 构成并联谐振回路,其谐振电阻 $R_0 = 80\text{k}\Omega$,$R_f/R_1 = 2$。

(1) 分析晶体的作用;

(2) 为满足起振条件,$R_2$ 应小于多少(设集成运放是理想的)?

**分析**　要满足起振条件,反馈电压必须大于输入电压,同时要满足相位条件。对于电路中既有正反馈,又有负反馈的情况,则正反馈必须要大于负反馈。

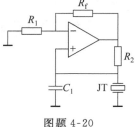

图题 4-20

**解**　(1) 晶体呈电感,与 $C_1$ 构成并联谐振回路。

(2) 电路中 $V_- = V_0 \dfrac{R_1}{R_1 + R_f} = \dfrac{1}{3} V_0$,$V_+ = V_0 \dfrac{R_0}{R_2 + R_0}$,为使振荡器振荡,要求 $V_+ > V_-$,可求得 $R < 160\text{k}\Omega$。

## 4.6　自测题

**1. 填空题**

(1) 正弦波振荡器由_____、_____和_____三部分组成。

(2) 石英晶体稳定频率的原因是_____。

(3) 电感三点式振荡器的特点是_____起振(填"容易"或"不易"),输出电压幅度_____(填"大"或"小"),频率调节_____(填"方便"或"不方便")。

(4) 电容三点式振荡器的特点是振荡波形_____(填"好"或"不好"),振荡频率_____(填"高"或"低"),频率调节_____(填"方便"或"不方便")。

(5) 晶体振荡器和泛音振荡器的振荡频率相比,_____振荡器振荡频率高。

(6) 根据石英晶体的电抗特性,当 $f = f_s$ 时,石英晶体呈_____性;当 $f_s < f < f_p$ 时,石英晶体呈_____性;当 $f < f_s$ 或 $f > f_p$ 时,石英晶体呈_____性。

(7) LC 振荡器起振时要有大的放大倍数,应工作于_____状态,进入稳定状态时,为了使稳频效果好,应工作于_____状态。

(8) 使用石英振荡器,是利用石英的_____特性。

(9) 要产生频率较高的正弦波信号应采用_____振荡器,要产生频率较低的正弦波信号应采用_____振荡器,要产生频率稳定度高的正弦信号应采用_____振荡器。

(10) 克拉泼振荡器频率稳定度比普通的电容三点式振荡器频率稳定度高的原因是_____。

**2. 判断题**

(1) 某一电子设备中,要求振荡电路的频率为 20MHz,且频率稳定度高达 $10^{-8}$,应采用 LC 振荡器。

(2) LC 正弦波振荡器提高频率稳定度的措施是降低回路的 Q 值和使晶体管与回路处于紧耦合。

(3) 设计一个稳定度高的频率可调振荡器(通常采用晶体振荡器)。

# 第 5 章　振幅调制与解调

## 5.1　内容提要和知识结构框图

### 1. 内容提要

振幅调制过程用被传送的低频信号去控制高频振荡器,使高频振荡器输出信号的幅度相应于低频信号的变化而变化,从而实现低频信号搬移到高频段,被高频信号携带传播的目的。解调过程是调制的反过程,即把低频信号从高频载波上搬移下来的过程,调幅波的解调也叫做检波。

本章所涉及的内容有调幅信号的分析包含普通调幅波表达式、波形、频谱及功率,DSB/SC 表达式、波形、频谱及功率和 SSB/SC 表达式、波形、频谱及功率;调幅波产生原理的理论分析;普通调幅波的产生电路特别是高电平调幅电路的大信号基极调幅及大信号集电极调幅的基本工作原理、设计要点;普通调幅波的解调电路,大信号检波及同步检波;抑制载波调幅波的产生和解调电路等。

### 2. 知识结构框图

本章知识结构框图如图 5-1 所示。

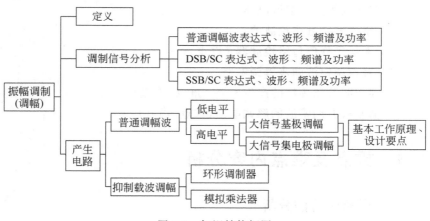

图 5-1　知识结构框图

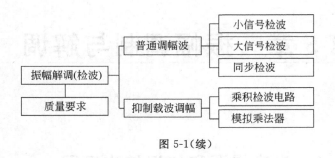

图 5-1(续)

# 5.2 本章知识点

1. 普通调幅波的分析（重点）

(1) 调幅波的表达式、波形；

(2) 调幅波的频谱；

(3) 调幅波的功率。

2. 抑制载波调幅波的分析（重点）

(1) 抑制载波双边带调幅；

(2) 抑制载波单边带调幅。

3. 调幅波产生原理的理论分析（重点）

4. 普通调幅波产生电路

(1) 低电平调幅电路；

(2) 高电平调幅电路(重点、难点)。

① 基极调幅电路；

② 集电极调幅电路。

5. 普通调幅波的解调电路

(1) 小信号平方律检波器；

(2) 大信号峰值包络检波器(重点)；

(3) 普通调幅波同步解调电路。

6. 抑制载波调幅波的产生电路（重点、难点）

7. 抑制载波调幅波的解调电路(重点、难点)

# 5.3 重点及难点内容分析

## 5.3.1 调幅信号的分析

振幅调制就是用低频调制信号去控制高频载波信号的振幅,使载波的振幅随调制信号成正比地变化。经过振幅调制的高频载波称为振幅调制波(简称调幅波)。调幅波有普通调幅波（amplitude modulation，AM 振幅调制）、抑制载波的双边带调幅波（DSB/SC—AM）和抑制载波的单边带调幅波（SSB/SC—AM）三种。下面逐个讨论。

### 1. 普通调幅波（表达式、波形、频谱、功率）

（1）调幅波的表达式、波形

设调制信号为单一频率的余弦波：

$$u_\Omega(t) = U_{\Omega m}\cos\Omega t$$

载波信号为

$$u_c(t) = U_{cm}\cos\omega_c t$$

为简化分析，设两者波形的初相角均为零。已调波的表示式为

$$u_{AM}(t) = U_{AM}(t)\cos\omega_c t = U_{cm}(1 + m_a\cos\Omega t)\cos\omega_c t \tag{5-1}$$

式中，$m_a$ 称为调幅指数或调幅度。

由于调幅指数 $m_a$ 与调制电压的振幅成正比，即 $U_{\Omega m}$ 越大，$m_a$ 就越大，调幅波幅度变化也越大，一般 $m_a$ 小于或等于 1。如果 $m_a > 1$，调幅波产生失真，这种情况称为过调幅。调幅波的波形如图 5-2 所示。

（2）调幅波的频谱

将式（5-1）展开得

$$u_{AM}(t) = U_{cm}\cos\omega_c t + \frac{1}{2}m_a U_{cm}\cos(\omega_c + \Omega)t +$$

$$\frac{1}{2}m_a U_{cm}\cos(\omega_c - \Omega)t \tag{5-2}$$

它由三个高频分量组成。将这三个频率分量用图画出，便可得到图 5-3 所示的频谱图。在这个图上，调幅波的每一个正弦分量用一个线段表示，线段的长度代表其幅度，线段在横轴上的位置代表其频率。

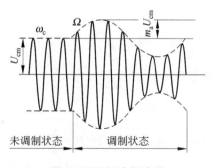

图 5-2　调幅波的波形

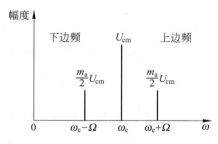

图 5-3　普通调幅波的频谱图

调幅的过程就是在频谱上将低频调制信号搬移到高频载波分量两侧的过程。在单频调制时，其调幅波的频带宽度为调制信号频谱的两倍，即 $B = 2F$。

在多频调制时，如由若干个不同频率 $\Omega_1, \Omega_2, \cdots, \Omega_k$ 的信号所调制，其调幅波方程为

$$u_{AM}(t) = U_{cm}(1 + m_{a1}\cos\Omega_1 t + m_{a2}\cos\Omega_2 t + \cdots)\cos\omega_c t$$

$$= U_{cm}\cos\omega_c t + \frac{m_{a1}}{2}U_{cm}\cos(\omega_c + \Omega_1)t + \frac{m_{a1}}{2}U_{cm}\cos(\omega_c - \Omega_1)t +$$

$$\frac{m_{a2}}{2}U_{cm}\cos(\omega_c + \Omega_2)t + \frac{m_{a2}}{2}U_{cm}\cos(\omega_c - \Omega_2)t + \cdots +$$

$$\frac{m_{ak}}{2}U_{cm}\cos(\omega_c + \Omega_k)t + \frac{m_{ak}}{2}U_{cm}\cos(\omega_c - \Omega_k)t \qquad (5\text{-}3)$$

相应地,其调幅波含有一个载频分量及一系列的高低边频分量$(\omega_c \pm \Omega_1)$,$(\omega_c \pm \Omega_2)$,$\cdots$,$(\omega_c \pm \Omega_k)$,等等。多频调制调幅波的频谱图如图 5-4 所示。

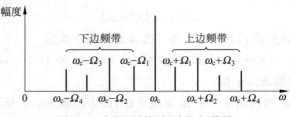

图 5-4　多频调制调幅波的频谱图

总的频带宽度为最高调制频率的两倍,即 $B = 2F_{\max}$。

调制后调制信号的频谱被线性地搬移到载频的两边,成为调幅波的上、下边带。所以,调幅的过程实质上是一种频谱搬移的过程。

(3) 调幅波的功率

载波分量功率

$$P_c = \frac{1}{2}\frac{U_{cm}^2}{R_L} \qquad (5\text{-}4)$$

上边频分量功率

$$P_1 = \frac{1}{2}\left(\frac{m_a}{2}U_{cm}\right)^2 \frac{1}{R_L} = \frac{1}{8}\frac{m_a^2 U_{cm}^2}{R_L} = \frac{1}{4}m_a^2 P_c$$

下边频分量功率

$$P_2 = \frac{1}{2}\left(\frac{m_a}{2}U_{cm}\right)^2 \frac{1}{R_L} = \frac{1}{8}\frac{m_a^2 U_{cm}^2}{R_L} = \frac{1}{4}m_a^2 P_c$$

因此,调幅波在调制信号的一个周期内给出的平均功率为

$$P = P_c + P_1 + P_2 = \left(1 + \frac{m_a^2}{2}\right)P_c \qquad (5\text{-}5)$$

可见,边频功率随 $m_a$ 的增大而增加,当 $m_a = 1$ 时,边频功率为最大,即 $P = \frac{3}{2}P_c$。

这时上、下边频功率之和只有载波功率的一半,这也就是说,用这种调制方式,发送端发送的功率被不携带信息的载波占去了很大的比例,显然,这是很不经济的。但由于这种调制设备简单,特别是解调更简单,便于接收,所以它仍在某些领域广泛应用。

**2. 抑制载波双边带调幅(DSB/SC—AM)**

由于载波不携带信息,因此,为了节省发射功率,可以只发射含有信息的上、下两个边

带,而不发射载波,这种调制方式称为抑制载波的双边带调幅,简称双边带调幅,用 DSB 表示。可将调制信号 $u_\Omega$ 和载波信号 $u_c$ 直接加到乘法器或平衡调幅器电路得到。双边带调幅信号写成

$$u_{DSB}(t) = Au_\Omega u_c = AU_{\Omega m}\cos\Omega t U_{cm}\cos\omega_c t$$
$$= \frac{1}{2}AU_{\Omega m}U_{cm}[\cos(\omega_c+\Omega)t + \cos(\omega_c-\Omega)t] \qquad (5\text{-}6)$$

式中,$A$ 为由调幅电路决定的系数;$AU_{\Omega m}U_{cm}\cos\Omega t$ 是双边带高频信号的振幅,它与调制信号成正比。双边带调幅的调制信号、调幅波形如图 5-5 所示。双边带调幅波的包络已不再反映调制信号的变化规律。图 5-6 为 DSB/SC—AM 频谱图。

由以上讨论可以看出,DSB/SC—AM 调制信号有如下特点:

(1) DSB/SC—AM 信号的幅值仍随调制信号而变化,但与普通调幅波不同,DSB/SC—AM 的包络不再反映调制信号的形状,仍保持调幅波频谱搬移的特征。

(2) 在调制信号的正负半周,载波的相位反相,即高频振荡的相位在 $u_\Omega(t)=0$ 瞬间有 $180°$ 的突变。

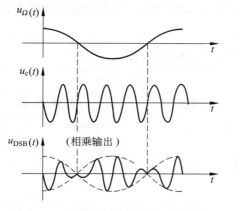

图 5-5　双边带调幅的调制信号、调幅波

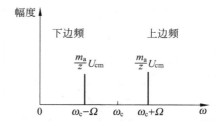

图 5-6　DSB/SC—AM 频谱图

(3) DSB/SC—AM 调制,信号仍集中在载频 $\omega_c$ 附近,所占频带为

$$B_{DSB} = 2F_{max}$$

由于 DSB/SC—AM 调制抑制了载波,输出功率是有用信号,它比普通调幅经济。但在频带利用率上没有什么改进。为进一步节省发送功率,减小频带宽度,提高频带利用率,可采用单边传输方式。

### 3. 抑制载波单边带调幅(SSB/SC—AM)

实现抑制载波的单边带调幅的方法很多,其中最简单的方法是在双边带调制后接一个边带滤波器,它可以取出一个边带,抑制掉另一边带。当边带滤波器的通带位于载频以上时,提取上边带,否则就提取下边带。用这种方法实现单边带调幅的数学模型如图 5-7 所示。

通过边带滤波器后,就可得到上边带或下边带:

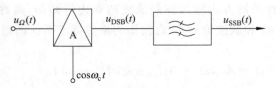

图 5-7　实现单边带调幅信号的数学模型

下边带信号

$$u_{\text{SSBL}}(t) = \frac{1}{2}AU_{\Omega m}U_{cm}\cos(\omega_c - \Omega)t \tag{5-7}$$

上边带信号

$$u_{\text{SSBH}}(t) = \frac{1}{2}AU_{\Omega m}U_{cm}\cos(\omega_c + \Omega)t \tag{5-8}$$

从以上两式可看出,SSB 信号在传输时,不但功率利用率高,而且它所占用的频带比 AM,DSB 减小了一半,即 $B_{\text{SSB}} = F_{\text{max}}$,频带利用充分,因此它已成为短波通信中的一种重要调制方式。

表 5-1 列出了在单音信号调制下,三种已调信号的时域波形图及频谱示意图以及多音信号调制下,三种已调信号的频谱示意图。

表 5-1　三种已调信号的波形图和频谱图

| 时 域 波 形 | 频 域 波 形 | |
|---|---|---|
| | 单 频 调 制 | 多 频 调 制 |

### 5.3.2　调幅波产生原理的理论分析

由前面的讨论已知,能产生调幅波的电路应具有相乘运算的功能,具有这种功能的器件和电路有多种,下面主要针对通信电子电路中应用较多的非线性器件和集成模拟乘法器进行分析。

分析非线性器件具有相乘功能可以产生调幅波理论的目的,在于了解产生调幅波的物理过程,说明各种频率成分出现的规律,为设计功能更为完善的电路提供方向。下面介绍两种常用的分析方法。

#### 1. 幂级数分析法

设非线性器件的伏安特性为

$$i = f(u) \tag{5-9}$$

式中 $u = V_Q + u_1 + u_2$,其中 $V_Q$ 是静态工作点电压,$u_1$ 和 $u_2$ 是两个输入信号电压(例如调制信号和载波)。若非线性器件的伏安特性用幂级数近似,则在静态工作点 $V_Q$ 展开的泰勒级数为

$$
\begin{aligned}
i &= f(V_Q + u_1 + u_2) \\
&= a_0 + a_1(u_1 + u_2) + a_2(u_1 + u_2)^2 + \cdots + a_n(u_1 + u_2)^n + \cdots
\end{aligned} \tag{5-10}
$$

式中 $a_0, a_1, \cdots, a_n, \cdots$ 是各次方项的系数,它们由下列通式表示,即

$$a_n = \frac{1}{n!} \cdot \frac{\mathrm{d}^n f(u)}{\mathrm{d}u^n} \bigg|_{u=V_Q} = \frac{f^{(n)}(V_Q)}{n!} \tag{5-11}$$

由二项式定理知道

$$(u_1 + u_2)^n = \sum_{m=0}^{n} \frac{n!}{m!(n-m)!} u_1^{n-m} u_2^m \tag{5-12}$$

故式(5-10)可改写为

$$i = \sum_{n=0}^{\infty} \sum_{m=0}^{n} \frac{n!}{m!(n-m)!} a_n u_1^{n-m} u_2^m \tag{5-13}$$

由式(5-13)可见,当非线性器件同时输入两个电压信号时,器件的响应电流中存在着两个电压信号相乘项,例如,当 $n=2, m=1$ 时,$i = a_2 u_1 u_2$,该项即为产生调幅波的有用项。但响应电流中同时也存在着 $n \neq 2$、$m \neq 1$ 的许多无用相乘项,这些项是干扰信号。因此,非线性器件的相乘作用不理想,必须采取措施尽量减小这些无用项。在工程上常采用的措施有:

(1) 选用平方律特性好的非线性器件,例如场效应管;选择器件的合适工作点使它工作在特性接近平方律的区域。

(2) 采用多个非线性器件组成的平衡电路、环形电路,抵消一部分无用组合频率分量。

(3) 减小输入信号 $u_1$ 和 $u_2$ 的幅值,以便减小高阶相乘项及其产生的组合频率分量的强度。

### 2. 开关函数近似分析法

当输入信号足够大时,晶体二极管的伏安特性可用图 5-8 近似表示。若 $V_Q = 0$,在 $u_1$ 的作用下,$I_0(t)$ 是导通角为 $\pi/2$ 的尖顶余弦脉冲序列,$g(t)$ 是导通角为 $\pi/2$ 的矩形脉冲序列。用 $k_1(\omega_1 t)$ 表示高度为 1 的单向周期性方波,其傅里叶级数展开式为

$$k_1(\omega_1 t) = \frac{1}{2} + \frac{2}{\pi}\cos\omega_1 t - \frac{2}{3\pi}\cos3\omega_1 t + \cdots$$

$$= \frac{1}{2}\left[1 + \sum_{n=1}^{\infty}(-1)^{n+1}\frac{4}{(2n-1)\pi}\cos(2n-1)\omega_1 t\right] \qquad (5\text{-}14)$$

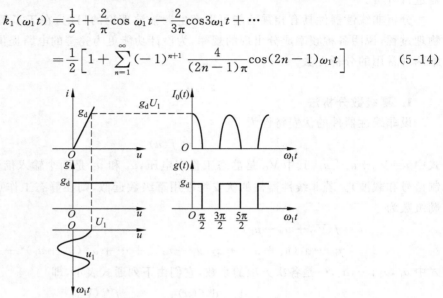

图 5-8 $I_0(t)$ 和 $g(t)$ 的波形

在线性时变状态,流过二极管的电流为

$$i = I_0(t) + g(t)u_2 = g_d k_1(\omega_1 t)(u_1 + u_2) = g_d k_1(\omega_1 t)u_1 + g_d k_1(\omega_1 t)u_2$$

其中,

$$\left.\begin{array}{l} I_0(t) = g_d k_1(\omega_1 t)u_1 \\ g(t) = g_d k_1(\omega_1 t) \end{array}\right\} \qquad (5\text{-}15)$$

由于 $k_1(\omega_1 t)$ 的基波与 $u_2$ 相乘项是有用项,可实现频谱搬移功能,其余项为无用相乘项。

应该指出的是,指数函数分析和开关函数分析法都是线性时变分析法的特例。至于具体应用哪种方法,视输入信号的大小和多少而定。

## 5.3.3 普通调幅波的产生电路

在无线电发射机中,振幅调制的方法按功率电平的高低分为高电平调制电路和低电平调制电路两大类。前者是在发射机的最后一级直接产生达到输出功率要求的已调波;后者多在发射机的前级产生小功率的已调波,再经过线性功率放大器放大,达到所需的发射功率电平。

普通调幅波的产生多用高电平调制电路。它的优点是不需要采用效率低的线性放大

器,有利于提高整机效率。但它必须兼顾输出功率、效率和调制线性的要求。低电平调制电路的优点是调幅器的功率小,电路简单。由于它输出功率小,常用在双边带调制和低电平输出系统,如信号发生器等。

#### 1. 低电平调幅电路

低电平调幅电路可采用集成高频放大器产生调幅波,也可利用模拟乘法器产生调幅波。下面分析利用双列直插型的 MC1596G 模拟乘法器产生普通调幅波。该电路如图 5-9 所示:它外接一些元器件即可构成产生普通调幅波的电路。其中引脚 1 和引脚 4 之间接的 51kΩ 电位器用来调节调幅系数的大小,由引脚 1 加入调制信号,由引脚 10 加入载波信号,由引脚 6 通过 0.1μF 电容输出调幅信号。

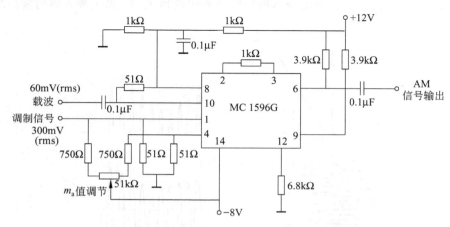

图 5-9　利用模拟乘法器产生调幅波

#### 2. 高电平调幅电路

高电平调幅电路是以调谐功率放大器为基础构成的,实际上它就是一个输出电压振幅受调制信号控制的调谐功率放大器。根据调制信号注入调幅器方式的不同,分为基极调幅、发射极调幅和集电极调幅三种。

### 5.3.4　大信号基极调幅和集电极调幅工作原理及设计要点

#### 1. 基极调幅电路

（1）基本工作原理

基极调幅电路如图 5-10 所示。由图可见,高频载波信号 $u_\omega$ 通过高频变压器 $T_1$ 加到晶体管基极回路,低频调制信号 $u_\Omega$ 通过低频变压器 $T_2$ 加到晶体管基极回路,$C_b$ 为高频旁路电容,用来为载波信号提供通路。

在调制过程中,调制信号 $u_\Omega$ 相当于一个缓慢变化的偏压(因为反偏压 $E_b = 0$,否则综合偏压应是 $E_b + u_\Omega$),使放大器的集电极脉冲电流的最大值 $i_{cmax}$ 和导通角 $\theta$ 按调制信号的大小而变化。在 $u_\Omega$ 往正向增大时,$i_{cmax}$ 和 $\theta$ 增大;在 $u_\Omega$ 往反向减少时,$i_{cmax}$ 和 $\theta$ 减少,故输

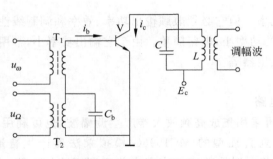

图 5-10　基极调幅电路

出电压幅值正好反映调制信号的波形。晶体管的集电极电流 $i_c$ 波形和调谐回路输出的电压波形如图 5-11 所示,将集电极谐振回路调谐在载频 $f_c$ 上,那么放大器的输出端便获得调幅波。

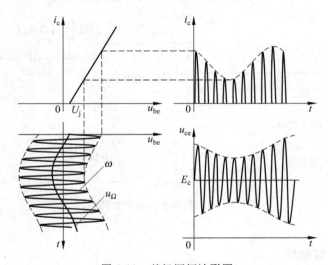

图 5-11　基极调幅波形图

(2) 设计要点

① 关于放大器的工作状态

放大器应工作于欠压状态,为保证放大器工作在欠压状态,设计时应使放大器最大工作点(调幅波幅值最大处叫最大工作点或调幅波波峰;反之,调幅波幅值最小处叫最小工作点或调幅波波谷)刚刚处于临界状态,那么便可保证其余部分都欠压工作。

设调幅系数 $m_a = 1$,则最大工作点的电压幅值为

$$(U_{cm})_{max} = E_c - U_{ces} \tag{5-16}$$

载波状态电压幅值为

$$(U_{cm})_c = \frac{1}{2}(U_{cm})_{max} = \frac{1}{2}(E_c - U_{ces}) \tag{5-17}$$

② 放大器的最佳集电极负载电阻 $R_{cp}$

$$R_{cp} = \frac{(U_{cm})_c}{(I_{c1m})_c} \tag{5-18}$$

式中，$(I_{c1m})_c$ 为集电极基波电流。

③　晶体管的选择

放大器的工作情况在调制过程中是变化的，应根据最不利的情况选择晶体管。电流脉冲和槽路电压都是在最大工作点处最大，故

$$I_{CM} \geqslant (I_{cmax})_{max} \tag{5-19}$$

$$BV_{ceo} \geqslant 2E_c \tag{5-20}$$

$$P_{CM} \geqslant (P_C)_c \tag{5-21}$$

关于式(5-19)，式(5-20)，式(5-21)的说明如下：式中，$BV_{ceo}$ 为基极开路时集电极、发射极间反向击穿电压；$I_{CM}$ 为集电极最大允许电流；$P_{CM}$ 为集电极最大允许功率损耗。在载波状态下，放大器工作于欠压状态，其电压利用系数和集电极效率低，管耗很大，所以管子的功率容量应按载波状态选取。

④　对激励的要求

一般激励电压幅度是不变的，但由于基流脉冲大小是随调制信号改变的，所以所需功率也在变。激励电压可按调谐功率放大器的方法进行初步估算，但在调整时，应以达到在载波状态下的槽路电压为准。

关于激励功率，因为最大工作点处的基流脉冲最大，所以应根据该处的基流幅值 $(I_{b1m})_{max}$ 确定激励功率，即

$$P_\omega = \frac{1}{2} U_{\omega m} (I_{b1m})_{max} \tag{5-22}$$

式中，$P_\omega$ 为激励功率，$U_{\omega m}$ 为激励电压幅值，$(I_{b1m})_{max}$ 可按 $(I_{b1m})_c$ 的两倍估算。

⑤　对调幅放大器的要求

对调幅放大器的要求，主要是确定调制电压 $U_{\Omega m}$ 和调制功率 $P_\Omega$ 的大小，以及变压器 $T_2$ 的等效负载电阻 $R_\Omega$，以满足匹配之需要。

调制电压 $U_{\Omega m}$ 大，则调制度加深，但过大则出现过调失真。在正常情况下，为不造成过调，让 $U_{\Omega m}$ 与 $U_{\omega m}$ 大小大致相近。

为了确定调制功率，应先确定基极回路的调制电流。它是由基极脉冲电流的直流分量 $I_{b0}$ 在调制过程中变化而形成的。

由此即可确定调制功率 $P_\Omega$ 及等效负载电阻 $R_\Omega$：

$$P_\Omega = \frac{1}{2} U_{\Omega m} I_{\Omega m} \tag{5-23}$$

在 $m_a = 1$ 的情况下，调制电流的幅值近似等于载波状态的直流分量，即

$$I_{\Omega m} \approx (I_{b0})_c \tag{5-24}$$

$$R_\Omega = \frac{U_{\Omega m}}{I_{\Omega m}} \tag{5-25}$$

由上述可见，基极调幅电路的优点是所需调制信号功率很小（由于基极调幅电路基极电流小，消耗功率也小），调制信号的放大电路比较简单。它的缺点是因其工作在欠压状态，集电极效率低。

⑥ 基极调幅波的失真波形

由于多种原因会出现一定的失真,失真现象大致有两种:一种是波谷变平,如图5-12所示;另一种是波腹变平,如图5-13所示。

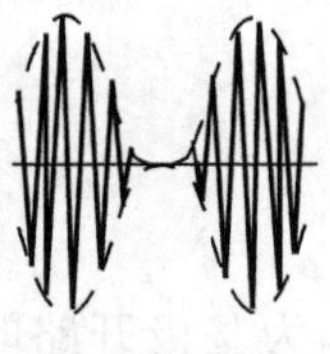

图 5-12　波谷变平

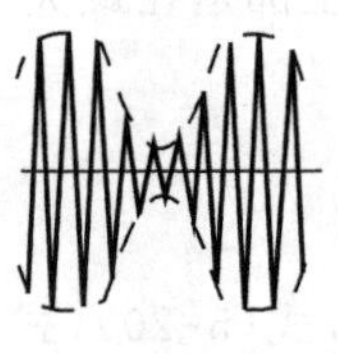

图 5-13　波腹变平

### 2. 集电极调幅电路

（1）基本工作原理

集电极调幅电路如图5-14所示。高频载波信号 $u_\omega$ 仍从基极加入,而调制信号 $u_\Omega$ 加在集电极。$R_1C_1$ 是基极自给偏压环节。调制信号 $u_\Omega$ 与 $E_c$ 串接在一起,故可将二者合在一起看作一个缓慢变化的综合电源 $E_{cc}(E_{cc}=E_c+u_\Omega)$。所以,集电极调制电路就是一个具有缓慢变化电源的调谐放大器。

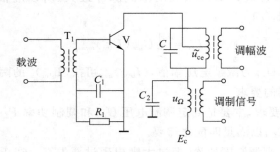

图 5-14　集电极调幅电路

在调制过程中,集电极电流脉冲的高度和凹陷程度均随 $u_\Omega$ 的变化而变化,则 $I_{c1m}$ 也跟随变化,从而实现了调幅作用。经过调谐回路的滤波作用,在放大器输出端即可获得已调波信号。

集电极调幅 $\tilde{u}_{ce}, i_c, i_b, E_b$ 的波形如图5-15所示。图5-15（a）表示综合电源电压 $E_{cc}$ 及集电极槽路交流电压 $\tilde{u}_{ce}$ 的波形。由图可见,$E_{cc}$ 和谐振回路电压幅值 $U_{cm}$ 都随调制信号而变化,$U_{cm}$ 的包络线反映了调制信号的波形变化。$E_{cc}$ 和 $U_{cm}$ 之差为晶体管饱和压降 $u_{ces}$。

图5-15（b）表示 $i_c$ 脉冲的波形。由于放大器在载波状态时工作在过压状态,$i_c$ 脉冲中心下凹。$E_{cc}$ 越小,过压越深,脉冲下凹越甚;$E_{cc}$ 越大,过压程度下降,脉冲下凹减轻。一般适当控制 $E_{cc}$ 到最大时,将放大器调整到临界状态工作,$i_c$ 脉冲不下凹。

图5-15（c）表示 $i_b$ 脉冲的波形。它的幅值变化规律刚好与 $i_c$ 相反,过压越深,$u_{ce\,min}$ 越小,输入特性曲线（$i_b$-$u_{be}$ 关系曲线）,左移越多,$i_b$ 脉冲越大。

图5-15（b）,（c）中还绘出了 $I_{c0}, I_{b0}$ 随 $E_{cc}$ 变化的曲线,它们分别为相应电流的周期平

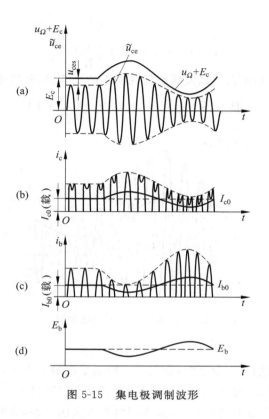

图 5-15　集电极调制波形

均值。

图 5-15(d)绘出了基流偏压 $E_b$ 随 $E_{cc}$ 变化的曲线,因为 $E_b=I_{b0}R_1$,所以 $E_b$ 的变化规律与 $I_{b0}$ 相同。

(2) 设计要点

① 放大器的工作状态

放大器最大工作点应设计在临界状态,那么便可保证其余时间都处于过压状态。第 3 章关于确定 $R_{cp}$ 和匝比的关系式仍可应用,只要将交流输出功率 $P_o$ 理解为载波状态的输出功率 $(P_o)_c$ 即可。

② 选管子

管子电流的 $I_{CM}$ 应根据最大工作点电流脉冲幅值来定,即

$$I_{CM} \geqslant (I_{cmax})_{max}$$

式中,$(I_{cmax})_{max}$ 是最大工作点电流 $i_c$ 脉冲的最大值。

晶体管耐压应根据最大集电极电压来定。集电极电压是综合电源电压($E_{cc}=E_c+u_{\Omega}$)和高频电压之和,如图 5-16 所示。在最大工作点处,$E_{cc}$ 可接近 $2E_c$,集电极瞬时电压最大值约为 $4E_c$,故

$$BV_{ceo} > 4E_c \tag{5-26}$$

管子最大集电极允许损耗,可按

$$P_{CM} > (P_C)_{av} = (P_o)_c \left(1+\frac{m_a^2}{2}\right)\left(\frac{1}{\eta_c}-1\right) \tag{5-27}$$

计算。设 $m_a = 1$ 时,

$$(P_C)_{av} = 1.5(P_o)_c \left( \frac{1}{\eta_c} - 1 \right)$$

可见,平均集电极损耗功率大于载波状态损耗功率的 1.5 倍,所以选管子时,应保证

$$P_{CM} > (P_C)_{av} = 1.5(P_o)_c \left( \frac{1}{\eta_c} - 1 \right)$$

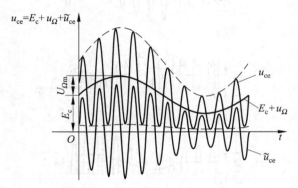

图 5-16  集电极瞬时电压波形

③ 对激励的要求

在过压状态下,激励是有余量的,余量最小瞬间是在最大工作点。为保证放大器工作在过压状态,激励的强度(电压、功率)应满足最大工作点(并且 $m_a = 1$)工作在临界状态。

如激励不足,在 $E_{cc}$ 较高的时间内,放大器将进入欠压状态,这时 $\tilde{u}_{ce}$ 幅值将不随 $E_{cc}$ 变化,从而造成调幅波包络线腹部变平,产生波腹变平的失真,如图 5-17 所示。

④ 对调制信号的要求

为了获得 $m_a = 1$ 的深度调制,调制电压 $U_{\Omega m}$ 应接近 $E_c$,即

$$U_{\Omega m} \approx E_c \tag{5-28}$$

$U_{\Omega m}$ 过小则调制不深,$U_{\Omega m}$ 过大则产生过调失真。过调失真的波形如图 5-18 所示。

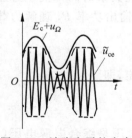

图 5-17  波腹变平的失真

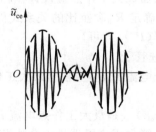

图 5-18  过调失真

流过调制变压器副边的调制电流 $I_{\Omega m}$ 是由集电极电流脉冲的直流分量在调制过程中变化形成的。由图 5-15(b)可知,当 $m_a = 1$ 时,$I_{c0}$ 变化幅度的平均值就等于载波状态的 $(I_{c0})_c$ 值,故可近似认为

$$I_{\Omega m} \approx (I_{c0})_c$$

所以调制功率 $P_\Omega$ 为

$$P_\Omega = \frac{1}{2} U_{\Omega m} I_{\Omega m} \approx \frac{1}{2} E_c (I_{c0})_c \tag{5-29}$$

它是调制信号源供给的,当 $m_a = 1$ 时,它等于直流电源供给功率的一半。很明显,它比基极调幅需要的调制功率大得多,这是集电极调幅的缺点。

调制变压器的等效负载为

$$R_\Omega = \frac{U_{\Omega m}}{I_{\Omega m}} \approx \frac{E_c}{(I_{c0})_c} \tag{5-30}$$

（3）大信号基极调幅与大信号集电极调幅的比较

大信号基极调幅与大信号集电极调幅的比较见表 5-2。

**表 5-2　大信号基极调幅与大信号集电极调幅比较**

| 比 较 项 目 | 大信号基极调幅 | 大信号集电极调幅 |
|---|---|---|
| 工作状态 | 欠压 | 过压 |
| 所需调制信号功率 | 小 $P_\Omega \approx \frac{1}{2} U_{\Omega m} (I_{b0})_c$ | 大 $P_\Omega \approx \frac{1}{2} E_c (I_{c0})_c$ |
| 集电极效率 $\eta_c$ | 低 | 高 |
| 调制深度 | 浅 | 深 |
| 谐波含量 | 小 | 大 |

## 5.3.5　大信号峰值包络检波

下面以图 5-19 所示的大信号峰值包络检波原理电路为例进行分析。

### 1. 基本工作原理

大信号检波和二极管整流的过程相同。图 5-20 所示表明了大信号检波的工作原理。

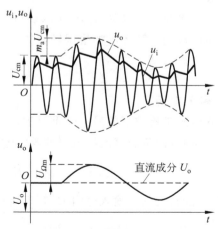

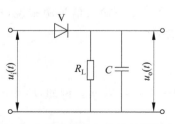

图 5-19　大信号峰值包络检波原理电路　　　图 5-20　大信号检波原理

输入信号 $u_i(t)$ 为正并超过 $C$ 和 $R_L$ 上的 $u_o(t)$ 时,二极管导通,信号通过二极管向 $C$ 充电,此时 $u_o(t)$ 随充电电压上升而升高。当 $u_i(t)$ 下降且小于 $u_o(t)$ 时,二极管反向截止,此时停止向 $C$ 充电并通过 $R_L$ 放电,$u_o(t)$ 随放电而下降。

充电时,二极管的正向电阻 $r_D$ 较小,充电较快,$u_o(t)$ 以接近 $u_i(t)$ 上升的速率升高。放电时,因电阻 $R_L$ 比 $r_D$ 大得多(通常 $R_L = 5 \sim 10 \text{k}\Omega$),放电慢,故 $u_o(t)$ 的波动小,并保证基本上接近于 $u_i(t)$ 的幅值。如果 $u_i(t)$ 是高频等幅波,则 $u_o(t)$ 是大小为 $U_o$ 的直流电压(忽略了少量的高频成分),这正是带有滤波电容的整流电路。

当输入信号 $u_i(t)$ 的幅度增大或减少时,检波器输出电压 $u_o(t)$ 也将随之近似成比例地升高或降低。当输入信号为调幅波时,检波器输出电压 $u_o(t)$ 就随着调幅波的包络线而变化,从而获得调制信号,完成检波作用,由于输出电压 $u_o(t)$ 的大小与输入电压的峰值接近相等,故把这种检波器称为峰值包络检波器。

### 2. 关于检波效率

检波效率又称电压传输系数,用 $\eta_d$ 表示。它是检波器的主要性能指标之一,用来描述检波器将高频调幅波转换为低频电压的能力。$\eta_d$ 定义为

$$\eta_d = \frac{\text{检出的音频电压幅度}}{\text{调幅波包络线变化的幅度}} = \frac{U_{\Omega m}}{m_a U_{cm}} \tag{5-31}$$

当检波器输入为高频等幅波时,输出平均电压 $U_o$,则 $\eta_d$ 定义为

$$\eta_d = \frac{\text{整出的直流电压}}{\text{检波电压的幅值}} = \frac{U_o}{U_{cm}}$$

这两个定义是一致的,对于同一个检波器,它们的值是相同的。由检波原理分析可知,当 $R_L C$ 很大而 $r_D$ 很小时,二极管包络检波器输出低频电压振幅只略小于调幅波包络振幅,故 $\eta_d$ 略小于 1,实际上 $\eta_d$ 为 80% 左右。并且 $R_L$ 足够大时,$\eta_d$ 为常数,即检波器输出电压的平均值与输入高频电压的振幅成线性关系,所以又把二极管峰值包络检波称为线性检波。

检波效率与电路参数 $R_L$,$C$,$r_D$ 以及信号大小有关。它很难用一个简单关系式表达,所以简单的理论计算还不如根据经验估算可靠。如要更精确一些,则可查图表并配以必要的实测数据得到。

### 3. 输入电阻

输入电阻是检波器的另一个重要的性能指标。对于高频输入信号源来说,检波器相当于一个负载,此负载就是检波器的等效输入电阻 $R_{in}$:

$$R_{in} \approx \frac{R_L}{2\eta_d} \tag{5-32}$$

式(5-32)说明,大信号输入电阻 $R_{in}$ 等于负载电阻的一半再除以 $\eta_d$。例如,$R_L = 5.1 \text{k}\Omega$,当 $\eta_d = 0.8$ 时,则 $R_{in} = \dfrac{5.1}{2 \times 0.8} = 3.2 \text{k}\Omega$。

由此数据可知,一般大信号检波比小信号检波输入电阻大。

#### 4. 检波失真

检波输出可能产生三种失真：第一种是由于检波二极管伏安特性弯曲引起的失真；第二种是由于滤波电容放电慢引起的失真，称为对角线失真；第三种是由于输出耦合电容上所充的直流电压引起的失真，这种失真称为割底失真。其中第一种失真主要存在于小信号检波器中，并且是小信号检波器中不可避免的失真，对于大信号检波器，这种失真影响不大，主要是后两种失真。

（1）对角线失真（见图 5-21）

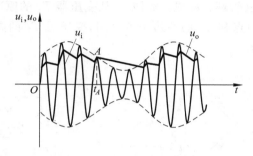

图 5-21 对角线失真原理图

避免对角线失真的条件是

$$\Omega C R_L < \frac{\sqrt{1 - m_a^2}}{m_a} \qquad (5\text{-}33)$$

式(5-33)表明，$m_a$ 或 $\Omega$ 大，则包络线变化快，$CR_L$ 大则放电慢，这些都促使发生放电失真。

（2）割底失真（见图 5-22）

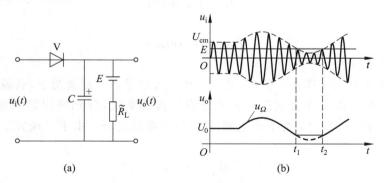

(a)              (b)

图 5-22 割底失真原理及波形图

设 $\eta_d = 1$，不产生割底失真的条件为

$$m_a \leqslant 1 - \frac{R_L}{R_L + R_i} = \frac{R_i}{R_L + R_i} = \frac{R_i R_L}{R_L + R_i} \frac{1}{R_L} = \frac{\widetilde{R}_L}{R_L} \qquad (5\text{-}34)$$

由该式可见，调制系数 $m_a$ 越大或检波器交直流电阻之比 $\dfrac{\widetilde{R}_L}{R_L}$ 越小，则越容易产生割底失真。

### 5.3.6 抑制载波调幅波的产生和解调电路

#### 1. 抑制载波调幅的产生电路

产生抑制载波调幅波的电路采用平衡、抵消的办法把载波抑制掉,故这种电路叫抑制载波调幅电路或叫平衡调幅电路。

(1) 电路

实现这种调幅的电路很多,目前广泛应用的是二极管环形调制器,电路如图 5-23(a) 所示。该电路由四个二极管环接构成。载波 $u_c$ 从变压器 $T_1$ 的原边接入,调制信号 $u_\Omega$ 则接到变压器 $T_1$ 的副边中点和 $T_2$ 的原边中点之间,变压器 $T_2$ 的副边输出已调信号。等效电路如图 5-23(b) 所示。

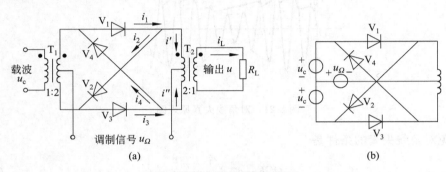

图 5-23 二极管环形调制器

设调制信号为单频余弦信号,即

$$u_\Omega = U_{\Omega m}\cos\Omega t$$

载波信号为

$$u_c = U_{cm}\cos\omega_c t$$

(2) 工作原理

环形调制器既可工作在小信号,又可工作在大信号。一般情况下,载波信号幅值很强,控制二极管工作在开关状态。为了分析二极管电流,分别画出其相应的电路,如图 5-24 所示。图 5-24(a)是为了求电流 $i_1$ 而画的等效电路。由于二极管工作在开关状态,则 $i_1$ 为

$$i_1 = gk_1(\omega_c t)(u_c + u_\Omega) \tag{5-35}$$

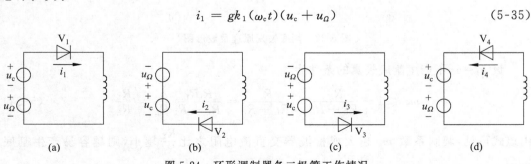

图 5-24 环形调制器各二极管工作情况

式中,$g$ 是二极管 $V_1$ 的输入电导。

$V_2$,$V_3$,$V_4$ 的情况与 $V_1$ 相似,只是 $u_\Omega$ 和 $u_c$ 两电压加到不同 V 上的极性不同,有关它们的等效电路分别如图 5-24(b),(c),(d) 所示。流过它们的电流分别为

$$i_2 = gk_1(\omega_c t)(u_c - u_\Omega) \tag{5-36}$$

$$i_3 = -gk_1(\omega_c t + \pi)(u_c - u_\Omega) \tag{5-37}$$

$$i_4 = -gk_1(\omega_c t + \pi)(u_c + u_\Omega) \tag{5-38}$$

值得注意的是,在计算 $i_3$ 与 $i_4$ 时,由于相应的管子是在 $u_c$ 负半周导通,相应的开关函数应为 $k_1(\omega_c t + \pi)$。

引用节点电流定律,可得到

$$i' = i_1 - i_2 = 2gk_1(\omega_c t)u_\Omega \tag{5-39}$$

$$i'' = i_3 - i_4 = 2gk_1(\omega_c t + \pi)u_\Omega \tag{5-40}$$

输出电流

$$i_L = i' - i'' = 2gu_\Omega[k_1(\omega_c t) - k_1(\omega_c t + \pi)]$$

由通信电子电路主教材公式(5-34),忽略公式中的高次项,可得

$$
\begin{aligned}
i_L &= 2gU_{\Omega m}\cos\Omega t \cdot \frac{4}{\pi} \cdot \cos\omega_c t \\
&= 2gU_{\Omega m} \cdot \frac{4}{\pi}\cos\Omega t \cdot \cos\omega_c t \\
&= 4I_1 m_a\cos\omega_c t \\
&= 2I_1 m_a[\cos(\omega_c + \Omega)t + \cos(\omega_c - \Omega)t]
\end{aligned} \tag{5-41}
$$

式中,$I_1 = \frac{1}{2}gU_{cm}$,$m_a = \dfrac{4U_{\Omega m}}{\pi U_{cm}}$。

由此可见,环形调制器输入电流是输出信号 $\cos\omega_c t$ 和 $\cos\Omega t$ 的乘积,频谱是载频的上、下边频,没有载波分量,所以称其为抑制载波调幅电路。

随着集成电路的发展,由线性组件构成的平衡调幅器已被采用。可以用模拟乘法器 MC1596G 实现抑制载波调幅。其特点是工作频带宽,输出频谱较纯,而且省去了变压器,调整简单。

### 2. 抑制载波调幅的解调电路

包络检波器只能解调普通调幅波,而不能解调 DSB 和 SSB 信号。这是由于后两种已调信号的包络并不反映调制信号的变化规律,因此,抑制载波调幅的解调必须采用同步检波电路,最常用的是乘积型同步检波电路,如图 5-25 所示。

它与普通包络检波器的区别就在于接收端必须提供一个本地载波信号 $u_r$,而且要求它是与发送端的载波信号同频、同相的同步信号。利用这个外加的本地载波信号 $u_r$ 与接收端输入的调幅信号 $u_i$ 两者相乘,可以产生原调制信号分量和其他谐波组合分量,经低通

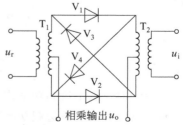

图 5-25　乘积检波器相乘电路

滤波器后,就可解调出原调制信号。

设输入的 DSB 信号及同步信号分别为

$$u_i = U_{im}\cos\Omega t\cos\omega_c t$$

$$u_r = U_{rm}\cos\omega_c t$$

则乘法器的输出电压为

$$u_o = Au_iu_r = \frac{1}{2}AU_{im}U_{rm}\cos\Omega t +$$

$$\frac{1}{2}AU_{im}U_{rm}\cos\Omega t\cos2\omega_c t \tag{5-42}$$

显然,式(5-42)右边第一项为所需要的调制信号,而第二项为高频分量,可被低通滤波器滤除。

同样,若输入信号是 SSB 波,则

$$u_i = U_{im}\cos(\omega_c + \Omega)t$$

乘法器的输出电压为

$$u_o = Au_iu_r = AU_{im}U_{rm}\cos(\omega_c + \Omega)t\cos\omega_c t$$

$$= \frac{1}{2}AU_{im}U_{rm}\cos\Omega t + \frac{1}{2}AU_{im}U_{rm}\cos(2\omega_c + \Omega)t \tag{5-43}$$

经低通滤波器滤除高频分量,即可获得低频信号 $u_\Omega$ 输出。乘积型检波器中的乘法器可利用非线性器件来实现。前面在低电平调幅中所涉及的电路,都可作为乘法器检波。也可以直接用集成模拟乘法器(例如 MC1596)来实现。

## 5.4 典型例题分析

**例 5-1** 载波功率为 1000W,试求 $m_a = 1$ 和 $m_a = 0.7$ 时的总功率和两个边频功率各为多少瓦?

**解** 由 $P_c = 1000$W 可求解如下。

(1) $m_a = 1$ 时,上、下边频功率均为

$$P = \frac{1}{4}m_a^2 P_c = 250\text{W}$$

总功率

$$P_总 = P_c + 2\times P = 1500\text{W}$$

(2) $m_a = 0.7$ 时,上、下边频功率均为

$$P = \frac{1}{4}m_a^2 P_c = 122.5\text{W}$$

总功率

$$P_总 = P_c + 2\times P = 1245\text{W}$$

可知

$m_a = 1$ 时,上、下边频功率均为 250W,总功率 1500W;

$m_a = 0.7$ 时,上、下边频功率均为 122.5W,总功率 1245W。

**例 5-2** 设基极调制功率放大器最大功率状态时 $I_{cmax} = 500$mA,$2\theta = 120°$,$E_c = 12$V,

求 $P_S$，$P_{omax}$，$P_{Cmax}$ 及 $\eta_{av}$。

**解**　(1) 由 $\theta=60°$，可得

$$\alpha_1(60°)=0.39，\quad \alpha_0(60°)=0.21$$

由 $I_{cmax}=500\text{mA}$，可得

$$I_{c1m}=\alpha_1(60°)I_{cmax}=0.39\times500\text{mA}=195\text{mA}$$

(2) $U_{cm}=E_c-U_{ces}=(12-1)\text{V}=11\text{V}$

(3) $P_{omax}=\dfrac{1}{2}I_{c1m}U_{cm}=\dfrac{1}{2}\times0.195\times11\text{W}=1.072\text{W}$

(4) $I_{c0}=\alpha_1(60°)I_{cmax}=0.21\times500\text{mA}=105\text{mA}$

$P_S=E_cI_{c0}=12\times0.105\text{W}=1.26\text{W}$

(5) $P_{Cmax}=P_S-P_{omax}=(1.26-1.072)\text{W}=0.188\text{W}$

(6) $\eta_{av}=\eta_c=\dfrac{1}{2}\dfrac{\alpha_1(60°)}{\alpha_0(60°)}\dfrac{U_{cm}}{E_c}=\dfrac{1}{2}\times\dfrac{0.39}{0.21}\times\dfrac{11}{12}=0.85$

可知 $P_S=1.155\text{W}$，$P_{omax}=1.072\text{W}$，$P_{Cmax}=0.083\text{W}$，$\eta_{av}=0.85$。

**例 5-3**　已知某两个信号电压 $u_1$，$u_2$，它们各自的频率分量分别为

$$u_1=2\cos2000\pi t+0.3\cos1800\pi t+0.3\cos2200\pi t，单位为 V$$

$$u_2=0.3\cos1800\pi t+0.3\cos2200\pi t，单位为 V$$

试求解：

(1) $u_1$，$u_2$ 是已调波吗？写出它们的数学表达式。

(2) 计算在单位电阻上消耗的边频功率 $P_边$ 和总功率 $P$ 以及已调波的频带宽度 $B$。

**解**　(1) 分析 $u_1$ 是否为已调波，写出它的数学表达式。计算 $P_边$ 和 $P$ 以及 $B$。

① $u_1=2\cos2000\pi t+0.3\cos1800\pi t+0.3\cos2200\pi t$

$\qquad=2(1+0.3\cos200\pi t)\cos2000\pi t$，单位为 V

对照普通调幅波的数学表达式

$$u_{AM}(t)=U_{cm}(1+m_a\cos\Omega t)\cos\omega_c t$$

因此 $u_1$ 是一个普通调幅波。

② $P=P_c+P_边$

当 $R$ 为单位电阻时：

$$P_c=\frac{1}{2}\cdot\frac{U_{cm}^2}{R}=\frac{1}{2}\times2^2\text{W}=2\text{W}$$

$$P_边=\frac{1}{2}m_a^2P_c=\frac{1}{2}\times0.3^2\times2\text{W}=0.09\text{W}$$

$$P_调=P_c+P_边=(2+0.09)\text{W}=2.09\text{W}$$

③ 频带宽度 $B_1=2F=2\times\dfrac{\Omega}{2\pi}=2\times\dfrac{200\pi}{2\pi}\text{Hz}=200\text{Hz}$

(2) 分析 $u_2$ 是否为已调波，写出它的数学表达式。计算 $P_边$ 和 $P$ 以及 $B$。

① $u_2=0.3\cos1800\pi t+0.3\cos2200\pi t$

$\qquad=0.6\cos200\pi t\cos2000\pi t$，单位为 V

对照抑制载波双边带调幅波的数学表达式

$$u_{DSB}(t) = AU_{\Omega m}U_{cm}\cos\Omega t\cos\omega_c t$$

因此 $u_2$ 是一个抑制载波双边带调幅波。

② 总功率 $P = P_边 = 0.09W = 90mW$。

③ 频带宽度 $B_2 = 2F = 2\times\dfrac{\Omega}{2\pi} = 2\times\dfrac{200\pi}{2\pi}Hz = 200Hz$

$u_1$ 与 $u_2$ 的频带宽度相等。可知 $u_1$ 是一个普通调幅波。$P_边 = 0.09W$，总功率等于 $2.09W$，$B_1 = 200Hz$；$u_2$ 是一个抑制载波双边带调幅波。总功率等于 $0.09W$，$B_2 = 200Hz$。

**例 5-4**  大信号二极管检波电路如图例 5-4 所示。若给定 $R_L = 10k\Omega$，$m_a = 0.3$：

(1) 载频 $f_c = 465kHz$，调制信号最高频率 $F = 340Hz$，问电容 $C$ 应如何选取？检波器输入阻抗大约是多少？

(2) 若 $f_c = 30MHz$，$F = 0.3MHz$，$C$ 应选多少？检波器输入阻抗大约是多少？

思路：(1) 要选择较大 $R_L C$，即

$$R_L C \gg T_c = \frac{1}{f_c}$$

(2) 根据不产生割底失真的条件：

$$m_a \leqslant \frac{R_i}{R_i + R_L}$$

(3) 根据不产生对角线失真的条件：

$$\Omega CR_L < \frac{\sqrt{1-m_a^2}}{m_a}$$

**解**  (1) 由 $R_L C \gg \dfrac{1}{f_c}$，将 $f_c = 465kHz$ 及 $R_L = 10k\Omega$ 代入该式，解得

$$C \gg 215pF$$

(2) $C < \dfrac{\sqrt{1-m_a^2}}{m_a}\times\dfrac{1}{\Omega R_L} = 3.18\times\dfrac{1}{2\pi\times 0.34\times 10}\mu F = 0.15\mu F$

由此可得

$$215pF \ll C < 0.15\mu F$$

(3) $R_{in} \approx \dfrac{1}{2}R_L = 5k\Omega$

(4) 同理将 $R_L = 10k\Omega$，$m_a = 0.3$ 及 $f_c = 30MHz$，$F = 0.3MHz$ 代入以上公式，可以解得

$$3.3pF \ll C < 169pF; \quad R_{in} \approx 5k\Omega$$

**例 5-5**  检波电路如图例 5-5 所示。已知

$$u_i(t) = 5\cos(2\pi\times 465\times 10^3)t + 4\cos(2\pi\times 10^3)t\cos(2\pi\times 465\times 10^3)t$$

二极管内阻 $r_D = 100\Omega$，$C = 0.01\mu F$，$C_1 = 47\mu F$。在保证不失真的情况下，试求：

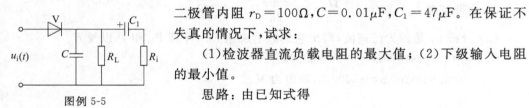

图例 5-5

(1)检波器直流负载电阻的最大值；(2)下级输入电阻的最小值。

思路：由已知式得

$$u_i(t) = [5 + 4\cos(2\pi \times 10^3)t]\cos(2\pi \times 465 \times 10^3)t$$

可知

$$\cos\omega_c t = \cos(2\pi \times 465 \times 10^3)t$$

可得

$$\omega_c = 2\pi \times 465 \times 10^3 \, \text{rad/s}$$

而

$$U_{AM}(t) = 5 + 4\cos(2\pi \times 10^3)t = 5\left(1 + \frac{4}{5}\cos(2\pi \times 10^3)t\right)$$

可得

$$\Omega = 2\pi \times 10^3 \, \text{rad/s}, \quad m_a = 0.8, \quad U_{cm} = 5\text{V}$$

**解**　(1) 由不产生对角线失真的条件得

$$R_L < \frac{\sqrt{1 - m_a^2}}{m_a} \times \frac{1}{\Omega C} = \frac{0.6}{0.8} \times \frac{1}{2\pi \times 10^3 \times 0.01}\text{k}\Omega = 11.9\text{k}\Omega$$

(2) 由不产生割底失真的条件得

$$m_a \leqslant \frac{R_i}{R_i + R_L}$$

将 $R_L = 2.54\text{k}\Omega$ 及 $m_a = 0.8$ 代入上式,解得 $R_i \geqslant 47.6\text{k}\Omega$。

**例 5-6**　试证明：二次谐波失真系数 $\gamma = \frac{1}{4}m_a$。

**证明**　设输入的为单频正弦调制的调幅波,则

$$u_{AM}(t) = U_{cm}(1 + m_a\cos\Omega t)\cos\omega_c t$$

二极管输入电压为

$$u = u_{AM}(t) + E = [U_{cm}(1 + m_a\cos\Omega t)\cos\omega_c t] + E$$

则二极管特性曲线在 $Q$ 点的幂级数展开式为

$$i = a_0 + a_1(u - E) + a_2(u - E)^2 + \cdots$$

将 $u$ 值代入上式,则

$$i = a_0 + a_1 U_{cm}(1 + m_a\cos\Omega t)\cos\omega_c t + a_2[U_{cm}(1 + m_a\cos\Omega t)\cos\omega_c t]^2$$

由于 $a_2 U_{cm}^2 m_a\cos\Omega t$ 为解调信号,而 $\frac{1}{4}a_2 U_{cm}^2 m_a^2\cos 2\Omega t$ 为二次谐波量,那么二次谐波失真系数

$$\gamma = \frac{\frac{1}{4}a_2 U_{cm}^2 m_a^2}{a_2 U_{cm}^2 m_a} = \frac{1}{4}m_a$$

即 $\gamma = \frac{1}{4}m_a$ 成立。

# 5.5　思考题与习题解答

5-1　有一正弦信号调制的调幅波,方程式为

$$i(t) = I(1 + m_a\cos\Omega t)\cos\omega_c t$$

试求这个电流的有效值,以 $I$ 及 $m_a$ 表示之。

**解** $i(t) = I(1 + m_a \cos\Omega t)\cos\omega_c t$

$\overline{i^2(t)} = \overline{I^2(1 + m_a \cos\Omega t)^2 \cos^2\omega_c t}$

$\overline{i^2(t)} = \overline{I^2\cos^2\omega_c t} + \overline{I^2 m_a^2 \cos^2\omega_c t\cos^2\Omega t} + \overline{2I^2 m_a \cos\omega_c t\cos\Omega t} = \dfrac{1}{2}I^2 + \dfrac{1}{4}I^2 m_a^2$

5-2 给定如下调幅波表示式,画出波形和频谱。

(1) $(1 + \cos\Omega t)\cos\omega_c t$;

(2) $\left(1 + \dfrac{1}{2}\cos\Omega t\right)\cos\omega_c t$;

(3) $\cos\Omega t \cdot \cos\omega_c t$(假设 $\omega_c = 5\Omega$)。

**解** 从略。

5-3 有一调幅方程为

$$u = 25[1 + 0.7\cos(2\pi \times 5000)t - 0.3\cos(2\pi \times 10^4)t]\sin(2\pi \times 10^6)t$$

试求它所包含的各分量的频率和振幅。

**解** 由

$$u(t) = 25[1 + 0.7\cos(2\pi \times 5000)t - 0.3\cos(2\pi \times 10^4)t]\sin(2\pi \times 10^6)t$$

得

$$u(t) = 25\sin(2\pi \times 10^6)t + 17.5 \times \dfrac{1}{2}[\sin(2\pi \times 1005 \times 10^3)t + \sin(2\pi \times 995 \times 10^3)t] -$$

$$7.5 \times \dfrac{1}{2}[\sin(2\pi \times 101 \times 10^4)t + \sin(2\pi \times 99 \times 10^4)t]$$

由此可知,所包含的各分量的频率和振幅如下:

频率为 $10^6$ Hz,振幅为 25;

频率为 1005kHz,振幅为 8.75;

频率为 995kHz,振幅为 8.75;

频率为 1010kHz,振幅为 3.75;

频率为 990kHz,幅度为 3.75。

5-4 按图题 5-4 所示调制信号和载波频谱,画出调幅波频谱。

图题 5-4

**解** 从略。

5-5 载波功率为 1000W,试求 $m_a = 1$ 和 $m_a = 0.7$ 时的总功率和两个边频功率各为多少瓦?

**解** 详见例 5-1 分析。

5-6 一个调幅发射机的载波输出功率 $P_c = 5\text{W}$,$m_a = 0.7$,被调级平均效率为 $50\%$,

试求：

（1）边频功率；

（2）电路为集电极调幅时,直流电源供给被调级的功率 $P_{S1}$；

（3）电路为基极调幅时,直流电源供给被调级的功率 $P_{S2}$。

**解**　（1）$m_a = 0.7$ 时,边频功率为

$$P = \frac{1}{2} m_a^2 P_c = \frac{1}{2} \times 0.7^2 \times 5\mathrm{W} = 1.225\mathrm{W}$$

（2）电路为集电极调幅时,直流电源供给被调级的功率

$$P_{S1} = \frac{1}{\eta_c}\left(1 + \frac{1}{2} m_a^2\right) P_c = \frac{1}{0.5} \times \left(1 + \frac{1}{2} \times 0.7^2\right) \times 5\mathrm{W} = 12.45\mathrm{W}$$

（3）电路为基极调幅时,直流电源供给被调级的功率

$$P_{S2} = \frac{1}{\eta_c} P_c = \frac{1}{0.5} \times 5\mathrm{W} = 10\mathrm{W}$$

可知边频功率为 1.225W；电路为集电极调幅时,直流电源供给被调级的功率为 12.45W；电路为基极调幅时,直流电源供给被调级的功率为 10W。

5-7　图题 5-7 是载频为 2000kHz 的调幅波频谱图。写出它的电压表达式,并计算它在负载 $R = 1\Omega$ 时的平均功率和有效频带宽度。

**解**　由频谱图知：

$$f_c = 2000\mathrm{kHz}, \quad F = 1\mathrm{kHz},$$

$$U_{cm} = 10\mathrm{V}, \quad \frac{1}{2} m_a U_{cm} = 2\mathrm{V}$$

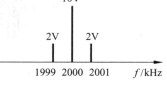

图题 5-7

所以

$$m_a = 0.4$$

因此根据 $u_{AM}(t) = U_{cm}(1 + m_a \cos\Omega t)\cos\omega_c t$,可写出该调幅波的电压表达式为

（1）$u_{AM}(t) = 10(1 + 0.4\cos 2\pi \times 10^3 t)\cos 4\pi \times 10^6 t$,单位为 V

（2）$P_{调} = P_c + P_{边}$

当 $R = 1\Omega$ 时,

$$P_c = \frac{1}{2} \cdot \frac{U_{cm}^2}{R} = \frac{1}{2} \times 10^2 \mathrm{W} = 50\mathrm{W}$$

$$P_{边} = \frac{1}{2} m_a^2 P_c = \frac{1}{2} \times 0.4^2 \times 50\mathrm{W} = 4\mathrm{W}$$

$$P_{调} = P_c + P_{边} = (50 + 4)\mathrm{W} = 54\mathrm{W}$$

（3）频带宽度 $B_1 = 2F = 2 \times 1000\mathrm{Hz} = 2000\mathrm{Hz} = 2\mathrm{kHz}$

5-8　若调制信号为 $u_\Omega(t) = U_{\Omega m}\cos\Omega t$,载波为 $u_c(t) = U_{cm}\cos\omega_c t$。试画出叠加波、调幅波和抑制载波双边带调幅波波形。

**答**　图形如图题 5-8 所示。

5-9　设基极调制功率放大器最大功率状态时 $I_{cmax} = 500\mathrm{mA}$,$2\theta = 120°$,$E_c = 12\mathrm{V}$,求 $P_S$,$P_{omax}$,$P_{Cmax}$ 及 $\eta_{av}$。

**解**　详见例 5-2 分析。

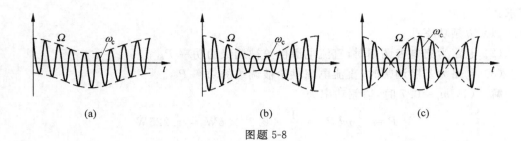

图题 5-8

**5-10**　为什么调幅系数 $m_a$ 不能大于 1？分别画出基极调幅和集电极调幅电路在 $m_a>1$ 时发生过调失真的波形图。

**答**　由于调幅系数 $m_a$ 与调制电压的振幅成正比，即 $U_{\Omega m}$ 越大，则 $m_a$ 越大，调幅波幅度变化越大。如果 $m_a>1$，调幅波产生失真，这种情况称为过调幅。

基极调幅波的失真波形是波谷变平，如图题 5-10(a)所示。集电极调幅波的失真波形，如图题 5-10(b)所示。

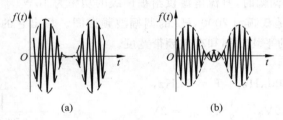

图题 5-10

**5-11**　图题 5-8 示出三种波形，已知调制信号 $u_\Omega(t)=U_{\Omega m}\cos\Omega t$，载波信号 $u_c(t)=U_{cm}\cos\omega_c t$，试说明它们分别为何种已调波，并写出它们的电压表达式。

**解**　(1) 图题 5-8(a)是叠加波

$$u(t)=u_\Omega(t)+u_c(t)=U_{\Omega m}\cos\Omega t+U_{cm}\cos\omega_c t$$

(2) 图题 5-8(b)是普通调幅波

$$u_{AM}(t)=U_{cm}(1+m_a\cos\Omega t)\cos\omega_c t$$

$$=U_{cm}\cos\omega_c t+\frac{1}{2}m_aU_{cm}\cos(\omega_c+\Omega)t+\frac{1}{2}m_aU_{cm}\cos(\omega_c-\Omega)t$$

(3) 图题 5-8(c)是抑制载波双边带调幅(DSB/SC—AM)

$$u_{DSB}(t)=Au_\Omega(t)u_c(t)=AU_{\Omega m}\cos\Omega t U_{cm}\cos\omega_c t$$

$$=\frac{1}{2}AU_{\Omega m}U_{cm}\big[\cos(\omega_c+\Omega)t+\cos(\omega_c-\Omega)t\big]$$

**5-12**　已知某普通调幅波的载频为 640kHz，载波功率为 500kW，调制信号频率允许范围为 20Hz～4kHz。试求：

(1) 该调幅波占据的频带宽度。

(2) 该调幅波的调幅系数平均值为 $m_a=0.3$ 和最大值 $m_a=1$ 时的平均功率。

**解**　(1) 该调幅波占据的频带宽度 $B = 2F_{\max} = 8\text{kHz}$。

(2) 载波功率为 500kW, 则

$$P_1 = 2 \times \frac{1}{4} m_a^2 P_c = \frac{1}{2} \times 0.3^2 \times 500\text{kW} = 22.5\text{kW}$$

$$P_2 = 2 \times \frac{1}{4} m_a^2 P_c = \frac{1}{2} \times 1^2 \times 500\text{kW} = 250\text{kW}$$

可知调幅波的调幅系数平均值为 $m_a = 0.3$ 时的平均功率 $P = (500 + 22.5)\text{kW} = 522.5\text{kW}$;

调幅波的调幅系数平均值为 $m_a = 1$ 时的平均功率 $P = (500 + 250)\text{kW} = 750\text{kW}$。

5-13　有两个已调波电压(单位为 V), 其表示式分别为

$$u_1(t) = 2\cos100\pi t + 0.1\cos90\pi t + 0.1\cos110\pi t$$

$$u_2(t) = 0.1\cos90\pi t + 0.1\cos110\pi t$$

说出 $u_1(t)$, $u_2(t)$ 各为何种已调波, 并分别计算消耗在单位电阻上的边频功率、平均功率及频谱宽度。

**解**　(1) 分析 $u_1(t)$ 是否已调波, 写出它的数学表达式。计算 $P_{\text{边}}$ 和 $P$ 以及 $B$。

① $u_1(t) = 2\cos100\pi t + 0.1\cos90\pi t + 0.1\cos110\pi t$

$\qquad = 2(1 + 0.1\cos10\pi t)\cos100\pi t$

$u_1(t) = U_{cm}(1 + m_a\cos\Omega t)\cos\omega_c t$

$\qquad = U_{cm}\cos\omega_c t + \frac{m_a}{2}U_{cm}\cos(\omega_c + \Omega)t + \frac{m_a}{2}U_{cm}\cos(\omega_c - \Omega)t$

所以 $u_1(t)$ 是一个普通调幅波。

② $P_{\text{调}} = P_c + P_{\text{边}}$

当 $R$ 为单位电阻时:

$$P_c = \frac{1}{2} \cdot \frac{U_{cm}^2}{R} = \frac{1}{2} \times 2^2\text{W} = 2\text{W}$$

$$P_{\text{边}} = \frac{1}{2}m_a^2 P_c = \frac{1}{2} \times 0.1^2 \times 2\text{W} = 0.01\text{W}$$

$$P_{\text{调}} = P_c + P_{\text{边}} = (2 + 0.01)\text{W} = 2.01\text{W}$$

③ 频带宽度 $B_1 = 2F = 2 \times \dfrac{\Omega}{2\pi} = 2 \times \dfrac{10\pi}{2\pi}\text{Hz} = 10\text{Hz}$

(2) 分析 $u_2(t)$ 是否已调波, 写出它的数学表达式。计算 $P_{\text{边}}$ 和 $P$ 以及 $B$。

① $u_2(t) = 0.1\cos90\pi t + 0.1\cos110\pi t$

$\qquad = 0.2\cos10\pi t\cos100\pi t$

$\qquad = m_a U_{cm}\cos\Omega t\cos\omega_c t$

所以 $u_2(t)$ 是一个抑制载波双边带调幅波。

② 双边带总功率 $= P_{\text{边}} = 0.01\text{W} = 10\text{mW}$

③ 频带宽度 $B_2 = 2F = 2 \times \dfrac{\Omega}{2\pi} = 2 \times \dfrac{10\pi}{2\pi}\text{Hz} = 10\text{Hz}$

由以上计算可知 $u_1(t)$ 与 $u_2(t)$ 的频带宽度相等。$u_1(t)$ 是一个普通调幅波。$P_{\text{边}} = 0.01\text{W}$, $P_{\text{调}} = P_c + P_{\text{边}} = 2.01\text{W}$, $B_1 = 10\text{Hz}$; $u_2(t)$ 是一个抑制载波双边带调幅波。总功

率$=P_{边}=0.01\text{W}$，$B_2=10\text{Hz}$。

**5-14** 分析基极调制调幅波波腹变平和波谷变平的原因。

**答** 产生波谷变平的原因：由于过调或激励电压过小，造成管子在波谷处截止所致。因此，减少反偏压的大小或加大激励电压的值都可改善过调，但加大激励电压以不引起波腹失真为原则。

产生波腹变平的原因：

（1）放大器工作在过压状态（激励过强或阻抗匹配不当）。

（2）激励功率不够或激励信号源内阻过大，造成波腹处的基流脉冲增长上不去。

（3）管子在大电流下输出特性不好，造成波腹处集电极电流脉冲增长上不去。

此外，假如调谐电路失谐，也可造成调幅波包络失真。

**5-15** 分析集电极调制调幅波波腹变平和过调失真的原因。

**答** 集电极调幅应工作在过压状态，如激励不足，在$E_{cc}$较高的时间内，放大器将进入欠压状态，这时$\tilde{u}_{ce}$幅值将不随$E_{cc}$变化，从而造成调幅波包络线腹部变平。

当$u_\Omega$为负，且其值大于$E_c$时，综合电源电压（$E_c+u_\Omega$）为负值，即其极性与正常工作时相反。此时，当基极电位为正时，集电结（b—c）处于正向状态，原来的集电极实际上变成了"发射极"，产生"发射极"电流（此电流与原来的集电极电流方向相反），然后通过槽路而造成过调情况下的电压输出。

**5-16** 采用集电极调幅，发射机载波输出功率$(P_o)_c=50\text{W}$，调幅波系数$m_a=0.5$，调幅电路$\eta_{av}=50\%$。求集电极平均输出功率$(P_o)_{av}$与平均损耗功率$(P_C)_{av}$，在选择管子时$P_{CM}$多大才能满足要求？

**解** （1）$(P_o)_{av}=(P_o)_c\left(1+\dfrac{1}{2}m_a^2\right)=50\times\left(1+\dfrac{1}{2}\times0.5^2\right)=50\times1.125\text{W}=56.25\text{W}$

（2）$\eta_{av}=\dfrac{(P_o)_{av}}{(P_S)_{av}}$，$(P_S)_{av}=\dfrac{(P_o)_{av}}{\eta_{av}}=\dfrac{56.25}{0.5}\text{W}=112.5\text{W}$

（3）$(P_C)_{av}=(P_S)_{av}-(P_o)_{av}=112.5\text{W}-56.25\text{W}=56.25\text{W}$，选管子时$P_{CM}\geqslant(P_C)_{av}=56.25\text{W}$

可知集电极平均输出功率$(P_o)_{av}$为56.25W，平均损耗功率$(P_C)_{av}$为56.25W，选管子时$P_{CM}\geqslant56.25\text{W}$。

**5-17** 在大信号基极调幅电路中，试分别说明，当调整到$m_a=1$后，再改变$R_L$，问输出波形的变化趋势如何（按$R_L$的变大和变小两种情况分析）？并说明原因。

**答** （1）$m_a=1$，当$R_L\downarrow$，工作在欠压状态，输出调幅波形幅值减小；

（2）$m_a=1$，当$R_L\uparrow$，工作在过压状态，输出调幅波形波幅变平。

**5-18** 在基极调幅电路中，选管子时$BV_{ceo}$，$P_{CM}$，$I_{cmax}$应如何选取？

**答** 电流脉冲和槽路电压都是在最大工作点处最大，故

$$I_{CM}\geqslant(I_{cmax})_{max}$$
$$BV_{ceo}\geqslant2E_c$$
$$P_{CM}\geqslant(P_C)_c$$

关于$P_{CM}\geqslant(P_C)_c$的说明如下：

（1）$(P_C)_c$ 为载波状态下的管耗。

（2）在载波状态下，放大器工作于欠压状态，其电压利用系数和集电极效率低，管耗很大，所以管子的功率容量应按载波状态选取。

（3）分析

$$P_C = P_S - P_o$$
$$(P_C)_{av} = (P_S)_{av} - (P_o)_{av}$$
$$(P_C)_c = (P_S)_c - (P_o)_c$$
$$(P_o)_{av} = (P_o)_c \left(1 + \frac{m_a^2}{2}\right)$$

可知

$$(P_o)_{av} > (P_o)_c$$

而

$$(P_S)_{av} = (P_S)_c$$

因此

$$P_{CM} \geqslant (P_C)_c$$

**5-19**　在集电极调幅电路中，选管子时 $BV_{ceo}$，$P_{CM}$，$I_{cmax}$ 应如何选取？

**答**　（1）管子电流的 $I_{CM}$ 应根据最大工作点电流脉冲幅值来定，即

$$I_{CM} \geqslant (I_{cmax})_{max}$$

式中 $(I_{cmax})_{max}$ 是最大工作点电流 $i_c$ 脉冲最大值。

（2）管子耐压应根据最大集电极电压来定。集电极电压是综合电源电压（$E_{cc} = E_c + u_\Omega$）和高频电压之和。如图 5-14 所示，在最大工作点处，$E_{cc}$ 可接近 $2E_c$，集电极瞬时电压最大值约为 $4E_c$，故

$$BV_{ceo} > 4E_c$$

（3）管子最大集电极容许损耗，即

$$P_{CM} > (P_C)_{av} = 1.5(P_o)_c \left(\frac{1}{\eta_c} - 1\right)$$

由

$$P_C = P_S - P_o = P_o \left(\frac{1}{\eta_c} - 1\right)$$

得

$$(P_C)_{av} = (P_S)_{av} - (P_o)_{av} = (P_o)_{av} \left(\frac{1}{\eta_c} - 1\right)$$
$$= (P_o)_c \left(1 + \frac{m_a^2}{2}\right) \left(\frac{1}{\eta_c} - 1\right)$$

设 $m_a = 1$ 时：

$$(P_C)_{av} = 1.5(P_o)_c \left(\frac{1}{\eta_c} - 1\right)$$
$$(P_C)_c = (P_o)_c \left(\frac{1}{\eta_c} - 1\right)$$

由该式可见,平均集电极损耗功率大于载波状态损耗功率的 1.5 倍,所以选管子时,应保证 $P_{CM} \geqslant (P_C)_{av}$。

5-20　在大信号集电极调幅中,试以三角波调制为例分析大信号集电极调幅的工作原理,并画出调幅波 $u_c \sim t$ 及相应的 $i_c \sim t$,$i_b \sim t$,$E_b \sim t$ 的曲线。

**答**　(1) 工作原理:由于放大器在载波状态即工作在过压状态,$i_c$ 脉冲中心下凹。$E_{cc}$ 越小,过压程度越深,脉冲下凹也越深;$E_{cc}$ 越大,过压程度越浅,脉冲下凹也越浅。一般是当 $E_{cc}$ 最大时,将放大器调整到临界状态工作,$i_c$ 脉冲不下凹。

(2) 波形图如图题 5-20 所示:

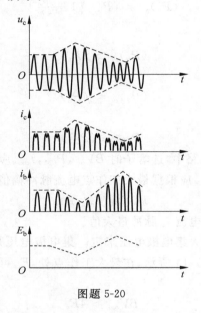

图题 5-20

5-21　当非线性器件分别为以下伏安特性时,能否用它实现调幅与检波?

(1) $i = a_1 \Delta u + a_3 \Delta u^3 + a_5 \Delta u^5$

(2) $i = a_0 + a_2 \Delta u^2 + a_4 \Delta u^4$

**解**　(1) 由于

$$\Delta u = u - E = U_{cm}(1 + m_a \cos\Omega t)\cos\omega_c t + E - E = U_{cm}(1 + m_a \cos\Omega t)\cos\omega_c t$$

因此

$$i = a_1[U_{cm}(1 + m_a \cos\Omega t)\cos\omega_c t] + a_3[U_{cm}(1 + m_a \cos\Omega t)\cos\omega_c t]^3 +$$
$$a_5[U_{cm}(1 + m_a \cos\Omega t)\cos\omega_c t]^5$$

则

$$i = a_1 U_{cm}\cos\omega_c t + a_1 U_{cm} m_a \cos\Omega t \cos\omega_c t + a_3 U_{cm}^3 \cos^3\omega_c t(1 + m_a \cos\Omega t)^3 +$$
$$a_5 U_{cm}^5 \cos^5\omega_c t(1 + m_a \cos\Omega t)^5$$

在上式中,不存在独立的 $\cos\Omega t$ 项,即无单独的基波分量,因而不能实现调幅与检波功能。

124

（2）由于
$$\Delta u = u - E = U_{cm}(1 + m_a\cos\Omega t)\cos\omega_c t = U_{cm}(1 + m_a\cos\Omega t)\cos\omega_c t$$
因此
$$i = a_0 + a_2[U_{cm}(1 + m_a\cos\Omega t)\cos\omega_c t]^2 + a_4[U_{cm}(1 + m_a\cos\Omega t)\cos\omega_c t]^4$$
则
$$i = a_0 + a_2 U_{cm}^2\cos^2\omega_c t + a_4 U_{cm}^4\cos^4\omega_c t(1 + m_a\cos\Omega t)^4$$
在上式中，存在独立的 $\cos\Omega t$ 项，因而能实现调幅与检波功能。

**5-22**　为什么小信号检波称为平方律检波，并证明二次谐波失真系数等于 $\dfrac{m_a}{4}$。

**证明**　详见例 5-6 分析。

**5-23**　为什么检波电路中一定要有非线性元件？如果将大信号检波电路中的二极管反接是否能起检波作用？其输出电压波形与二极管正接时有什么不同？试绘图说明之。

**解**　（1）由于调幅信号中除含有用音频外，还含有直流、高频成分，这些是不需要的，要被滤除或隔断。而线性元件只具备线性性质，无法完成滤除，因而一定要有非线性元件的存在。

（2）当二极管反接时，其所检波形为原调幅波的下包络部分。

（3）绘图从略。

**5-24**　在大信号检波电路中，若加大调制频率 $\Omega$，将会产生什么失真，为什么？

**答**　若加大调制频率 $\Omega$，周期短，包络线下降快，将会产生对角线失真。因为加大调制频率 $\Omega$，不满足 $m_a\leqslant\dfrac{1}{\sqrt{1+\Omega^2 C^2 R_L^2}}$，就可能产生对角线失真。

**5-25**　大信号二极管检波电路如图例 5-4 所示。若给定 $R_L=10\text{k}\Omega$，$m_a=0.3$：

（1）载频 $f_c=465\text{kHz}$，调制信号最高频率 $F=340\text{Hz}$，问电容 $C$ 应如何选取？检波器输入阻抗大约是多少？

（2）若 $f_c=30\text{MHz}$，$F=0.3\text{MHz}$，$C$ 应选多少？检波器输入阻抗大约是多少？

**解**　详见例 5-4 分析。

**5-26**　图题 5-26 所示电路中，$R_1=4.7\text{k}\Omega$，$R_2=15\text{k}\Omega$，输入信号电压 $U_i=1.2\text{V}$，检波效率设为 0.9。求输出电压最大值并估算检波器输入电阻 $R_{in}$。

**解**　（1）由检波效率 $\eta_d=\dfrac{U_o}{U_i}$，将 $U_i=1.2\text{V}$ 及 $\eta_d=0.9$ 代入得输出电压
$$U_o = \eta_d U_i = 0.9\times1.2\text{V} = 1.08\text{V}$$

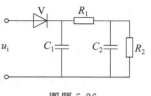

图题 5-26

（2）检波器输入电阻
$$R_{in}\approx\frac{R_L}{2\eta_d}=\frac{R_1+R_2}{2\eta_d}=\frac{4.7+15}{2\times0.9}\text{k}\Omega=10.94\text{k}\Omega$$

**5-27**　原计划按图题 5-27 所示电路装收音机的检波电路，现手中元件不合适，能否按下列要求改动？改动后对收音机性能有何影响？并说明理由（下列每条每次只改一种元件，其他元件不变）。

(1) $R_1$ 换成 10kΩ；

(2) $C_2$ 改为 5600pF；

(3) $C_3$ 改为 0.01μF；

(4) 把 $R_2$ 加大到 4.7kΩ；

(5) 2AP9(普通锗管)改为 2CP1(普通硅管)；

(6) 中周匝比 $N_1$：$N_2$ 原为 200：14 改为 180：9。

**答** (1)可以。输入阻抗提高,中周不匹配,功率增益下降。割底失真容易出现。

(2)可以。对滤波高频不利,但利于消除对角线失真。

(3)不行。低频信号不能向低放传送。

(4)可以。滤波效果更好,输入阻抗提高。但检波输出电压降低较多,自动控制作用也减弱了。

(5)可以。但偏置电流应略调一下。

(6)可以。但阻抗匹配不满足,功率增益略有下降。

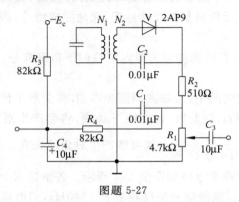

图题 5-27

5-28 大信号二极管检波电路的负载电阻 $R_L = 200$kΩ,负载电容 $C = 100$pF。设 $F_{max} = 6$kHz,为避免对角线失真,最大调制指数应为多少?

思路:只要满足 $m_a \sqrt{1+\Omega^2 C^2 R_L^2} \leqslant 1 \left( \Omega C R_L < \dfrac{\sqrt{1-m_a^2}}{m_a} \right)$ 就可以避免对角线失真。

**解** $m_a \leqslant \dfrac{1}{\sqrt{1+\Omega^2 C^2 R_L^2}} = \dfrac{1}{\sqrt{1+(2\times 3.14 \times 6 \times 10^{-4} \times 200)^2}}$

$= \dfrac{1}{\sqrt{1.568}} = 0.8$

5-29 调幅信号的解调有哪几种?各自适用什么调幅信号?

**答** 由于普通调幅波的包络反映了调制信号的变化规律,因此常用非相干解调方法。非相干解调有两种方式,即小信号平方律检波和大信号包络检波。

包络检波器只能解调普通调幅波,而不能解调 DSB 和 SSB 信号。这是由于后两种已调信号的包络并不反映调制信号的变化规律,因此,抑制载波调幅的解调必须采用同步检波电路。最常用的是乘积型同步检波电路。

5-30 检波电路如图例 5-5 所示。已知

$$u_i(t) = 5\cos(2\pi \times 465 \times 10^3)t + 4\cos(2\pi \times 10^3)t\cos(2\pi \times 465 \times 10^3)t$$

二极管内阻 $r_D = 100\Omega$，$C = 0.01\mu F$，$C_1 = 47\mu F$。在保证不失真的情况下，试求：

(1) 检波器直流负载电阻的最大值；

(2) 下级输入电阻的最小值。

**解** 详见例 5-5 分析。

5-31 在图题 5-31 所示电路中，输入调幅波的调制频率为 $50Hz$，$R_L = 5k\Omega$，调制系数 $m_a = 0.6$。为了避免出现放电失真，其检波电容 $C$ 应取多大？

思路：只要满足 $\Omega C R_L < \sqrt{\dfrac{1-m_a^2}{m_a}}$，就可以避免放电（对角线）失真。

**解** 由已知得

$$C < \frac{\sqrt{1-m_a^2}}{m_a} \times \frac{1}{\Omega R_L} = \frac{4}{3} \times \frac{1}{2\pi \times 0.05 \times 5}\mu F = 0.85\mu F$$

因此取 $C < 0.85\mu F$。

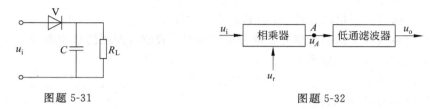

图题 5-31　　　　　　　　　　　图题 5-32

5-32 图题 5-32 所示为一乘积检波，恢复载波 $u_r(t) = U_{rm}(\cos\omega_c t + \phi)$。试求在下列两种情况下输出电压的表达式，并说明是否失真。

(1) $u_i(t) = U_{im}\cos\Omega t\cos\omega_c t$；

(2) $u_i(t) = U_{im}\cos(\omega_c + \Omega)$。

题意分析：乘积型同步检波器是用本地的恢复载波对接收信号进行处理，要求恢复载波与接收信号的载波同步，即要求同频同相。本题中，恢复载波 $u_r$ 与载波同频，但有一个相位差 $\phi$，这对正常的同步检波有一定的影响，通过推导可以求出其相位差对输入的 DSB 和 SSB 信号的影响。

**解** (1) 乘法器的输出 $u_A$ 为

$$u_A = u_i(t)u_r(t) = U_{im}\cos\Omega t\cos\omega_c t U_{rm}\cos(\omega_c t + \phi)$$

$$= \frac{1}{2}U_{im}U_{rm}\cos\Omega t[\cos\phi + \cos(2\omega_c t + \phi)]$$

经低通滤波器滤波，输出为

$$u_o = \frac{1}{2}U_{im}U_{rm}\cos\phi\cos\Omega t$$

与理想情况相比较，多了一个 $\cos\phi$ 因子，这实际上是一个衰减因子，使输出电压的幅度降低 $\cos\phi$，当 $\phi = \dfrac{\pi}{2}$ 时，则输出 $u_o = 0$。若 $\phi$ 是一个随时间变化的相位，即 $\phi = \phi(t)$，则输出信号的振幅相位产生失真。

(2) 乘法器的输出 $u_A$ 为

$$u_A = u_i(t)u_r(t) = U_{im}U_{rm}\cos(\omega_c + \Omega)t\cos(\omega_c t + \phi)$$

$$= \frac{1}{2}U_{im}U_{rm}\left[\cos(\Omega t - \phi) + \cos(2\omega_c t + \Omega t + \phi)\right]$$

通过滤波后,输出为

$$u_o = \frac{1}{2}U_{im}U_{rm}\cos(\Omega t - \phi)$$

与理想情况比较,输出信号的相位增加了一个相位因子 $\phi$,将会导致相位失真。

# 5.6　自测题

## 1. 填空题

(1) 调幅的过程,实质上是_____搬移的过程。

(2) 在调幅制发射机的频谱中,功率消耗最大的是_____。

(3) 调幅系数为 1 的调幅信号功率分配比例是:载波占调幅波总功率的_____。

(4) 调幅按功率大小分类为_____、_____。

(5) 高电平调制在_____放大器中进行,分_____、_____和_____。

(6) DSB 信号的特点为_____。

(7) 同步检波器用来解调 SSB 或 DSB 调幅信号,对本地载波的要求是_____。

(8) 三极管检波与二极管检波的区别是_____。

(9) 大信号包络检波,实际加在二极管上的电压是_____电压与_____电压之差。

(10) 大信号包络检波器的工作原理是利用_____和 $RC$ 网络_____的滤波特性工作的。

## 2. 判断题

(1) 大信号基极调幅应使放大器工作在过压状态,大信号集电极调幅应使放大器工作在欠压状态。

(2) 大信号基极调幅的优点是效率高。

(3) 调幅发射机载频变化时将使调幅信号成为过调幅信号。

(4) 单边带接收机比调幅接收机信噪比大为提高,主要是因为信号带宽压缩一半。

(5) 在集电极调幅电路中,若 $E_c = 9\text{V}$,则 $BV_{ceo} \geqslant 18\text{V}$。

(6) 大信号集电极调幅电路的最佳集电极负载电阻为

$$R_{cp} = \frac{1}{8}\frac{(E_c - U_{ces})^2}{(P_o)_c}$$

## 3. 问答题

(1) 已知某普通调幅波的载频为 $640\text{kHz}$,载波功率为 $500\text{kW}$,调制信号频率允许范围为 20Hz～4kHz。试求该调幅波占据的频带宽度。

（2）测得某电台发射的信号

$$u_s = 10(1 + 0.2\cos2513t)\cos37.7 \times 10^6 t，单位为 mV$$

问此电台的频率等于多少 kHz？调制信号的角频率等于多少 rad/s？信号带宽等于多少 Hz？总边带功率相对于总功率是多少分贝？

# 第 6 章 角度调制与解调

## 6.1 内容提要和知识结构框图

### 1. 内容提要

在调制中,载波信号的频率随调制信号而变化的调制方式,称为频率调制或调频(FM);载波信号的相位随调制信号而变化的调制方式,称为相位调制或调相(PM)。在这两种调制过程中,载波信号的幅度均保持不变,而频率的变化和相位的变化都表现为相角的变化,因此,把调频和调相统称为角度调制或调角。

从调频波中取出原来的调制信号,称为频率检波,又称鉴频。完成鉴频功能的电路,称为鉴频器。

本章所涉及的内容主要有角度调制概念;调频波、调相波的数学表示式及调频与调相的关系;调频波的频谱与有效频带宽度;调频信号的产生方法——直接调频和间接调频;调频电路包括变容二极管调频电路、电抗管调频电路、晶体振荡器调频电路、集成调频电路等调相和间接调频电路;鉴频的概念及鉴频器的质量指标;斜率鉴频器;相位鉴频器;比例鉴频器;集成解调电路等。

### 2. 知识结构框图

本章知识结构框图如图 6-1 所示。

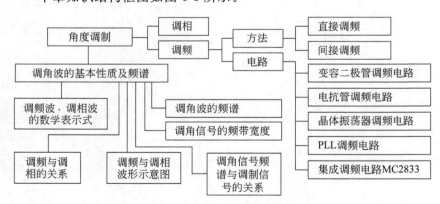

图 6-1 知识结构框图

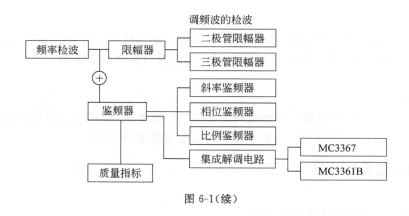

图 6-1(续)

# 6.2　本章知识点

1. 调频及调相的概念及其数学表达式(重点)
2. 调角波的频谱与有效的频带宽度(重点)
3. 调角波的功率(重点)
4. 调频信号的产生(重点)
5. 变容二极管调频电路及典型电路分析(重点)
6. 电抗管调频电路及典型电路分析(重点)
7. 晶体振荡器调频电路(重点)
8. 调相和间接调频电路(难点)
9. 鉴频的概念及鉴频器的质量指标(重点)
10. 斜率鉴频器
11. 相位鉴频器(重点、难点)
12. 比例鉴频器(重点)
13. 脉冲计数式鉴频器
14. 限幅器
15. 调制方式的比较
16. 集成调频、解调电路

# 6.3　重点及难点内容分析

## 6.3.1　角度调制概念

**1. 调制**

(1) 调频(frequency modulation,FM)：载波信号的频率随调制信号而变化,称为频率调制或调频。

(2) 调相(phase modulation,PM)：载波信号的相位随调制信号而变化,称为相位调制或调相。

在调频和调相两种调制过程中,载波信号的幅度都保持不变,而频率的变化和相位的变化都表现为相角的变化,因此,把调频和调相统称为角度调制或调角。

**2. 鉴频**

需要指出的是,角度调制及其解调均为频谱的非线性变换,即变换前后频谱结构发生了变化。因此其分析研究方法、模型等与频谱线性搬移电路不同。

### 6.3.2 调角信号的分析

**1. 调频波、调相波的数学表示式**

设调制信号为单一频率的余弦波:

$$u_\Omega(t) = U_{\Omega m}\cos\Omega t$$

载波信号为

$$u(t) = U_m\cos\omega_c t$$

则调频波的表示式为

$$u(t) = U_m\cos(\omega_c t + m_f\sin\Omega t + \varphi) \tag{6-1}$$

式中,$m_f$ 称为调频指数。

调相波的表示式为

$$u_c(t) = U_m\cos(\omega_c t + \varphi + m_p\cos\Omega t) \tag{6-2}$$

式中,$m_p$ 称为调相指数。

**2. 调频与调相波形示意图(见图 6-2)**

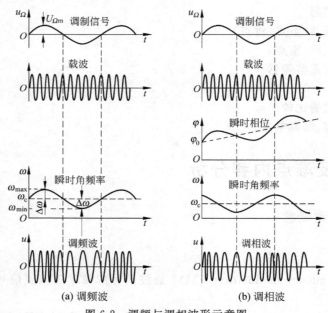

(a) 调频波  (b) 调相波

图 6-2  调频与调相波形示意图

**3. 调频与调相的关系**

（1）调制信号按余弦规律变化时，从以上两式比较可知，两者在相位上相差 90°。

（2）调制指数

调频时调制指数

$$m_f = \frac{\Delta\omega_f}{\Omega} = \frac{k_f U_{\Omega m}}{\Omega} \qquad (6-3)$$

它与调制信号的振幅成正比，而与调制角频率 $\Omega$ 成反比。

调相时调制指数 $m_p = k_p U_{\Omega m}$，它与调制信号的振幅成正比，而与调制频率无关。

（3）最大频率偏移 $\Delta\omega$ 的比较

调频时，

$$\Delta\omega_f = k_f U_{\Omega m} \qquad (6-4)$$

$\Delta\omega_f$ 是调频时的最大频率偏移，它与调制信号的振幅成正比，而与调制信号频率无关。

调相时，

$$\Delta\omega_p = m_p \Omega = k_p U_{\Omega m} \Omega \qquad (6-5)$$

$\Delta\omega_p$ 是调相时的最大频率偏移，它不仅与调制信号的振幅成正比，而且还和调制信号的角频率 $\Omega$ 成正比。

当 $U_\Omega$ 一定时，$\Delta\omega$ 和 $m$ 随 $\Omega$ 的变化规律如图 6-3 和图 6-4 所示。

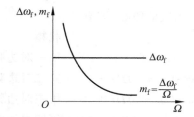
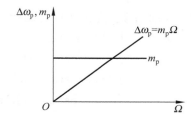

图 6-3  调频时 $\Delta\omega$ 和 $m$ 随 $\Omega$ 的变化关系　　　图 6-4  调相时 $\Delta\omega$ 和 $m$ 随 $\Omega$ 的变化关系

**4. 调频信号和调相信号比较**

为了便于比较，将调频信号和调相信号的一些特征列于表 6-1 中。在表 6-1 中，还列出了调频和调相在非单音调制时的一般数学表达式。

表 6-1  调频信号和调相信号比较

| | 调 频 信 号 | 调 相 信 号 |
|---|---|---|
| 瞬时频率 | $\omega(t) = \omega_c + k_f u_\Omega(t) = \omega_c + \Delta\omega(t)$ | $\omega(t) = \omega_c + k_p \dfrac{du_\Omega(t)}{dt}$ |
| 瞬时相位 | $\theta(t) = \omega_c t + \varphi + k_f \displaystyle\int u_\Omega(t)dt$ | $\theta(t) = \omega_c t + \varphi + k_p u_\Omega(t) = \omega_c t + \varphi + \Delta\theta(t)$ |
| 最大频偏 | $\Delta\omega = k_f |u_\Omega(t)|_{max} = k_f U_{\Omega m}$ | $\Delta\omega = k_p \left|\dfrac{du_\Omega(t)}{dt}\right|_{max}$ |

| | 调 频 信 号 | 调 相 信 号 |
|---|---|---|
| 最大相移<br>(调制指数) | $m_f = k_f \left\| \int u_\Omega(t)\,dt \right\|_{\max} = \dfrac{\Delta\omega}{\Omega}$<br>$m_f$ 称为调频指数 | $m_p = k_p \| u_\Omega(t) \|_{\max} = k_p U_{\Omega m}$<br>$m_p$ 称为调相指数 |
| 数学表达式 | $u(t) = U_{cm}\cos\theta(t)$<br>$= U_{cm}\cos\left[\omega_c t + k_f \left\| \int u_\Omega(t)\,dt \right\| + \varphi\right]$<br>$= U_{cm}\cos(\omega_c t + m_f\sin\Omega t + \varphi)$ | $u(t) = U_{cm}\cos\theta(t)$<br>$= U_{cm}\cos[\omega_c t + k_p u_\Omega(t) + \varphi]$<br>$= U_{cm}\cos(\omega_c t + m_p\cos\Omega t + \varphi)$ |
| 信号带宽 | $B_f = 2(m_f + 1)F$ | $B_p = 2(m_p + 1)F$ |
| 设调制信号为 $u_\Omega(t) = U_{\Omega m}\cos\Omega t$,载波信号为 $u_c(t) = U_{cm}\cos\omega_c t$ | | |

### 5. 调角波的频谱与调频波的功率

由于调频波和调相波的形式类似,其频谱也类似,下面主要分析调频波的频谱。

$$u(t) = U_m\cos(\omega_c t + m_f\sin\Omega t + \varphi)$$

设 $\varphi = 0$,得

$$
\begin{aligned}
u(t) &= U_m\cos(\omega_c t + m_f\sin\Omega t)\\
&= U_m[\cos\omega_c t\cos(m_f\sin\Omega t) - \sin\omega_c t\sin(m_f\sin\Omega t)]
\end{aligned}
\tag{6-6}
$$

(1) 调角波的频谱

根据贝塞尔函数,式(6-6)可分解为无穷个正弦函数的级数,即有

$$
\begin{aligned}
u(t) = U_m[ & J_0(m_f)\cos\omega_c t + & &\text{载频}\\
& J_1(m_f)\cos(\omega_c + \Omega)t - J_1(m_f)\cos(\omega_c - \Omega)t + & &\text{第一对边频}\\
& J_2(m_f)\cos(\omega_c + 2\Omega)t + J_2(m_f)\cos(\omega_c - 2\Omega)t + & &\text{第二对边频}\\
& J_3(m_f)\cos(\omega_c + 3\Omega)t - J_3(m_f)\cos(\omega_c - 3\Omega)t + & &\text{第三对边频}\\
& J_4(m_f)\cos(\omega_c + 4\Omega)t + J_4(m_f)\cos(\omega_c - 4\Omega)t + & &\text{第四对边频}\\
& \cdots ]
\end{aligned}
$$

式中,$J_0(m_f)$,$J_1(m_f)$,$J_2(m_f)$,… 分别为 $m$ 的零阶、一阶、二阶、…贝塞尔函数,它们的数值可由查贝塞尔函数曲线或查表得出。

调频信号的频谱有如下特点:

① 一个调频波除了载波频率 $\omega_c$ 外,还包含无穷多的边频,相邻边频之间的频率间隔仍是 $\Omega$。第 $n$ 条谱线与载频之差为 $n\Omega$;

② 每一个分量的幅度等于 $U_m J_n(m_f)$。而 $J_n(m_f)$ 由贝塞尔函数决定。

由于调制指数 $m_f$ 与调制信号强度有关,故信号强度的变化将影响载频和边频分量的相对幅度。其边频幅度可能超出载频幅度。

(2) 调频波的功率

调频波和调相波的平均功率与调幅波一样,也为载波功率和各边频功率之和。由于调频和调相的幅度不变,所以调角波在调制后总的功率不变,只是将原来载波功率中的一部分转入边频中去。所以载波成分的系数 $J_0(m_f)$ 小于 1,表示载波功率减小了。

因此,调制过程并不需要外界供给边频功率,只是高频信号本身载频功率与边频功率的重新分配而已。这一点与调幅波完全不同。

单音调制时,则调频波和调相波的平均功率为

$$P_{av} = \frac{1}{2} \frac{U_m^2}{R_L} \tag{6-7}$$

可见,调频波和调相波的平均功率与调制前的等幅载波功率相等。

### 6. 调角信号的频带宽度

理论上,调角信号的频带宽度是无限宽,但按工程上的习惯,凡是振幅小于未调制载波振幅的 10% 的边频分量可以忽略不计。

根据贝塞尔函数的特点,当阶数 $n > m_f + 1$ 时,贝塞尔函数 $J_n(m_f)$ 的数值随着 $n$ 的增加而迅速减小。所以,实际上可以认为 $n \approx m_f + 1$,也即高低边频的总数等于 $2n \approx 2(m_f + 1)$ 个,因此调频波的频谱有效宽度为 $2(m_f + 1)\Omega$,即频带宽度为

$$2\pi B_f \approx 2(m_f + 1)\Omega$$

即

$$B_f \approx 2(m_f + 1)\frac{\Omega}{2\pi} = 2(m_f + 1)F \tag{6-8}$$

又根据

$$m_f = \frac{\Delta\omega}{\Omega} = \frac{\Delta f}{F}$$

可得

$$B_f \approx 2(\Delta f + F) \tag{6-9}$$

注意式(6-8)和式(6-9)只适用于 $m_f > 1$,即宽带调频的情况。

这与调制频率相同的调幅波比起来,调角波的频带要宽 $2\Delta\omega_f$。通常 $\Delta\omega_f > \Omega$,所以调角波的频带要比调幅波宽得多。

对于 $m_f < 1$ 的窄带调频情况,频带宽度为

$$B_f = 2F$$

### 7. 调角信号频谱与调制信号的关系

在余弦波调制的情况下,已知 $m_f = \dfrac{\Delta\omega_f}{\Omega}$,

(1) 保持 $\Omega$ 固定,改变 $m_f$ 时:

① 当 $m_f < 1$ 时(窄频带调频),其有效边频数和带宽基本与调幅波相同;

② 当 $m_f$ 增大时(即调制信号加强时),边频数目增多而频带加宽。

(2) 保持 $\Delta\omega_f$ 固定,改变 $\Omega$ 时(调制信号强度固定,$\Delta f$ 固定,改变 $F$):

① 调频指数　$m_f \uparrow = \dfrac{\Delta f}{F \downarrow}$;

② 边频数　$2n \uparrow \approx (2m_f + 1)$;

③ 频带宽度　$B_f \downarrow = 2(m_f + 1)F \downarrow$。

### 6.3.3　调频信号的产生

调频的方法和电路很多,最常用的可分为两大类:直接调频和间接调频。

#### 1.　直接调频

直接调频就是用调制电压直接去控制载频振荡器的频率,以产生调频信号。例如:被控电路是 $LC$ 振荡器,那么,它的振荡频率主要由振荡回路电感 $L$ 与电容 $C$ 的数值来决定,若在振荡回路中加入可变电抗,并用低频调制信号去控制可变电抗的参数,即可产生振荡频率随调制信号变化的调频波。其调频电路原理如图 6-5 所示。在实际电路中,可变电抗元件的类型有许多种,如变容二极管、电抗管等,所以直接调频的方法很多。

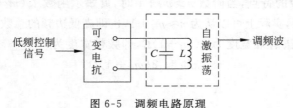

图 6-5　调频电路原理

#### 2.　间接调频

在直接调频电路中,为了提高中心频率的稳定度,必须采取一些措施。在这些措施中,即使对晶体振荡器直接调频,其中心频率稳定度也不如不调频的晶体振荡器的频率稳定度高,而且其相对频移太小。为了提高调频器的频率稳定度,还可以采用间接调频的方法。

间接调频就是保持振荡器的频率不变,而用调制电压去改变载波的输出相位,这实际上是调相。由于调相和调频有一定的内在联系,所以只要附加一个简单的变换网络,就可以从调相获得调频。

### 6.3.4　调频电路

#### 1.　变容二极管调频电路

(1) 变容二极管

变容二极管是利用半导体 PN 结的结电容随外加反向电压而变化这一特性,所制成的一种半导体二极管,它是一种电压控制可变电抗元件。

变容二极管与普通二极管相比,所不同的是在反向电压作用下的结电容变化较大。

变容二极管的压控特性表示为

$$C = A(U - U')^{-n} \tag{6-10}$$

式中,$A$ 为常数,它决定于变容二极管所用半导体的介电常数、杂质浓度和结的类型;$U'$ 为 PN 结的势垒电压,一般在 0.7V 左右;$U$ 为外加反偏压;$n$ 为电容变化系数,它的数值取决于结的类型,对于缓变结,$n \approx \frac{1}{3}$,突变结的 $n \approx \frac{1}{2}$,超突变结的 $n > \frac{1}{2}$。

（2）变容二极管调频原理

变容二极管的调频原理可用图 6-6 说明。由变容二极管的电容 $C$ 和电感 $L$ 组成 $LC$ 振荡器的谐振电路,其谐振频率近似为 $f = \dfrac{1}{2\pi\sqrt{LC}}$。在变容二极管上加一固定的反向直流偏压 $U_{偏}$ 和调制电压 $u_\Omega$（图 6-6(a)）,则变容二极管电容量 $C$ 将随 $u_\Omega$ 改变,通过二极管的变容特性（图 6-6(b)）可以找出电容 $C$ 随时间的变化曲线（图 6-6(c)）。此电容 $C$ 由两部分组成,一部分是 $C_0$,为固定值;另一部分是 $C_m \cos\Omega t$,为变化值,$C_m$ 是变化部分的幅度,则有

$$C = C_0 + C_m \cos\Omega t \tag{6-11}$$

将 $C$ 代入 $f$ 的公式,化简整理可得

$$f = f_c - \frac{1}{2} f_c \cdot \frac{C_m}{C_0} \cos\Omega t = f_c + \Delta f$$

式中,

$$\Delta f = -\frac{1}{2} f_c \frac{C_m}{C_0} \cos\Omega t \tag{6-12}$$

$f_c$ 是 $C_m = 0$ 时由 $L$ 和固定电容 $C_0$ 所决定的谐振频率,称为中心频率,$f_c = \dfrac{1}{2\pi\sqrt{LC_0}}$。

$\Delta f$ 是频率的变化部分,而 $\dfrac{1}{2} f_c \dfrac{C_m}{C_0}$ 是变化部分的幅值,称为频偏。式(6-11)中的负号表示当回路电容增加时,频率是减小的。我们还可通过图 6-6(c)及(d)（$L$ 固定,$f$ 与 $\sqrt{C}$ 成反比曲线）找出频率和时间的关系。比较图 6-6(a)及(e),可见频率 $f$ 是在随调制电压 $u_\Omega$ 而变,从而实现了调频。

从图 6-6 可以看出,由于 $C \sim u$ 和 $C \sim f$ 两条曲线并不是成正比的,最后得到的 $f \sim t$ 曲线形状将不与 $u_\Omega \sim t$ 曲线完全一致,这就意味着调制失真。失真的程度不仅与变容二极管的变容特性有关,而且还决定于调制电压的大小。显然,调制电压越大,则失真越大。

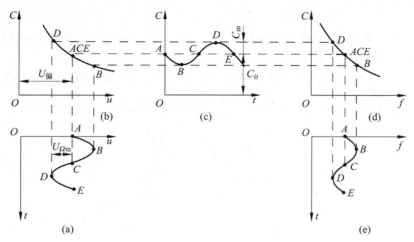

图 6-6　变容二极管调频原理

为了减小失真,调制电压不宜过大,但也不宜太小,因为太小则频移太小。实际上应兼顾二者,一般取调制电压比偏压小一半多,即

$$\frac{U_{\Omega m}}{U_{偏}} \leqslant 0.5$$

### 2. 电抗管调频电路

(1) 电抗管调频原理

① 组成:所谓电抗管,就是由一只晶体管或场效应管加上由电抗和电阻元件构成的移相网络组成。它与普通的电抗元件不同,其参量可以随调制信号而变化。

② 调频原理:将电抗管接入振荡器谐振回路,在低频调制信号控制下,电抗管的等效电抗就发生变化,从而使振荡器的瞬时振荡频率随调制电压而变,获得调频。图 6-7 是电抗管调频的原理电路。其中图 6-7(a)是晶体管电抗管调频原理图,图 6-7(b)是场效应管电抗管调频原理图。

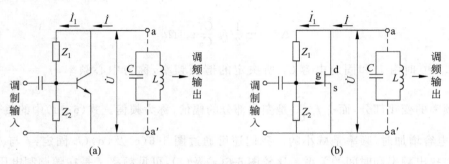

图 6-7　电抗管调频原理电路

图 6-7 中,a—a'两点左边即电抗管,由晶体管(或场效应管)外加移相网络构成。在移相电路的元件 $Z_1$ 和 $Z_2$ 中必有一个为电阻,另一个为电感或电容,利用晶体管(或场效应管)的放大作用,使集射电压与集电极电流之间(或漏源电压与漏极电流之间)相位相差 90°,类似于一个电抗元件的电流电压间的相位关系。这样,从图中 a—a' 向左端看去,就相当于一个电抗,输入低频调制信号,等效电抗随之线性改变,从而使载频也随之改变,实现调频。

(2) 电抗管等效电抗的推导

以晶体管电抗管为例进行分析。取 $Z_1$ 为电容,$Z_2$ 为电阻。图 6-8 是电容性电抗管的基本原理电路及其矢量图。其中 $Z_1 = \dfrac{1}{j\omega C}$($\omega$ 是高频角频率),$Z_2 = R$。条件

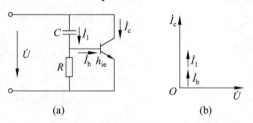

图 6-8　电容性电抗管的电路和矢量图

$$\frac{1}{\omega C} \gg R; \quad \dot{I} \gg \dot{I}_1$$

若在晶体管集射极间加一高频电压 $\dot{U}$，则电容 $C$ 中将通过电流 $\dot{I}_1$。由于 $\frac{1}{\omega C} \gg R$，电流 $\dot{I}_1$ 的大小和相位基本上决定于 $C$ 的容抗，而 $R$ 可忽略，即

$$\dot{I}_1 \approx j\omega C \dot{U}$$

则 $\dot{I}_1$ 超前于 $\dot{U}$ 90°。又 $\dot{I}_1$ 到基极分成两部分：一部分流入 $R$，一部分流入基极，流入基极的部分为

$$\dot{I}_b = \frac{R}{R + h_{ie}} \dot{I}_1 = \frac{R}{R + h_{ie}} j\omega C \dot{U}$$

则 $\dot{I}_b$ 也超前于 $\dot{U}$ 90°。通过放大，晶体管集电极电流的高频成分为

$$\dot{I}_c = \beta \dot{I}_b = \frac{\beta R}{R + h_{ie}} j\omega C \dot{U}$$

$\dot{I}_c$ 与 $\dot{I}_1$ 同相位，也超前 $\dot{U}$ 90°，故晶体管的集射极间等效于一个电容，其大小为

$$C_{\text{等}} = \frac{C\beta R}{R + h_{ie}} = \frac{\beta C}{1 + \dfrac{h_{ie}}{R}} \tag{6-13}$$

可见，该电抗管等效为一个电容，故称为电容性电抗管。

同样，如果 $Z_1$ 是电阻，$Z_2$ 是电容，或 $Z_1$ 是电阻，$Z_2$ 是电感，或 $Z_1$ 是电感，$Z_2$ 是电阻，都可组成电抗管电路，情况相似，此处不再重复。以上几种情况与场效应管电抗管的四种电路形式及对应的等效电抗的结果列于表 6-2 中。

表 6-2　晶体管电抗管与场效应管电抗管的四种电路形式及对应的等效电抗

| 电路形式 | $Z_1 = \dfrac{1}{j\omega C}$ $Z_2 = R$ | $Z_1 = R$ $Z_2 = \dfrac{1}{j\omega C}$ | $Z_1 = j\omega L$ $Z_2 = R$ | $Z_1 = R$ $Z_2 = j\omega L$ |
|---|---|---|---|---|
| 条　件 | $\dot{I} \gg \dot{I}_1$ | | | |
| | $\dfrac{1}{\omega C} \gg R$ | $\dfrac{1}{\omega C} \ll R$ | $\omega L \gg R$ | $\omega L \ll R$ |
| 晶体管电抗管 $Z_{\text{等}}$ | $C_{\text{等}} = \dfrac{\beta RC}{h_{ie}}$ | $L_{\text{等}} = \dfrac{RC h_{ie}}{\beta}$ | $L_{\text{等}} = \dfrac{L h_{ie}}{\beta R}$ | $C_{\text{等}} = \dfrac{\beta L}{R h_{ie}}$ |
| 场效应管电抗管 $Z_{\text{等}}$ | $C_{\text{等}} = g_m RC$ | $L_{\text{等}} = \dfrac{RC}{g_m}$ | $L_{\text{等}} = \dfrac{L}{g_m R}$ | $C_{\text{等}} = \dfrac{g_m L}{R}$ |

**3. 晶体振荡器调频电路**

变容二极管调频和电抗管调频的中心频率稳定度低，是由于它们都是在 $LC$ 振荡器上直接进行的。而 $LC$ 振荡器频率稳定度较低，再加上变容管或电抗管各参数又引进新的不稳定因素，所以频率稳定性更差，一般低于 $1 \times 10^{-4}$。为了提高调频器的频率稳定度，可对晶体振荡器进行调频，因为石英晶体振荡器的频率稳定度很高，可达到 $1 \times 10^{-6}$。所以，在要求频率稳定度较高、频偏不太大的场合，用石英晶体振荡器调频较合适。

图 6-9 是石英晶体振荡器变容管直接调频原理电路图。图 6-9(a)是一种常用的晶振电路原理图,这是电容反馈型三点线路,晶体等效为电感。图 6-9(b)是石英晶体与变容二极管 $C_d$ 相串联,那么,当调制信号控制 $C_d$ 电容量变化时,振荡频率同样可以发生微小的变动,这就完成了调频作用,但频偏很小。频率的变动只能限制在晶体的并联谐振频率 $f_p$ 与串联谐振频率 $f_s$ 之间,这个区间很小。

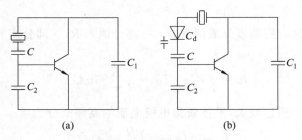

图 6-9　晶体振荡器直接调频原理

## 6.3.5　鉴频的概念及鉴频器的质量指标

### 1. 鉴频的概念

从调频波中取出原来的调制信号,称为频率检波,又称鉴频。完成鉴频功能的电路,称为鉴频器。在调频波中,调制信息包含在高频振荡频率的变化量中,所以调频波的解调任务就是要求鉴频器输出信号与输入调频波的瞬时频移成线性关系。

鉴频器实际上包含两个部分:

(1) 借助于谐振电路将等幅的调频波转换成幅度随瞬时频率变化的调幅调频波;

(2) 用二极管检波器进行幅度检波,以还原出调制信号。

由于信号的最后检出还是利用高频振幅的变化,这就要求输入的调频波本身"干净",不带有寄生调幅。否则,这些寄生调幅将混在转换后的调幅调频波中,使最后检出的信号受到干扰。为此,在输入到鉴频器前,信号要经过限幅,使其幅度恒定。因此,调频波的检波,主要是限幅器和鉴频器两个环节,可用图 6-10(a)的方框图表示,其对应各点波形如图 6-10(b)所示。

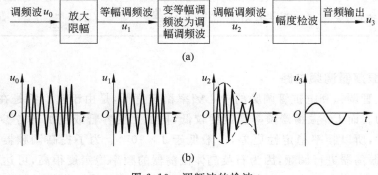

图 6-10　调频波的检波

有的鉴频器(如比例鉴频器)本身具有限幅作用,则可以省掉限幅器。鉴频器的类型很多,根据它们的工作原理,可分为斜率鉴频器、相位鉴频器、比例鉴频器和脉冲计数式鉴频器等。

**2. 鉴频器的质量指标**

(1)鉴频跨导 $g_d$

鉴频器的输出电压 $u_\Omega$ 与输入调频信号瞬时频偏 $\Delta f$ 的关系,可用图 6-11 所示的鉴频特性曲线表示。由于曲线形状与 S 相似,一般称为 S 曲线。所谓鉴频跨导 $g_d$,是指 S 曲线的中心频率 $f$(见图 6-11 的 $\Delta f = 0$ 处)附近输出电压 $u_\Omega$ 与频偏 $\Delta f$ 的比值, $g_d$ 又叫鉴频灵敏度,它表示单位频偏所产生输出电压的大小。鉴频曲线越陡,鉴频灵敏度越高,说明在较小的频偏下就能得到一定电压的输出。因此鉴频跨导 $g_d$ 大些好。

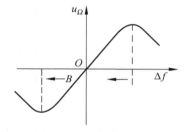

(2)鉴频频带宽度 $B$

鉴频频带宽度是鉴频特性近于直线的频率范围。在图 6-11 中就是两弯曲点之间的范围 $B$,我们称 $2\Delta f_m$ 为频带宽度。一般要求 $B$ 大于输入调频波频偏的两倍。

图 6-11　鉴频特性曲线

(3)非线性失真

在频带 $B$ 内鉴频特性只是近似线性,也存在着非线性失真,非线性失真越小越好。

(4)对寄生调幅应有一定的抑制能力。

## 6.3.6　相位鉴频器、比例鉴频器

根据鉴频器的工作原理,可分为:斜率鉴频器、参差调谐鉴频器、相位鉴频器、比例鉴频器、脉冲计数式鉴频器和锁相鉴频器。

相位鉴频器是最常用的鉴频电路,也是重点内容。现重点介绍电感耦合相位鉴频器和比例鉴频器,并对脉冲计数式鉴频器作简要介绍。

相位鉴频器是利用回路的相位-频率特性来实现调频波变换为调幅调频波的。它是将调频信号的频率变化转换为两个电压之间的相位变化,再将这相位变化转换为对应的幅度变化,然后利用幅度检波器检出幅度的变化。

**1. 电感耦合相位鉴频器**

图 6-12(a)所示为电感耦合相位鉴频器的原理图。图中 $L_1C_1$ 和 $L_2C_2$ 是两个松耦合的双调谐电路,都调谐于调频波的中心角频率 $\omega_c$ 上。其中初级回路 $L_1C_1$ 一般是限幅放大器的集电极负载。这种松耦合双调谐电路有这样一个特点:当信号角频率 $\omega$ 变化时,副边谐振电路电压 $\dot{U}_2$ 对于原边电压 $\dot{U}_1$ 的相位随之变化。这种鉴频器正是利用这种相位变化的特点,将频率的变化转换成幅度变化的,所以叫做相位鉴频器。

图 6-12(b)所示为图 6-10(a)的等效电路。由图 6-12(b)可见,加到二极管两端的高

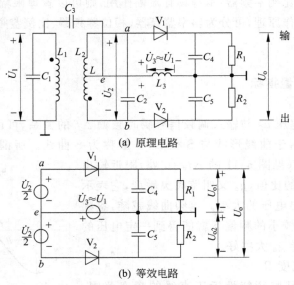

(a) 原理电路

(b) 等效电路

图 6-12　电感耦合相位鉴频器

频电压由两部分组成，即 $L_3$ 上的电压 $\dot{U}_3$ 和 $L_2$ 上的一半电压 $\dfrac{\dot{U}_2}{2}$ 的矢量和，为

$$\left.\begin{aligned}
\dot{U}_{d1} &= \dot{U}_3 + \frac{\dot{U}_2}{2} \approx \dot{U}_1 + \frac{\dot{U}_2}{2} \\
\dot{U}_{d2} &= \dot{U}_3 - \frac{\dot{U}_2}{2} \approx \dot{U}_1 - \frac{\dot{U}_2}{2}
\end{aligned}\right\} \tag{6-14}$$

而它们检出的电压 $U_{o1}$ 和 $U_{o2}$（高频一周期的直流分量），则分别与 $\dot{U}_{d1}, \dot{U}_{d2}$ 成正比：

$$\left.\begin{aligned}
U_{o1} &= \eta_d U_{d1} \\
U_{o2} &= \eta_d U_{d2}
\end{aligned}\right\} \tag{6-15}$$

鉴频器的输出电压为

$$U_o = U_{o1} - U_{o2} \tag{6-16}$$

现在我们来分析，调频波瞬时频率的变化是怎样影响鉴频器的输出的。可以概括为四句话，即：

（1）副边电压 $\dot{U}_2$ 对于原边电压 $\dot{U}_1$ 的相位差随角频率而变。

为了分析方便，现将次级等效电路用图 6-13 表示。

可以推出

$$U_2 = \dot{I}_2 \cdot \frac{1}{j\omega C_2}$$

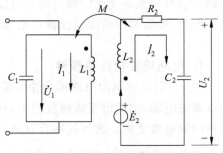

图 6-13　次级回路的等效电路

$$=-\frac{\mathrm{j}\omega M \dot{I}_1}{R_2 + \mathrm{j}\left(\omega L_2 - \dfrac{1}{\omega C_2}\right)}\frac{1}{\mathrm{j}\omega C_2}$$

$$=\mathrm{j}\frac{1}{\omega C_2}\frac{M}{L_1}\frac{\dot{U}_1}{R_2 + \mathrm{j}\left(\omega L_2 - \dfrac{1}{\omega C_2}\right)} \tag{6-17}$$

式(6-17)表明,副边电压$\dot{U}_2$对于原边电压$\dot{U}_1$的相位差随角频率而变:

当$\omega = \omega_c$时,$\dot{U}_2$超前$\dot{U}_1$ 90°;

当$\omega > \omega_c$时,$\dot{U}_2$超前$\dot{U}_1$小于90°;

当$\omega < \omega_c$时,$\dot{U}_2$超前$\dot{U}_1$大于90°。

(2) 检波器的输入电压幅度$U_{d1}$,$U_{d2}$随角频率而变。

由式(6-14)知,$U_{d1}$,$U_{d2}$分别为$\dot{U}_1 \pm \dfrac{\dot{U}_2}{2}$的矢量和。在不同频率下,其矢量图如图 6-14

所示。由图 6-14 可看出:

当$\omega = \omega_c$时,$U_{d1} = U_{d2}$;

当$\omega > \omega_c$时,$U_{d1}$增大而$U_{d2}$减小;

当$\omega < \omega_c$时,$U_{d1}$减小而$U_{d2}$增大。

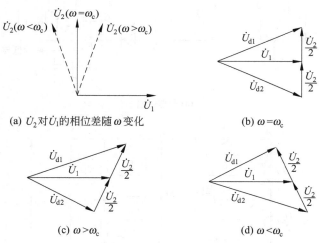

(a) $\dot{U}_2$对$\dot{U}_1$的相位差随$\omega$变化　　　　　(b) $\omega = \omega_c$

(c) $\omega > \omega_c$　　　　　(d) $\omega < \omega_c$

图 6-14　在不同频率下的$\dot{U}_1$和$\dot{U}_2$

(3) 检出的电压$U_{o1}$,$U_{o2}$幅度随角频率而变。

$$U_{o1} = \eta_d U_{d1}, \quad U_{o2} = \eta_d U_{d2}$$

(4) 鉴频器的输出电压$U_o$也随频率发生变化。

当$\omega = \omega_c$时,$U_{o1} = U_{o2}$,$U_o = 0$;

当$\omega > \omega_c$时,$U_{o1} > U_{o2}$,$U_o > 0$;

当$\omega < \omega_c$时,$U_{o1} < U_{o2}$,$U_o < 0$。

上述关系用图 6-11 所示的曲线表示出来,也呈 S 形,S 曲线表示了鉴频特性。S 曲
线的形状与鉴频器性能有直接关系:

① S 曲线的线性好,则失真小;

② 线性段斜率大,则对于一定频移所得的低频电压幅度大,即鉴频灵敏度高;

③ 线性段的频率范围大(鉴频频带宽),则允许接收的频移大。

影响 S 曲线形状的主要因素是原副边谐振电路的耦合程度(用耦合系数 $k$ 表示)和品
质因数 $Q$ 以及两个回路的调谐情况。

### 2. 比例鉴频器

使用相位鉴频器时,在它的前级必须加限幅器,以去掉调频波的寄生调幅。能否对相
位鉴频器电路作一些改进来获得一定的限幅作用呢? 比例鉴频器就是具有这种鉴频和限
幅功能的电路,如图 6-15(a)所示,图 6-15(b)为其等效电路。

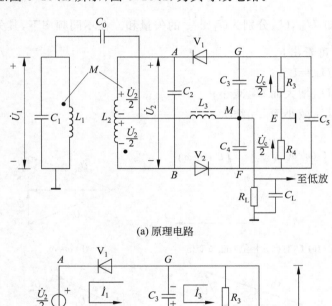

(a) 原理电路

(b) 等效电路

图 6-15   比例鉴频器

比例鉴频器和相位鉴频器比较,有以下不同点:

① 一个二极管 $V_1$ 反接;

② 有一个大电容量 $C_5$(一般取 $10\mu F$)跨接在电阻($R_3+R_4$)两端;

③ 输出电压取自 $M,E$ 两端,而不是取自 $F,G$ 两端。

在负载电阻 $R_L$ 中，$C_3$ 和 $C_4$ 放电电流的方向相反，见图 6-13(b)，因而起到了差动输出的作用。在比例鉴频器中，加于两个二极管的高频电压 $\dot{U}_{d1}$，$\dot{U}_{d2}$ 仍然是副边电压 $\dfrac{\dot{U}_2}{2}$ 和 $L_3$ 上电压 $\dot{U}_3$ 的矢量和，所以从频率变化转换成幅度变化的过程与相位鉴频器相同。

比例鉴频器的限幅作用，在于在 $(R_3+R_4)$ 两端并接了大电容 $C_5$，这种电路具有自动调整 $Q$ 值的作用，在一定程度上抵消信号强度变化的影响，使输入到检波电路的高频电压幅度基本趋于恒定，因而兼有限幅的作用。

用比例鉴频器时可以省掉限幅器，从而简化设备。但是比例鉴频器在相同的 $U_{o1}$ 和 $U_{o2}$ 下：

$$U_M = \frac{U_{o1}-U_{o2}}{2} \tag{6-18}$$

说明其灵敏度不如相位鉴频器。

讨论：相位鉴频器的本质是将调频信号的频率变化转化为相位转化，然后进行鉴相。其核心是频-相转换。不同的相位鉴频器，其频-相转换电路不同，但其原理相似，应予以掌握。比例鉴频器是在相位鉴频器的基础上实现的，也很重要。

**3. 脉冲计数式鉴频器**

这种鉴频器的工作原理与前面几种鉴频器不同。由于这种鉴频器是利用计过零点脉冲数目的方法实现的，所以叫做脉冲计数式鉴频器。它的突出优点是线性好，频带很宽，因此得到广泛应用，并可做成集成电路。

它的基本原理是将调频波变换为重复频率等于调频波频率的等幅等宽脉冲序列，再经低通滤波器取出直流平均分量。

# 6.4　典型例题分析

**例 6-1**　已知载波频率 $f_c=100\mathrm{MHz}$，载波电压幅度 $U_{cm}=5\mathrm{V}$，调制信号 $u_\Omega(t)=\cos 2\pi\times 10^3 t+2\cos 2\pi\times 500 t$，试写出调频波的数学表示式（设两个调制信号的最大频偏 $\Delta f_{max}$ 均为 $20\mathrm{kHz}$）。

**解**　由已知条件得

$$u_\Omega(t)=\cos(2\pi\times 10^3)t+2\cos(2\pi\times 500)t$$

$$m_{f1}=\frac{\Delta\omega}{\Omega_1}=\frac{2\pi\times 20000}{2\pi\times 1000}=20,\quad m_{f2}=\frac{\Delta\omega}{\Omega_2}=\frac{2\pi\times 20000}{2\pi\times 500}=40$$

根据 $u(t)=U_{cm}\cos(\omega_c t+m_f\sin\Omega t)$ 得

$$u(t)=5\cos\left[(2\pi\times 10^8)t+m_{f1}\sin\Omega_1 t+m_{f2}\sin\Omega_2 t\right]$$
$$=5\cos\left[(2\pi\times 10^8)t+20\sin(2\pi\times 10^3)t+40\sin(2\pi\times 500)t\right]$$

**例 6-2**　载频振荡的频率为 $f_c=25\mathrm{MHz}$，振幅为 $U_{cm}=4\mathrm{V}$。

（1）调制信号为单频余弦波，频率为 $F=400\mathrm{Hz}$，频偏为 $\Delta f=10\mathrm{kHz}$。写出调频波和调相波的数学表达式。

（2）若仅将调制信号频率变为 2kHz，其他参数不变，试写出调频波与调相波的数学表达式。

**解** （1）由已知条件得

$$F_1 = 400\text{Hz}, \quad \Omega_1 = 400 \times 2\pi\text{rad/s}$$

$$f_c = 25\text{MHz}, \quad \omega_c = 2\pi \times 25 \times 10^6, \quad \Delta f = 10\text{kHz}, \quad \Delta\omega = 2\pi \times 10^4\text{rad/s}$$

$$m_{f1} = \frac{\Delta f}{F_1} = \frac{10000}{400} = 25, \quad m_{p1} = \frac{\Delta f}{F_1} = \frac{10000}{400} = 25$$

调频波的数学表达式：$u(t) = 4\cos[(2\pi \times 25 \times 10^6)t + 25\sin(400 \times 2\pi)t]$

调相波的数学表达式：$u(t) = 4\cos[(2\pi \times 25 \times 10^6)t + 25\cos(400 \times 2\pi)t]$

（2）由已知条件得

$$F_2 = 2\text{kHz}, \quad \Omega_2 = 2000 \times 2\pi\text{rad/s}$$

$m_{f2} = \dfrac{\Delta f}{F_2} = \dfrac{10000}{2000} = 5$，由 $m_p = k_p U_{\Omega m}$ 知 $m_p$ 不变，即 $m_{p2} = m_{p1} = 25$

调频波的数学表达式：$u(t) = 4\cos[(2\pi \times 25 \times 10^6)t + 5\sin(2 \times 10^3 \times 2\pi)t]$

调相波的数学表达式：$u(t) = 4\cos[(2\pi \times 25 \times 10^6)t + 25\cos(2 \times 10^3 \times 2\pi)t]$

**例 6-3** 已知频率为 $f_c = 10\text{MHz}$，最大频移为 $\Delta f = 50\text{kHz}$，调制信号为正弦波，试求调频波在以下三种情况下的频带宽度（按 10% 的规定计算带宽）。

（1）$F = 500\text{kHz}$；

（2）$F = 500\text{Hz}$；

（3）$F = 10\text{kHz}$，这里 $F$ 为调制频率。

**解** （1）已知 $f_c = 10\text{MHz}, \Delta f = 50\text{kHz}, F = 500\text{kHz}$，则

$$m_f = \frac{\Delta f}{F} = \frac{50}{500} = 0.1$$

由于

$$m_f < 1$$

因此

$$B_f \approx 2F = 2 \times 500\text{kHz} = 1000\text{kHz} = 1\text{MHz}$$

（2）已知 $f_c = 10\text{MHz}, \Delta f = 50\text{kHz}, F = 500\text{Hz}$，则

$$m_f = \frac{\Delta f}{F} = \frac{50 \times 10^3}{500} = 100$$

由于

$$m_f > 1$$

因此

$$B_f = 2(m_f + 1)F = 2 \times (100 + 1) \times 500\text{Hz} = 101\text{kHz}$$

（3）已知 $f_c = 10\text{MHz}, \Delta f = 50\text{kHz}, F = 10\text{kHz}$，则

$$m_f = \frac{\Delta f}{F} = \frac{50}{10} = 5$$

由于

$$m_f > 1$$

因此
$$B_f = 2(m_f + 1)F = 2 \times (5 + 1) \times 10\text{kHz} = 120\text{kHz}$$

**例 6-4**　为什么调幅波的调制系数不能大于 1，而角度调制的调制系数可以大于 1？

**答**　（1）由于调制系数 $m_a$ 与调制电压的振幅成正比，即 $U_{\Omega m}$ 越大，$m_a$ 越大，调幅波幅度变化越大，$m_a \leqslant 1$，如果调制系数 $m_a > 1$，调幅波产生失真，这种情况称为过调幅。

对于基极调幅过调的失真波形是波谷变平，见图例 6-4(a)；对于集电极调幅过调的失真波形是过调失真，如图例 6-4(b)。

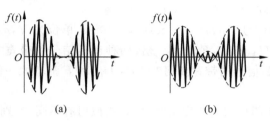

(a)　　　　　　　(b)

图例 6-4

（2）角度调制的调制系数可以大于 1

由于 $m_f = \dfrac{\Delta \omega_f}{\Omega} = \dfrac{\Delta f}{F}$，通常 $\Delta \omega_f > \Omega$，所以角度调制的调制系数可以大于 1。

**例 6-5**　若调制信号频率为 400Hz，振幅为 2.4V，调制指数为 60。当调制信号频率减小为 250Hz，同时振幅上升为 3.2V 时，调制指数将变为多少？

**解**　（解题技巧：利用 $m_{f1}$ 与 $m_{f2}$ 相比的关系以及 $m_{p1}$ 与 $m_{p2}$ 相比的关系求解）

（1）调频指数

由

$$m_{f1} = \frac{k_f U_{\Omega 1}}{\Omega_1}, \quad m_{f2} = \frac{k_f U_{\Omega 2}}{\Omega_2}$$

得

$$\frac{m_{f1}}{m_{f2}} = \frac{\Omega_2 U_{\Omega 1}}{\Omega_1 U_{\Omega 2}} = \frac{250 \times 2.4}{400 \times 3.2} = \frac{75}{160}$$

则

$$m_{f2} = \frac{160}{75} \times 60 = 128$$

（2）调相指数

由

$$m_{p1} = k_p U_{\Omega 1}, \quad m_{p2} = k_p U_{\Omega 2}$$

得

$$\frac{m_{p1}}{m_{p2}} = \frac{U_{\Omega 1}}{U_{\Omega 2}} = \frac{2.4}{3.2}$$

则

$$m_{p2} = \frac{3.2}{2.4} \times 60 = 80$$

**例 6-6** 电感耦合相位鉴频器如图 6-12 所示。

(1) 画出信号频率 $\omega < \omega_c$，$\omega > \omega_c$，$\omega = \omega_c$ 时的矢量图。

(2) 说明 $V_1$ 断开时，能否鉴频？

题意分析：本题涉及相位鉴频器的基本工作原理、性能分析等。从图中可以看出，这是一个互感耦合相位鉴频器的典型电路。

**解** (1) 从工作原理可知，在 $f < f_c$ 时的矢量图如图 6-14 所示。

(2) 当 $V_1$ 断开时，$C_4$ 上无电压变化，而 $C_5$ 上电压变化仍能反映输入信号的频率变化，因此仍可鉴频。同理，若只有 $V_2$ 断开时也可鉴频。

**例 6-7** 已知调制信号 $u_\Omega(t) = U_{\Omega m}\cos(2\pi \times 10^3)t$，单位为 V，$m_f = m_p = 10$，求 FM 和 PM 波的带宽。(1) 若 $U_{\Omega m}$ 不变，$F$ 增大一倍，两种调制信号的带宽如何？(2) 若 $F$ 不变，$U_{\Omega m}$ 增大一倍，两种调制信号的带宽如何？(3) 若 $U_{\Omega m}$ 和 $F$ 都增大一倍，两种调制信号的带宽又如何？

题意分析：调频和调相均为角度调制，两者相似但有不同，特别是带宽与调制信号的关系。调相时，由于调相波的调制指数 $m_p$ 只与调制信号强度成正比，而与调制信号频率无关。所以在调制信号强度不变，只改变 $\Omega$ 时，相当于 $m_p$ 不变，则调相波的边频数不变，而频带宽度 $B = 2(m_p+1)F$ 随调制信号频率成比例地加宽。

调频时：

① 调频指数：$m_f \uparrow = \dfrac{\Delta f}{F \downarrow}$；

② 边频数：$2n \uparrow \approx 2(m_f + 1)$；

③ 频带宽度：$B_f \downarrow = 2(m_f + 1)F \downarrow$。

**解** 已知调制信号为 $u_\Omega(t) = U_{\Omega m}\cos(2\pi \times 10^3)t$，V，即 $F = 1\text{kHz}$。

对于 FM 信号，由于 $m_f = 10$，因此

$$B = 2(m_f + 1)F = 2 \times (10+1) \times 10^3\,\text{kHz} = 22\,\text{kHz}$$

对于 PM 信号，由于 $m_p = 10$，因此

$$B = 2(m_p + 1)F = 2 \times (10+1) \times 10^3\,\text{kHz} = 22\,\text{kHz}$$

(1) 若 $U_{\Omega m}$ 不变，$F$ 增大一倍，两种调制信号的带宽如下。

对于 FM 波：由于 $m_f \downarrow = \dfrac{\Delta f}{F \uparrow}$，若 $U_{\Omega m}$ 不变，$F$ 增大一倍，则 $\Delta f$ 不变，$m_f$ 减半，即 $m_f = 5$，因此

$$B = 2(m_f + 1)F = 2 \times (5+1) \times 2 \times 10^3\,\text{kHz} = 24\,\text{kHz}$$

对于 PM 波：由于 $m_p$ 只与调制信号强度成正比，而与调制信号频率无关，所以相当于 $m_p$ 不变，而 $m_p = k_f U_\Omega$，$m_p$ 不变。因此

$$B = 2 \times (10+1) \times 2 \times 10^3\,\text{kHz} = 44\,\text{kHz}$$

即调相频带宽度随调制信号频率成比例地加宽。

(2) $F$ 不变，$U_{\Omega m}$ 增大一倍，两种调制信号的带宽如下。

对于 FM 波：$m_f$ 增大一倍，即 $m_f = 2 \times 10 = 20$，因此

$$B = 2(m_f + 1)F = 2 \times (20+1) \times 10^3\,\text{kHz} = 42\,\text{kHz}$$

对于 PM 波：$m_p$ 也增大一倍，即 $m_p = 2 \times 10 = 20$，因此

$$B = 2(m_p + 1)F = 2 \times (20 + 1) \times 10^3 \text{kHz} = 42\text{kHz}$$

（3）$F$ 和 $U_{\Omega m}$ 均增大一倍，两种调制信号的带宽如下。

对于 FM 波：$m_f$ 不变，则

$$B = 2(m_f + 1)F = 2 \times (10 + 1) \times 2 \times 10^3 \text{kHz} = 44\text{kHz}$$

对于 PM 波：$m_p = K_p U_{\Omega m}$，它与调制信号的振幅成正比，而与调制频率无关。当 $U_{\Omega m}$ 增大一倍时 $m_p$ 也增大一倍，因此

$$B = 2(m_p + 1)F = 2 \times (20 + 1) \times 2 \times 10^3 \text{kHz} = 84\text{kHz}$$

本题列表比较清晰，如表 6-3 所示。

表　6-3

| 四种情况 | FM | | PM | |
| --- | --- | --- | --- | --- |
| $F$ | $m_f = \dfrac{K_f U_{\Omega m}}{F}$ | $B_f = 2(m_f + 1)F$ | $m_p = K_p U_{\Omega m}$ | $B_p = 2(m_p + 1)F$ |
| 原始情况　1kHz | 10 | 22kHz | 10 | 22kHz |
| $U_{\Omega m}$ 不变<br>$F$↑一倍　2kHz | 5 | 24kHz | 10 | 44kHz |
| $F$ 不变<br>$U_{\Omega m}$↑一倍　1kHz | 20 | 42kHz | 20 | 42kHz |
| $F$↑一倍<br>$U_{\Omega m}$↑一倍　2kHz | 10 | 44kHz | 20 | 84kHz |

讨论：在保持信号幅度 $U_{\Omega m}$ 不变的情况下，当调制信号的频率变化时，调频信号的带宽变化很小（基本不变），而调相信号的带宽变化比较明显（几乎倍增）。因此，调频可认为是恒定带宽的调制。

# 6.5　思考题与习题解答

6-1　若调制信号为锯齿波，如图题 6-1 所示，大致画出调频波的波形图。

答　从略。

6-2　设调制信号 $u_\Omega(t) = U_{\Omega m} \cos \Omega t$，载波信号为 $u_c(t) = U_{cm} \cos \omega_c t$，调频的比例系数为 $K_f(\text{rad}/(\text{V} \cdot \text{s}))$。试写出调频波的以下分量：（1）瞬时角频率 $\omega(t)$；（2）瞬时相位 $\theta(t)$；（3）最大频移 $\Delta \omega_f$；（4）调制指数 $m_f$；（5）已调频波的 $u_{FM}(t)$ 的数学表达式。

答　从略。

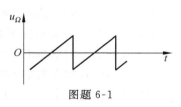

图题 6-1

6-3　为什么调幅波的调制系数不能大于 1，而角度调制的调制系数可以大于 1？

答　详见例 6-4 分析。

6-4 已知载波频率 $f_c=100\mathrm{MHz}$,载波电压幅度 $U_m=5\mathrm{V}$,调制信号 $u_\Omega(t)=\cos 2\pi\times 10^3 t+2\cos 2\pi\times 500t(\mathrm{V})$,试写出调频波的数学表示式(设最大频偏 $\Delta f_{\max}=20\mathrm{kHz}$)。

**答** 详见例 6-1 分析。

6-5 载频振荡的频率为 $f_c=25\mathrm{MHz}$,振幅为 $U_m=4\mathrm{V}$,调制信号为单频余弦波,频率为 $F=400\mathrm{Hz}$,频偏为 $\Delta f=10\mathrm{kHz}$。(1)写出调频波和调相波的数学表达式;(2)若仅将调制频率变为 $2\mathrm{kHz}$,其他参数不变,试写出调频波与调相波的数学表达式。

**答** 详见例 6-2 分析。

6-6 一调幅波和一调频波,它们的载频均为 $1\mathrm{MHz}$,调制信号均为 $u_\Omega(t)=0.1\sin(2\pi\times 10^3 t)(\mathrm{V})$。已知调频时,单位调制电压产生的频偏为 $1\mathrm{kHz/V}$。

(1)试求调幅波的频谱宽度 $B_{\mathrm{AM}}$ 和调频波的有效频谱宽度 $B_{\mathrm{FM}}$。

(2)若调制信号改为 $u_\Omega(t)=20\sin(2\pi\times 10^3 t)(\mathrm{V})$,试求 $B_{\mathrm{AM}}$ 和 $B_{\mathrm{FM}}$。

**解** (1)由已知条件得

$$\Delta f=0.1\times 10^3=100\mathrm{Hz},\quad F=1000\mathrm{Hz}$$

$$m_f=\frac{\Delta f}{F}=\frac{100}{1000}=0.1(窄带调频)$$

调幅波的频谱宽度

$$B_{\mathrm{AM}}=2F=2\mathrm{kHz}$$

调频波的有效频谱宽度

$$B_{\mathrm{FM}}=2F=2\mathrm{kHz}$$

(2)由已知条件得

$$\Delta f=20\times 10^3=2\times 10^4\mathrm{Hz},\quad F=1000\mathrm{Hz}$$

$$m_f=\frac{\Delta f}{F}=\frac{20000}{1000}=20(宽带调频)$$

调幅波的频谱宽度

$$B_{\mathrm{AM}}=2F=2\mathrm{kHz}$$

调频波的有效频谱宽度

$$B_{\mathrm{FM}}=2(m_f+1)F=2\times(20+1)\mathrm{kHz}=42\mathrm{kHz}$$

6-7 分析电抗管调频的基本原理。

**答** 从略。

6-8 给定调频信号中心频率为 $f_c=50\mathrm{MHz}$,频偏 $\Delta f=75\mathrm{kHz}$,调制信号为正弦波,试求调频波在以下三种情况下的调制指数和频带宽度(按 $10\%$ 的规定计算带宽)。

(1)调制信号频率为 $F=300\mathrm{Hz}$;

(2)调制信号频率为 $F=3\mathrm{kHz}$;

(3)调制信号频率为 $F=15\mathrm{kHz}$。

**解** (1)已知 $f_c=50\mathrm{MHz}$,$\Delta f=75\mathrm{kHz}$,$F=300\mathrm{Hz}$,则

$$m_f=\frac{\Delta f}{F}=\frac{75\times 10^3}{300}=250$$

$$B_f=2(m_f+1)F=2\times 251\times 300\mathrm{kHz}=150.6\mathrm{kHz}$$

(2) 其他条件不变，$F=3\text{kHz}$，则

$$m_\text{f} = \frac{\Delta f}{F} = \frac{75 \times 10^3}{3000} = 25$$

$$B_\text{f} = 2(m_\text{f} + 1)F = 2 \times 26 \times 3\text{kHz} = 156\text{kHz}$$

(3) 其他条件不变，$F=15\text{kHz}$，则

$$m_\text{f} = \frac{\Delta f}{F} = \frac{75 \times 10^3}{15 \times 10^3} = 5$$

$$B_\text{f} = 2(m_\text{f} + 1)F = 2 \times 6 \times 15\text{kHz} = 180\text{kHz}$$

**6-9**　若调制信号频率为 $400\text{Hz}$，振幅为 $2.4\text{V}$，调制指数为 $60$。当调制信号频率减小为 $250\text{Hz}$，同时振幅上升为 $3.2\text{V}$ 时，调制指数将变为多少？

**答**　详见例 6-5 分析。

**6-10**　已知调频波 $u(t) = 2\cos[(2\pi \times 10^6)t + 10\sin 2000\pi t]\text{V}$，试确定：

(1) 最大频偏；

(2) 此信号在单位电阻上的功率。

思路：由已知条件可知调制信号为单频信号，调制指数为 $m_\text{f} = 10$。

**解**　(1) 调制频率为

$$F = \frac{\Omega}{2\pi} = \frac{2000\pi}{2\pi}\text{Hz} = 1000\text{Hz}$$

最大频偏为

$$\Delta f = m_\text{f}F = 10 \times 1000\text{kHz} = 10\text{kHz}$$

(2) 信号在单位电阻上的功率（即平均功率）

因为调频前后平均功率没有发生变化，所以调制后的平均功率也等于调制前的载波功率。即调频只导致能量从载频向边频分量转移，而总能量未变，因此可得

$$P = \frac{U_\text{m}^2}{2R} = \frac{2^2}{2}\text{W} = 2\text{W}$$

**6-11**　有一调频发射机，用正弦波调制，未调制时，发射机在 $50\Omega$ 电阻负载上的输出功率 $P_\text{o} = 100\text{W}$。将发射机的频偏由零慢慢增大，当输出的第一个边频成分等于零时，即停止下来。试计算：

(1) 载频成分的平均功率；

(2) 所有边频成分总的平均功率；

(3) 第二次边频成分总的平均功率。

**解**　已知 $P_\text{o} = 100\text{W}$，$R = 50\Omega$，下面先确定 $U_\text{m}$：

$$P_\text{o} = \frac{U_\text{m}^2}{2R}, \quad U_\text{m}^2 = 2 \times 50 \times 100, \quad U_\text{m} = 100\text{V}$$

依题意，当输出的第一个边频成分等于零时，查贝塞尔函数表可知：当 $m_\text{f} \approx 4$ 时，

$$J_0(m_\text{f}) = J_0(4) \approx 0.39, \quad J_1(4) \approx 0.06 \approx 0, \quad J_2(4) \approx 0.36$$

由以上结果可得

(1) $P_\text{载} = \dfrac{[U_\text{m}J_0(4)]^2}{2R} = \dfrac{(100 \times 0.39)^2}{2 \times 50}\text{W} = 15.21\text{W}$

(2) $P_{边总}=P_。-P_{载}=(100-15.21)\text{W}=84.79\text{W}$

(3) $P_{2边}=\dfrac{2\times[U_m J_2(4)]^2}{2R}=\dfrac{2\times(100\times0.36)^2}{2\times50}\text{W}=25.92\text{W}$

6-12 在调频器中,如果加到变容二极管的交流电压超过直流偏压,对调频电路的工作有什么影响?

**答** 如果加到变容二极管的交流电压超过直流偏压,则变容二极管将被加上正向偏压,而呈现很小的正向电阻,造成振荡波形失真。

6-13 变容二极管直接调频电路如图题 6-13(a),变容二极管的特性如图题 6-13(b)所示。

(1) 试画出振荡部分简化交流通路,说明构成了何种类型的振荡电路;

(2) 画出变容二极管的直流通路、调制信号通路,并分析调频电路的工作原理;

(3) 当调制电压 $u_\Omega(t)=\cos(2\pi\times10^3 t)\text{V}$ 时,试求调频信号的中心频率 $f_。$ 和最大频偏 $\Delta f$。

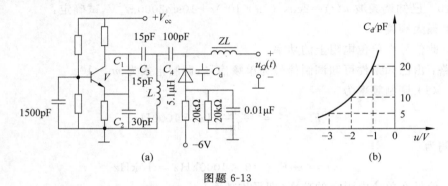

图题 6-13

**答** (1) 振荡部分简化交流通路如下图所示,构成了西勒振荡电路。

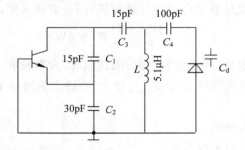

(2) 直流通路、调制信号通路如下图所示:

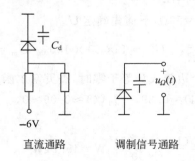

直流通路　　调制信号通路

调频电路的工作原理：

利用变容二极管调频，首先要将变容二极管接在振荡器回路中，使其结电容成为回路电容的一部分。图题 6-13(a)中，V 是高频振荡电路，$L$、$C_1$、$C_2$、$C_3$、$C_4$、$C_d$ 构成了选频网络。

对直流和音频而言，ZL 可看作短路，因而调制电压 $u_\Omega(t)$ 可以加到变容二极管两端。当调制电压 $u_\Omega(t)$ 加在变容二极管两端时，加在变容二极管上的反向电压受 $u_\Omega(t)$ 控制，从而使得变容二极管的结电容 $C_d$ 受 $u_\Omega(t)$ 控制，因此回路总电容 $C_\Sigma$ 也要受 $u_\Omega(t)$ 控制，最后导致振荡器的振荡频率受 $u_\Omega(t)$ 控制，即瞬时频率随 $u_\Omega(t)$ 的变化而变化，从而实现了调频。

(3) $f_c = 18.14\text{MHz}$，$\Delta f = 3.35\text{MHz}$。

6-14 图题 6-14 所示为电抗管调频的原理电路，$u_\Omega(t)$ 为调制信号，试回答以下问题：

(1) 图题 6-14 中，电抗管由哪些元件构成？

(2) 结合图题 6-14，说明电抗管调频的基本原理。

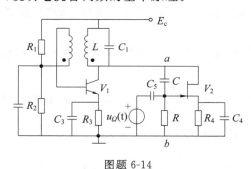

图题 6-14

**答** (1) 电抗管由场效应管和 $R$、$C$ 移相网络构成。

(2) 电抗管等效于一个可变电抗，在外加调制电压 $u_\Omega(t)$ 的作用下，其等效电抗会随调制信号而变化。当将电抗管接入振荡器谐振回路 $LC_1$ 两端时，在低频调制信号的控制下，其 ab 端的等效电抗就发生变化，从而使振荡器的瞬时频率随调制信号而变，获得调频。

6-15 设用调相法获得调频，调制频率 $F = 300 \sim 3000\text{Hz}$。在失真不超过允许值的情况下，最大允许相位偏移 $\Delta\theta_m = 0.5\text{rad}$。如要求在任一调制频率得到最大的频偏 $\Delta f$ 不低于 75kHz 的调频波，需要倍频的倍数为多少？

**解** 思路：用调相法获得调频，要先对调制信号积分，积分后的信号，其幅度与调制信号成反比。这样，最低的调制信号积分后幅度最大。而调相时的最大相位偏移与输入调制信号的幅度成正比。因此，应保证在最低调制频率的最大相位偏移不超过允许值。最低调制频率为 300Hz，因此有

$$\Delta\theta = \frac{\Delta f_1}{F_{\min}} < 0.5$$

式中 $\Delta f_1$ 为调相波的最大相位偏移折合的频偏，则

$$\Delta f_1 < 0.5F_{\min} = 0.5 \times 300\text{Hz} = 150\text{Hz}$$

此为经调相后,在调制频率为 300Hz 时可能达到的最大频偏。所需倍数为

$$n = \frac{\Delta f}{\Delta f_1} = \frac{75 \times 10^3}{150} = 500$$

6-16 用原理方框图说明鉴频原理,并画出相应点的波形图。

**答** 从略。

6-17 试比较鉴频器和线性放大器中造成非线性失真的物理过程。

**答** 鉴频器的非线性失真,主要是由频率变化到振幅变化的变换关系非线性造成的。这种变换虽然由线性网络完成,但线性网络的线性关系是指输出电压和输入电压间的关系;而鉴频器的功能是实现频率电压变换,线性放大器的功能是实现电压的线性放大,非线性失真是由电压到电压的非线性传输造成的。

6-18 为什么通常在鉴频器之前要采用限幅器?

**答** 在传输过程中,由于各种干扰的影响,将使调频信号产生寄生调幅。这种带有寄生调幅的调频信号通过鉴频器(比例鉴频器除外),使输出电压产生了不需要的幅度变化,因而造成失真,使通信质量降低。为了消除寄生调幅的影响,在鉴频器(比例鉴频器除外)前可加一级限幅器。

6-19 有一个鉴频器的鉴频特性为正弦型,带宽 $B = 200\text{kHz}$,试写出此鉴频器的鉴频特性表达式。

**解** 因为鉴频特性为正弦型,若 $u_\circ = U_m \sin K\Delta f$,则鉴频特性在 $K\Delta f = \frac{\pi}{2}$ 时输出最大,对应的 $\Delta f = \frac{B}{2} = 100\text{kHz}$,因此有

$$K = \frac{\pi/2}{100}\text{V/Hz} = \frac{\pi}{2} \times 10^{-5}\text{V/Hz}$$

可得

$$u_\circ = U_m\left(\sin\frac{\pi}{2} \times 10^{-5}\Delta f\right)\text{V}$$

6-20 有一个鉴频器的鉴频特性如图题 6-20 所示,鉴频器的输出电压为 $u_\circ(t) = (\cos 4\pi \times 10^4 t)\text{V}$。

(1) 求鉴频跨导 $g_d$;

(2) 写出输入信号 $u_{FM}(t)$ 和调制信号 $u_\Omega(t)$ 的表达式。

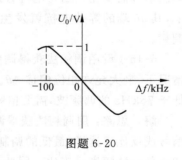

图题 6-20

题意分析:此题是复习鉴频特性,给定鉴频器的鉴频特性曲线和鉴频器的输出电压,欲求解鉴频特性的某些参数,并反推回去求输入电压。根据鉴频跨导的定义,即可直接求出 $g_d$,但要注意鉴频特性的极性。由图题 6-18 可知,输入信号的最大频偏小于鉴频器的最大鉴频带宽,即鉴频器工作于线性区,因此,$u_\circ = g_d \cdot \Delta f(t)$,由此可以求出 $\Delta f(t)$,从而可求出输入电压。

**解**　(1) $g_{\mathrm{d}} = \dfrac{U_{\mathrm{o}}}{\Delta f_{\mathrm{m}}} = -\dfrac{1}{100}\mathrm{V/kHz} = -0.01\mathrm{V/kHz}$

(2) $\Delta f(t) = \dfrac{u_{\mathrm{o}}(t)}{g_{\mathrm{d}}} = (-100\cos4\pi\times10^{4}t)\mathrm{kHz}$

因此,原调制信号

$$u_{\Omega}(t) = (-U_{\Omega\mathrm{m}}\cos4\pi\times10^{4}t)\mathrm{V}$$

由 $f(t)=f+\Delta f(t)$ 可得,输入信号 $u_{\mathrm{FM}}(t)$ 为

$$
\begin{aligned}
u_{\mathrm{FM}}(t) &= U_{\mathrm{m}}\cos\left(2\pi f_{\mathrm{c}}t + \int_{0}^{t}\Delta f(t)\right)\mathrm{d}t \\
&= U_{\mathrm{m}}\cos\left(2\pi f_{\mathrm{c}}t - \frac{\Delta f_{\mathrm{m}}}{F}\sin\Omega t\right) \\
&= U_{\mathrm{m}}\cos(2\pi f_{\mathrm{c}}t - 5\sin4\pi\times10^{4}t)\mathrm{V}
\end{aligned}
$$

**6-21**　斜率鉴频器中应用单谐振回路和小信号选频放大器中应用单谐振回路的目的有何不同? $Q$ 值高低对于二者的工作特性各有何影响?

**答**　斜率鉴频器应用单谐振回路是利用其阻抗随频率的变化实现调频-调幅变换。$Q$ 值高低将影响鉴频灵敏度、失真和工作频宽。

小信号选频放大器中应用单谐振回路是利用其谐振特性,选取有用频率成分,抑制无用频率成分。$Q$ 值高低将影响通频带和选择性。$Q$ 值大,将使选择性好,通频带变窄。

**6-22**　为什么比例鉴频器有抑制寄生调幅的作用?

**答**　该题的图可参考图 6-6(a)。比例鉴频器的限幅作用,在于接入大电容 $C_5$,当接有 $C_5$ 时,前面已分析,$C_3$、$C_4$ 上电压之和等于一个常数 $U_c$,其值决定于信号的平均强度。今设高频信号瞬时增大,本来 $U_{\mathrm{o}1}$ 和 $U_{\mathrm{o}2}$ 要相应地增大,但由于跨接了大电容 $C_5$,额外的充电电荷几乎都被 $C_5$ 吸去,使 $C_3$、$C_4$ 的电压总和升不上去。这就造成在高频一周期中充电时间要加长,充电电流要加大。这意味着检波电路此时要吸收更多的高频功率,而这部分功率是由谐振电路供给的,故将造成谐振电路有效 $Q$ 值的下降,将使谐振电路电压随之降低,这就对原来信号幅度的增大,起着抵消的作用。

**6-23**　电感耦合相位鉴频器如图题 6-23 所示。

(1) 画出信号频率 $\omega<\omega_{\mathrm{c}}$, $\omega>\omega_{\mathrm{c}}$, $\omega=\omega_{\mathrm{c}}$ 时的矢量图。

(2) 说明 $\mathrm{V}_1$ 断开时,能否鉴频?

**答**　详见例 6-6 分析。

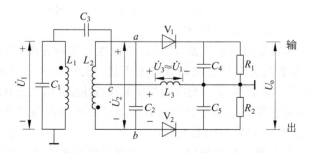

图题 6-23　电感耦合相位鉴频器

6-24 某调频电路的振荡回路由电感 $L$ 和变容二极管组成,已知 $L=2\mu\mathrm{H}$,变容二极

管 $C_\mathrm{d}=\dfrac{72}{\left(1+\dfrac{u}{0.6}\right)^2}\mathrm{pF}$,若静态反偏电压为 3V,调制电压

$u_\Omega(t)=10\cos(2\pi\times10^4 t)\mathrm{mV}$。

(1) 求 FM 波载波频率 $f_\mathrm{c}$,最大频偏 $\Delta f$。

(2) 若载波为振幅 1V 的余弦信号,写出该电路所产生的 FM 波表达式 $u_\mathrm{FM}(t)$。

(3) 将上问产生的 FM 波通过图题 6-24 所示鉴频特性的鉴频器,求鉴频输出 $u_\mathrm{o}(t)$?

(4) 画出实现图题 6-24 所示鉴频特性的电感耦合相位鉴频器的原理电路。

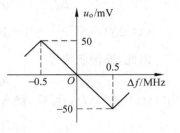

图题 6-24　鉴频特性

**答** (1) 当静态反偏电压为 3V 时,

$$C_\mathrm{d}=\frac{72}{\left(1+\dfrac{u}{0.6}\right)^2}=\frac{72}{\left(1+\dfrac{3}{0.6}\right)^2}\mathrm{pF}=2\mathrm{pF}$$

$$f_\mathrm{c}=\frac{1}{2\pi\sqrt{LC_\mathrm{d}}}=79.57\mathrm{MHz}$$

调制电压最大值为 10mV,此时

$$C_\mathrm{d}=\frac{72}{\left(1+\dfrac{u}{0.6}\right)^2}=\frac{72}{\left(1+\dfrac{3.01}{0.6}\right)^2}\mathrm{pF}=1.99\mathrm{pF}$$

$$f=\frac{1}{2\pi\sqrt{LC_\mathrm{d}}}=79.8\mathrm{MHz}$$

$$\Delta f=f-f_\mathrm{c}=0.23\mathrm{MHz}$$

(2) $m_\mathrm{f}=\dfrac{\Delta f}{F}=\dfrac{0.23\times10^6}{10^4}=23$

$$u_\mathrm{FM}(t)=\cos[2\pi\times79.57\times10^6 t+23\sin(2\pi\times10^4 t)]\mathrm{V}$$

(3) 鉴频跨导

$$g_\mathrm{d}=\frac{u_\mathrm{o}}{\Delta f_\mathrm{m}}=\frac{50}{-0.5}\mathrm{mV/MHz}=-100\mathrm{mV/MHz}$$

根据调频波的数学表达式

$$\Delta f(t)=23\times10^4\cos(2\pi\times10^4 t)\mathrm{Hz}$$

则 $u_\mathrm{o}(t)=g_\mathrm{d}\Delta f(t)=-23\cos(2\pi\times10^4 t)\mathrm{mV}$

(4) 鉴频器为互感耦合相位鉴频器,若得到负极性的鉴频特性,只要改变互感线圈的同名端、两个检波二极管的方向或鉴频器输出电压规定的正向参考方向之一即可。

6-25 分别说明斜率鉴频器、相位检波型相位鉴频器导致非线性失真的因素及减小方法。

**答** 失谐回路斜率鉴频器导致非线性失真的因素是失谐回路的谐振曲线的幅频特性的非线性,减小的方法是用双失谐回路电路。

相位检波型相位鉴频器导致非线性失真的原因是频率相位变换网络和鉴相特性的非线性,减小的方法是使鉴频器的输入电压由正弦波变为方波。

两种鉴频器都可以用降低回路 $Q$ 值的方法减小失真,但会降低鉴频灵敏度。

**6-26**　影响脉冲计数式鉴频器工作频率上限的因素是什么?

**答**　影响脉冲计数式鉴频器工作频率上限的因素有:进行波形变换的运算放大器的摆动速率,变换后的等幅、等宽脉冲的宽度。

# 6.6　自测题

### 1. 填空题

(1) 窄带调频时,调频波与调幅波的频带宽度_____。

(2) 在宽带调频中,调频信号的带宽与频偏、调制信号频率的关系为_____。

(3) 调频指数越大,调频波频带_____。

(4) 鉴频灵敏度高说明_____。

(5) 间接调频电路由_____组成。

(6) 晶振调频电路的优点是_____,缺点是_____。

(7) 直接调频电路的基础是一个_____电路。其优点是_____,缺点是_____。

(8) 斜率鉴频器由_____和二极管包络检波器两部分电路组成,其中第一部分电路的功能是将频率的变化转换为对应的_____变化。

(9) 双失谐回路斜率鉴频器的鉴频灵敏度是单失谐回路的_____,若将一个二极管断开,能否鉴频?_____。

(10) 比例鉴频器电路中,$L_1$、$C_1$ 和 $L_2$、$C_2$ 组成的网络完成的功能是_____("频幅转换"或"频相转换");接入大电容 $C_5$,其主要目的是可以实现鉴频器的_____作用。

### 2. 判断题

(1) 调频信号的频偏量与调制信号的频率有关。

(2) 调相信号的最大相移量与调制信号的相位有关。

(3) 调频波的调制灵敏度为 $\Delta f / \Delta u$。

### 3. 问答题

(1) 有一调频广播发射机的频偏 $\Delta f = 75\text{kHz}$,调制信号的最高频率 $F_{max} = 15\text{kHz}$,求此调频信号的频带宽度(忽略载频幅度 10% 以下的边频分量)。

(2) 在变容二极管电路中,其中心频率 $f_c$ 为 5MHz,调制信号频率为 5kHz,最大频偏为 2kHz。问通过三倍频后的中心频率及调制信号频率各为多少? 最大频偏及调频系数 $m_f$ 各为多少?

(3) 调角波的数学表达式为 $u(t) = 10\sin(10^8 t + 3\sin 10^4 t)\text{V}$,问这是调频波还是调相波? 求调制频率、调制指数、频偏以及该调角波在 $100\Omega$ 电阻上产生的平均功率。

(4) 已知调频信号 $u(t) = 10\cos(2 \times 10^6 \pi t + 10\cos 2 \times 10^3 \pi t)\text{V}$,试求频偏 $\Delta f$ 和频宽 $B$,在单位电阻上消耗的功率 $P$。

# 第 7 章 变频器

## 7.1 内容提要和知识结构框图

### 1. 内容提要

在通信技术中,经常需要将信号自某一频率变换为另一频率,一般用得较多的方法是把一个已调的高频信号变成另一个较低频率的同类已调信号。例如:在超外差接收机中,常将天线接收到的高频信号(载频位于 $535\sim1605\text{kHz}$ 中波波段各电台的普通调幅信号)通过变频,变换成 $465\text{kHz}$ 的中频信号,完成这种频率变换的电路称变频器。

本章所涉及的内容主要有变频器的组成及变频波形图;为什么要进行变频;变频器的基本原理及数学分析;晶体三极管变频电路基本原理及应用举例;超外差接收机的统调与跟踪;变频干扰(组合频率干扰、副波道干扰——中频干扰、镜频干扰、组合副波道干扰、交调和互调干扰)及其抑制方法和用模拟乘法器构成的混频电路等。

### 2. 知识结构框图

本章知识结构框图如图 7-1 所示。

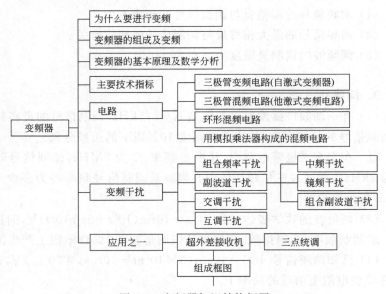

图 7-1  变频器知识结构框图

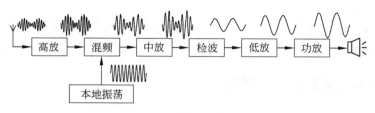

图 7-1(续)

# 7.2　本章知识点

1. 什么是变频器,为什么要进行变频(重点)
2. 变频器的组成及变频波形图(重点)
3. 变频器的基本原理及数学分析(重点)
4. 变频器的主要技术指标
5. 晶体三极管变频电路基本原理及应用举例(重点)
6. 超外差接收机的统调与跟踪(难点)
7. 用模拟乘法器构成的混频电路
8. 变频干扰及其抑制方法(重点、难点)
(1) 组合频率干扰;
(2) 副波道干扰;
(3) 交调和互调干扰。

# 7.3　重点及难点内容分析

## 7.3.1　变频器的概念和进行变频的原因

### 1. 什么是变频器

在通信技术中,经常需要将信号自某一频率变换为另一频率,一般用得较多的方法是把一个已调的高频信号变成另一个较低频率的同类已调信号。例如:在超外差接收机中,常将天线接收到的高频信号(载频为 535～1605kHz 中波波段各电台的普通调幅信号)通过变频,变换成 465kHz 的中频信号,完成这种频率变换的电路称变频器。又如:在超外差式广播接收机中,把载频位于 88～108MHz 的各调频台信号变换成中频为 10.7MHz 的调频信号。再如:把载频位于四十几兆赫至近千兆赫频段内的各电视台信号变换成中频为 38MHz 的视频信号。

### 2. 变频器进行变频的原因

采用变频器后,接收机的性能将得到提高。

159

（1）有利于放大；

（2）可以使电路结构简化；

（3）有利于选频。

### 7.3.2 变频器的组成及变频波形图

#### 1. 变频器的组成

变频电路框图如图 7-2 所示。它将输入调幅信号 $u_S(t)$ 与本振信号（高频等幅信号）$u_L(t)$ 同时加到变频器，经频率变换后通过滤波器，输出中频调幅信号 $u_I(t)$。

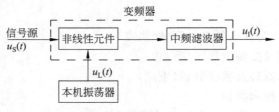

图 7-2 变频电路框图

由图 7-2 可见，一个变频器由三部分组成。

（1）非线性元件，如二极管、三极管、场效应管和模拟乘法器等；

（2）产生 $u_L(t)$ 的振荡器，通常称为本地振荡，振荡频率为 $\omega_L$；

（3）中频滤波器。

振荡信号可以由完成变频作用的非线性器件（如三极管）产生，也可以由单设的振荡器产生。前者叫变频器（或称自激式变频器），后者叫混频器（或称他激式变频器）。两种电路中，前一种简单，但统调困难。因此一般工作频率较高的接收机采用混频器。

#### 2. 变频器输入输出波形图

混频器输入输出波形图如图 7-3 所示。$u_I(t)$ 与 $u_S(t)$ 载波振幅的包络形状完全相同，唯一的差别是信号载波频率 $f_S$ 变换成中频频率 $f_I$。

### 7.3.3 变频器的基本原理及数学分析

#### 1. 变频器的基本原理

变频的作用是将信号频率自高频搬移到中频，也是信号频率搬移过程。经过变频后将原来输入的高频调幅信号在输出端变换为中频调幅信号，两者相比较只是把调幅信号的频率从高频位置移到了中频位置，而各频

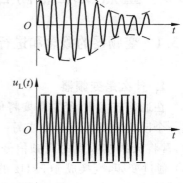

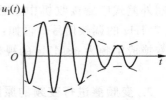

图 7-3 变频器输入输出波形图

160

谱分量的相对大小和相互间距离保持一致。值得注意的是高频调幅信号的上边频变成中频调幅信号的下边频，而高频调幅信号的下边频变成中频调幅信号的上边频。

变频前后的频谱图如图 7-4 所示。

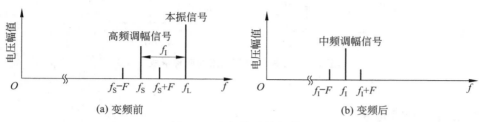

图 7-4　变频前后的频谱图

**2. 变频原理的数学分析：幂级数**

如果在非线性元件上同时加上等幅的高频信号电压 $u_L(t)$ 和输入信号电压 $u_S(t)$，则会产生具有新频率的电流成分。由于变频管工作于输入特性曲线的弯曲段，其电流可采用幂级数来表示，即

$$i = a_0 + a_1\Delta u + a_2(\Delta u)^2 + \cdots \tag{7-1}$$

其中

$$\Delta u = u_S(t) + u_L(t) = U_{Sm}\cos\omega_S t + U_{Lm}\cos\omega_L t$$

对式(7-1)近似取前三项，则

$$\begin{aligned}
i =& a_0 + a_1[u_S(t) + u_L(t)] + a_2[u_S(t) + u_L(t)]^2 \\
=& a_0 + a_1(U_{Sm}\cos\omega_S t + U_{Lm}\cos\omega_L t) + \frac{a_2}{2}(U_{Sm}^2 + U_{Lm}^2) + \\
& \frac{a_2}{2}(U_{Sm}^2\cos2\omega_S t + U_{Lm}^2\cos2\omega_L t) + \\
& a_2 U_{Sm}U_{Lm}[\cos(\omega_S + \omega_L)t + \cos(\omega_S - \omega_L)t]
\end{aligned}$$

由以上分析知，由于电路元件的伏安特性包含有平方项，在 $u_S(t)$，$u_L(t)$ 同时作用下，电流便产生了新的频率成分，它包含

差频分量：$\omega_S - \omega_L$；

和频分量：$\omega_S + \omega_L$；

谐波分量：$2\omega_S$，$2\omega_L$。

其中差频分量 $\omega_S - \omega_L$ 就是我们所要求的中频成分 $\omega_I$，通过中频滤波器就可将差频分量取出，而将其他频率成分滤除。这种变频器称为下变频器。若用选择性电路将和频分量选择出来，则这种变频器称为上变频器。

## 7.3.4　晶体三极管变频电路基本原理及应用举例

**1. 三极管变频电路的几种形式**

三极管变频器按本振信号接入的不同，一般有两种典型的电路形式。图 7-5(a)所示为本振由基极注入,图 7-5(b)所示为本振信号由发射极注入。

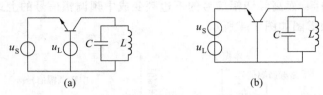

图 7-5  三极管变频电路的两种形式

## 2. 三极管变频电路

实际中有两种常用的三极管变频电路,一种是自激式变频电路,另一种是他激式变频电路,也叫混频器。

图 7-6 所示为广播收音机中使用的变频电路。图 7-6(a)是收音机他激式变频器。本振电压由 $V_2$ 构成电感三点式振荡器产生,通过耦合线圈 $L_c$ 加到变频管 $V_1$ 的发射极。

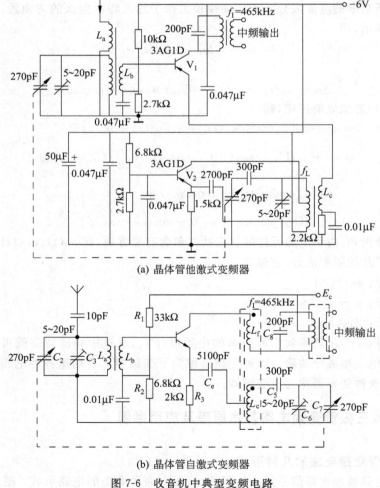

(a) 晶体管他激式变频器

(b) 晶体管自激式变频器

图 7-6  收音机中典型变频电路

输入信号电压由接收天线感应产生,通过耦合线圈 $L_a$ 加到输入信号回路,而后通过耦合线圈 $L_b$ 加到变频管 $V_1$ 基极。输入信号频率的选择和相应的本振频率用调节联动的可变电容获得,输出中频 465kHz 信号。

在实际电路中,$L_a$ 和 $L_b$ 都取值较小,这样,对输入信号频率而言,本振回路严重失谐,它在 $L_a$ 两端呈现的阻抗很小,可看成短路;同理,对本振频率而言,输入信号回路严重失谐,它在 $L_b$ 两端呈现的阻抗很小,也可看成短路。因而保证了输入信号电压和本振电压都有良好通路,能够有效地加到 $V_1$ 管发射结上,同时,也有效地克服了本振电压经输入信号回路泄漏到天线上,产生反向辐射。

图 7-6(b)是收音机自激式变频器,用于中波段。本地振荡器由三极管、振荡回路($L_c$,$C_5$,$C_6$,$C_7$)和反馈线圈 $L_f$ 等构成的变压器耦合反馈振荡器。本振电压由 $L_c$ 的抽头取出,经电容 $C_c$ 加到三极管发射极和加到基极的输入信号变频。三极管的集电极接中频变压器,利用其选频作用就可获得所需的中频输出电压。自激式变频电路本振和变频由一只三极管承担,可节省管子。但由于中频电流通过反馈线圈 $L_f$ 会引起中频负反馈,如设计不当,就会使变频增益降低。

## 7.3.5　超外差接收机的统调与跟踪

在超外差接收中,为了调谐方便,希望高频调谐回路(输入回路、高放回路)与本振回路实行统一调谐。即通常采用的每波段中最低到最高频率的调谐由同轴可变电容器进行,而改变波段则采用改变固定电感的方法。由于高频调谐回路和本振回路的波段系数 $K_d$ 不同,例如某分段波的最低频率 $f_{min}=535kHz$,而最高频率 $f_{max}=1605kHz$,则高频回路的波段覆盖系数为

$$K_d = \frac{f_{max}}{f_{min}} = \sqrt{\frac{C_{max}}{C_{min}}} = 3$$

当中频选用 465kHz 时,如用容量相同的可变电容,则本振波段将从最低频率 $f_{Lmin}=535+465=1000kHz$ 变化到最高频率 $f_{Lmax}=3\times f_{Lmin}=3000kHz$。而要求的最高频率应为 2070kHz(1605+465=2070kHz)。这说明除最低频率 $f_{Lmin}$ 处满足中频为 465kHz 外,在波段其他频率处均不是 465kHz,也就是只有一点跟踪。

为使统调要求能基本满足,而又不使电路太复杂,目前都在本振回路上采取措施,这种方法称为三点统调或称三点跟踪。

## 7.3.6　变频干扰

### 1. 信号与本振的自身组合频率干扰

由于变频器使用的是非线性器件,而且工作在非线性状态,流经变频管的电流不仅含有直流分量、信号频率、本振频率成分,还含有信号、本振频率的各次谐波,以及它们的和频、差频等组合频率分量,如 $3f_L$,$3f_S$,$2f_S-f_L$,$2f_L-f_S$ 等,即含有 $\pm mf_L \pm nf_S$ 分量。当这些组合频率分量中的某些分量等于或接近中频时,就能进入中频放大器,经检波器输出,产生对有用信号的干扰。

在实际中,能否形成干扰取决于两个条件:一是是否满足一定的频率关系;二是满足一定频率关系的分量的幅值是否较大。从减弱和抑制干扰来讲,也应从这两方面入手。

如果本振频率 $f_L$ 大于中频频率 $f_I$,而频率又不可能是负值,则只有下述两种情况构成对信号的干扰,即

$$\left. \begin{array}{l} mf_L - nf_S \approx f_I \\ -mf_L + nf_S \approx f_I \end{array} \right\} \tag{7-2}$$

当组合频率符合式(7-2)的关系时,就可以在输出端形成干扰甚至产生哨叫,这种干扰就叫组合频率干扰。例如本振频率 $f_L = 1396\text{kHz}$,有用信号频率 $f_S = 931\text{kHz}$,两者的差拍频率是中频 $f_I = f_L - f_S = 465\text{kHz}$。但信号频率的二倍频 $2f_S = 1862\text{kHz}$ 与本振频率的差拍频率为 $2f_S - f_L = 466\text{kHz}$,显然这个差频能被中频放大器放大,并与标准中频同时加入到检波器,由于检波器也是非线性元件,故有 $466 - 465 = 1\text{kHz}$ 的低频通过低放产生哨叫,干扰正常通信。

通常减弱组合频率干扰的方法有三种:

(1) 适当选择变频电路的工作点,尤其是 $u_L(t)$ 不要过大;

(2) 输入信号电压幅值不能过大,否则谐波幅值也大,使干扰增强;

(3) 选择中频时应考虑组合频率的影响,使其远离在变频过程中可能产生的组合频率。

## 2. 外来干扰和本振频率产生的副波道干扰

副波道干扰是一种频率为 $f_n$ 的外来干扰,如果频率为 $f_n$ 的干扰信号作用到混频器的输入端,它与本振信号频率如满足下面关系:

$$\pm mf_L \pm nf_n \approx f_I$$

式中:$m$ 为本振信号频率的谐波次数,$m = 0, 1, 2, 3, \cdots$;$n$ 为干扰信号频率的谐波次数,$n = 0, 1, 2, 3, \cdots$。这时干扰信号就会进入中频放大器,经解调器输出,将产生干扰和哨叫。可能产生的干扰频率可由下式确定:

$$f_n = \frac{1}{n}(mf_L \pm f_I) \tag{7-3}$$

副波道干扰是一种频率为 $f_n$ 的外来干扰,当外来干扰信号或其 $n$ 次谐波与本振的 $n$ 次谐波产生差拍符合式(7-3)时,就形成中频。这种干扰好像是绕过了主波道 $f_S$ 而通过另一条通路进入中频电路,所以叫副波道干扰。

这类干扰主要有中频干扰、镜频干扰和组合副波道干扰。

(1) 中频干扰

当干扰信号频率 $f_n = f_I$ 时(即 $m = 0, n = 1$),如果接收机输入回路选择性不好,该信号进入变频器,并被放大,从而产生干扰。

对中频干扰的抑制方法,主要是提高变频器前面电路的选择性,增强对中频信号的抑制或设置中频陷波器。

(2) 镜频干扰

当 $m = n = 1$ 时,由式(7-3)可知,$f_n = f_L + f_I = f_S + 2f_I$,相应的干扰电台频率等于本

振频率 $f_L$ 与中频 $f_I$ 之和。由图 7-3 所示频率关系可见,有用信号频率 $f_S$ 比本振信号频率 $f_L$ 低一个中频频率 $f_I$。如果将 $f_L$ 所在的位置比作一面镜子,则 $f_n$ 与 $f_S$ 分别位于 $f_L$ 的两侧,且距离相等,互为镜像,故称为镜频干扰,又称为镜像干扰。抑制镜频干扰的方法是提高变频器前面各级电路的选择性和提高中频 $f_I$,由于 $f_I$ 提高,$f_S$ 与 $f_n$ 之间的频率间隔 $2f_I$ 加大,有利于对 $f_n$ 的抑制。

（3）组合副波道干扰

除上述两种情况外,在式(7-3)中,当 $m \geqslant 1, n > 1$（例如：$m = n = 2$,则 $2f_n = 2f_L \pm f_I$）时,均称为组合副波道干扰。

因为 $2f_n - 2f_I = 2f_n - 2(f_S + f_I) = \pm f_I$,所以有两种频率的信号可能产生组合副波道干扰,这两种频率分别为

$$\left. \begin{array}{l} f_{n1} = f_S + \dfrac{1}{2}f_I \\ f_{n2} = f_S + \dfrac{3}{2}f_I \end{array} \right\} \tag{7-4}$$

当干扰信号进入变频器时,这些干扰信号与本振对应的谐波频率构成和、差频,形成一系列干扰源。

### 3. 交调和互调干扰（与外界干扰有关,与本振频率无关）

在变频电路里还有一些由变频元件的非线性所引起的干扰或失真,它的产生和本振频率无关。这类干扰产生都要有干扰电台的作用,根据干扰形成原因不同,它可分为交叉调制（简称交调）干扰和互相调制（简称互调）干扰。在接收机的高放电路中,由于晶体管转移的非线性,也会有这种干扰出现。同电子管、场效应管相比,由于晶体管的动态线性区域小,则更易呈现非线性,所以这类干扰更严重。

有些干扰信号频率不满足式(7-4)的关系,不能和本振及其谐波产生等于中频的和、差频,但由于器件的非线性,仍有可能产生干扰作用。根据干扰形成原因的不同,它可分为交叉调制（简称交调）干扰和互相调制（简称互调）干扰。由于晶体管的动态线性区域小,比电子管、场效应管更易呈现非线性,所以这类干扰更严重。

（1）交调干扰

交调干扰就是当接收机接收的电台信号和干扰台的信号同时作用于接收机的输入端时,由接收机中高放管或混频管转移特性的非线性而形成的干扰。

抑制交调干扰的方法是必须提高高频放大级前输入回路或变频级前各级电路的选择性;其次可以通过适当选择晶体管工作点电流 $I_c$ 的方法得到,因为晶体管转移特性存在着一个三次项最小的区域。

（2）互调干扰

互调干扰是两个或多个干扰电压加到接收机高放级或变频级的输入端,由于晶体管的非线性作用,相互混频。如果混频后产生的频率接近所接收的信号频率 $\omega_S$（对变频级来说,即为 $\omega_I$）,就会形成干扰,这就是互调干扰。

假设两干扰电压为

$$\left.\begin{array}{l} u_{n1} = U_{n1}\cos\omega_{n1}t \\ u_{n2} = U_{n2}\cos\omega_{n2}t \end{array}\right\} \tag{7-5}$$

相互混频后产生的互调频率为

$$\pm mf_{n1} \pm nf_{n2} = f_S \tag{7-6}$$

式中，$m,n$ 分别为干扰 $U_{n1}$，$U_{n2}$ 的谐波次数。

抑制互调干扰的方法与抑制交调干扰的方法相同。

## 7.4　典型例题分析

**例 7-1**　为什么超外差收音机的本振回路中又串电容又并电容？

**答**　为了满足三点统调，在本振回路上必须附加电容，如图例 7-1 所示。

通常，本振回路附加串联电容 $C_p$，$C_p$ 称为垫整电容，其容量较大，与 $C_{max}$ 的容量相近；还附加并联电容 $C_t$，$C_t$ 称为垫补电容，其容量较小，与 $C_{min}$ 的容量相近。这样，在本振波段中间一点要求的本振频率，可以由可变电容中间位置的值（考虑 $C_p$ 和 $C_t$ 的作用）和电感 $L$ 确定。

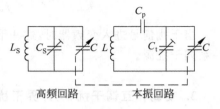

图例 7-1

在本振频率高频端，$C = C_{min}$，由于 $C_t$ 与 $C_{min}$ 相近，使总的电容增大，所以使高频本振频率 $f_L$ 降低。在本振频率低频端 $C = C_{max}$，$C_t$ 的并联作用可忽略。串联 $C_p$ 后，使总的电容 $C$ 减少，所以使低端本振频率 $f_L$ 提高。这样就达到了三点统调的目的。

**例 7-2**　在一超外差式广播收音机中，中频频率 $f_I = f_L - f_s = 465\mathrm{kHz}$。试分析下列现象属于何种干扰？又是如何形成的？(1)当听到频率 $f_s = 931\mathrm{kHz}$ 的电台播音时，伴有音调约 1kHz 的哨叫声；(2)当收听频率 $f_s = 550\mathrm{kHz}$ 的电台播音时，听到频率为 $1480\mathrm{kHz}$ 的强电台播音；(3)当收听频率 $f_s = 1480\mathrm{kHz}$ 的电台播音时，听到频率为 $740\mathrm{kHz}$ 的强电台播音。

**答**　(1) $f_s = 931\mathrm{kHz}$，$f_I = 465\mathrm{kHz}$，$f_L = f_s + f_I = 1396\mathrm{kHz}$，但信号频率的二倍频 $2f_s = 1862\mathrm{kHz}$ 与本振频率的差拍频率为

$$f_{n1} = 2f_s - f_L = (1862 - 1396)\mathrm{kHz} = 466\mathrm{kHz}$$

显然这个差频能被中频放大器放大，并与标准中频同时加入到检波器，由于检波器也是非线性元件，故有 $466 - 465 = 1(\mathrm{kHz})$ 的低频通过低放产生哨叫，干扰正常通信。

(2) $f_s = 550\mathrm{kHz}$，当 $m = n = 1$ 时：

$$f_n = f_L + f_I = f_s + 2f_I = (550 + 2 \times 465)\mathrm{kHz} = 1480\mathrm{kHz}$$

所以 1480kHz 的干扰信号为镜频干扰。

(3) $f_s = 1480\mathrm{kHz}$，当 $m = 1, n = 2$ 时：

$$f_L = f_s + f_I = (1480 + 465)\mathrm{kHz} = 1945\mathrm{kHz}$$

$$f_n = \frac{1}{2}(f_L - f_I) = \frac{1}{2}(1945 - 465)\mathrm{kHz} = 740\mathrm{kHz}$$

所以 740kHz 的干扰信号是三阶副波道干扰。

**例 7-3** 试分析下列现象：

(1) 在某地,收音机接收到 1090kHz 时,可以听到 1323kHz 信号；

(2) 收音机接收到 1080kHz 时,可以听到 540kHz 信号；

(3) 收音机接收到 930kHz 时,可以同时收到 690kHz 和 810kHz 信号,但不能单独收到其中的一个台(例如,另一个台停播)。

分析：在题中列出的三种现象可能的解释为干扰哨声、副波道干扰、交调干扰和互调干扰。这些干扰的产生都是由于混频器中的非线性作用,产生出接近中频的组合频率对有用信号形成的干扰。从干扰的形成(参与组合的频率)可以将这四种干扰分开：

- 干扰哨声是有用信号($f_S$)与本振信号($f_L$)的组合形成的干扰；
- 副波道干扰是由干扰信号($f_n$)与本振信号($f_L$)的组合形成的干扰；
- 交调干扰是有用信号($f_S$)与干扰信号($f_n$)的作用形成的干扰,它与信号并存；
- 互调干扰是干扰信号($f_{n1}$)与干扰信号($f_{n2}$)组合形成的干扰,有频率关系 $f_S - f_{n1} = f_{n1} - f_{n2}$。

根据各种干扰的特点,就不难分析出题中三种现象,并分析出形成干扰的原因。

**解** (1) 接收信号 1090kHz,则 $f_S = 1090$kHz,那么收听到的 1323kHz 的信号就一定是干扰信号,因此 $f_n = 1323$kHz,可以判断这是副波道干扰。由于 $f_S = 1090$kHz,收音机中频 $f_I = 465$kHz,则 $f_L = f_S + f_I = 1555$kHz。又由于

$$2f_L - 2f_n = (2 \times 1555 - 2 \times 1323)\text{kHz} = (3110 - 2646)\text{kHz} = 464\text{kHz} \approx f_I$$

因此,这种副波道干扰是一种四阶干扰,$m = 2, n = 2$。

(2) 接收 1080kHz 信号,听到 540kHz 信号,因此,$f_S = 1080$kHz,$f_n = 540$kHz,$f_L = f_S + f_I = 1545$kHz,这是副波道干扰。

由于

$$f_L - 2f_n = (2 \times 1545 - 2 \times 540)\text{kHz} = (1545 - 1080)\text{kHz} = 465\text{kHz} = f_I$$

因此这是三阶副波道干扰,$m = 1, n = 2$。

(3) 接收 930kHz 信号,同时收到 690kHz 和 810kHz 信号,但又不能单独收到其中的一个台。这里 930kHz 信号是有用信号的频率,即 $f_S = 930$kHz；690kHz 和 810kHz 信号应为两个干扰信号,即 $f_{n1} = 690$kHz,$f_{n2} = 810$kHz。有两个干扰信号同时存在,可能性最大的是互调干扰。考查两个干扰频率与信号频率之间的关系,很明显,互调干扰是两个或多个干扰电压加到接收机高放级或变频级的输入端,由于晶体管的非线性作用,相互混频。如果混频后产生的频率接近所接收的信号频率 $\omega_S$(对变频级来说,即为 $\omega_I$),就会形成干扰,这就是互调干扰。

由

$$\pm mf_{n1} \pm nf_{n2} = f_S$$

取 $m = 1, n = 2$,则

$$-1 \times f_{n1} + 2 \times f_{n2} = (-1 \times 690 + 2 \times 810)\text{kHz} = 930\text{kHz}$$

即 $f_S = 930$kHz,所以这是三阶互调干扰引起的现象。

## 7.5 思考题与习题解答

**7-1** 为什么进行变频,变频有何作用?

**答** (1)采用变频的原因如下:

① 变频器将信号频率变换成中频,在中频上放大信号,放大器的增益可做得很高而不自激,电路工作稳定(有利于放大);

② 接收机在频率很宽的范围内选择性好是有困难的,而对于某一固定频率选择性可以做得很好(有利于选频);

③ 在专用接收机中,频率是固定的,而作为超外差接收机频率是变的,但由于变频后所得的中频频率是固定的,这样可以使电路结构简化。

(2)变频的作用是将信号频率自高频搬移到中频,也是信号频率搬移过程。经过变频后将原来输入的高频调幅信号,在输出端变换为中频调幅信号,两者相比较只是把调幅信号的频率从高频位置移到了中频位置,而各频谱分量的相对大小和相互间距离保持一致。值得注意的是高频调幅信号的上边频变成中频调幅信号的下边频,而高频调幅信号的下边频变成中频调幅信号的上边频。

由于设计和制作工作频率较原载频低的固定中频放大器比较容易,增益高,选择性好,所以采用变频器后,接收机的性能将得到提高。

**7-2** 变频作用如何产生?为什么要用非线性元件才能产生变频作用?变频与检波有何相同点与不同点?

**答** 变频器通过非线性元件才能产生变频作用。由于变频器工作在非线性状态,在输出端可获得所需的中频信号。

变频与检波的相同点:都是由非线性元件和滤波器组成。

变频与检波的不同点:检波用低通滤波器,变频用带通滤波器。

**7-3** 混频和单边带调幅有何不同?

**答** 相同点:都是两个不同频率的信号相乘,选取其和频或差频。

不同点:(1)单边带调幅的和频与差频相对频差一般很小,而混频的和频与差频相对频差一般很大;(2)单边带调幅滤波容易,而混频滤波困难。

**7-4** 变频器与混频器有什么异同点,各有哪些优缺点?

**答** 振荡信号可以由完成变频作用的非线性器件(如三极管)产生,也可以由单设振荡器产生。前者叫变频器(或称自激式变频器),后者叫混频器(或称他激式变频器)。两种电路中,前一种简单,但统调困难。因此一般工作频率较高的接收机采用混频器。

**7-5** 对变频器有什么要求?其中哪几项是主要质量指标?

**答** 对变频器的要求如下:

(1)变频器增益要大。

变频增益有电压增益(用 $K_{VC}$ 表示)和功率增益(用 $K_{PC}$ 表示)两种。

变频器电压增益

$$K_{VC} = \frac{\text{中频输出电压}}{\text{高频输入电压}} = \frac{U_I}{U_S}$$

变频功率增益

$$K_{PC} = \frac{\text{中频输出信号功率}}{\text{高频输入信号功率}} = \frac{P_I}{P_S}$$

对接收机而言，$K_{VC}$（或 $K_{PC}$）大，有利于提高灵敏度。通常在广播收音机中 $K_{PC}$ 为 20～30dB，电视接收机中 $K_{VC}$ 为 6～8dB。

（2）要求输出回路具有良好的选择性。可采用品质因数 $Q$ 高的选频网络或滤波器。

（3）工作稳定性要好。

（4）非线性失真要小。

所以在设计和调整电路时，应尽量减小失真及干扰。

（5）噪声系数要小。

噪声系数的定义为

$$N_F = \frac{\text{输入端载频信号噪声功率比}}{\text{输出端中频信号噪声功率比}}$$

由于变频器位于接收机的前端，它产生的噪声对整机影响最大，故要求变频器本身噪声系数越小越好。

变频器的主要质量指标是变频器增益要大；要求输出回路具有良好的选择性，工作稳定性良好。

7-6  设非线性元件的伏安特性是

$$i = a_0 + a_1 u + a_2 u^2$$

用此非线性元件作变频器件，若外加电压为

$$u = U_0 + U_{Sm}(1 + m\cos\Omega t)\cos\omega_S t + U_{Lm}\cos\omega_L t$$

求变频后中频（$\omega_I = \omega_L - \omega_S$）电流分量的振幅。

**答**  $a_2 U_{Sm} U_{Lm}$。

7-7  在超外差收音机中，一般本振频率 $f_L$ 比信号频率 $f_S$ 高 465kHz。试问，如果本振频率 $f_L$ 比 $f_S$ 低 465kHz，收音机能否接收，为什么？

**答**  收音机能接收，调谐在中频 465kHz 即可。

7-8  根据什么原则选择混频电路？

**答**  自激式变频电路本振和混频由一只三极管承担，可节省管子。但由于中频电流通过反馈线圈 $L_f$ 会引起中频负反馈，如设计不当，就会使变频增益降低。因此一般工作频率较高的接收机采用混频器。

在工作频率不太高时，可选用相乘混频器，而在工作频率很高时，可选用二极管环形混频电路。

在特性指标要求不高，又要求造价低时，可采用分立元件单管混频电路。因为它将会产生许多无用频率成分，容易形成干扰。

7-9  为什么超外差收音机的本振回路中又串电容又并电容？

**答**  详见例 7-1 分析。

7-10  试画出超外差接收机的三点跟踪曲线和三点跟踪示意图。

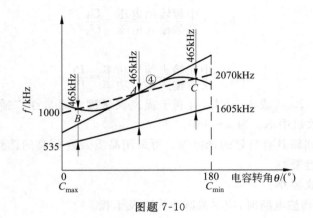

图题 7-10

7-11　晶体管混频电路如图所示，已知中频 $f_1 = 465\text{kHz}$，输入信号 $u(t) = 5[1 + 0.5\cos(2\pi \times 10^3 t)]\cos(2\pi \times 10^6 t)(\text{mV})$。试说明 $V_1$、$V_2$ 管子的作用，$L_1 C_1$、$L_2 C_2$、$L_3 C_3$ 三谐振回路分别调谐在什么频率上。画出 F、G、H 三点对地电压波形，并指出 F、H 波形的特点。

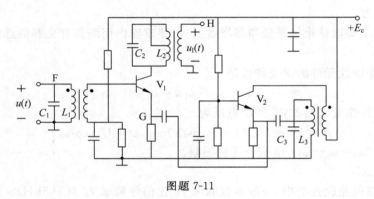

图题 7-11

**解**　（1）$V_1$ 构成混频电路，$V_2$ 构成本振电路

（2）$L_1 C_1$、$L_2 C_2$ 和 $L_3 C_3$ 三谐振回路分别调谐在 1000kHz、465kHz 和 1465kHz。

（3）

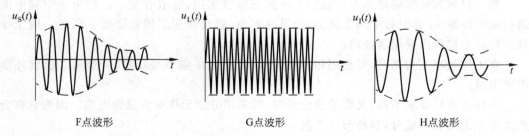

F 为高频已调信号，H 为中频已调信号，两种信号均为调幅信号，它们包络线相同，但载波频率不同。

7-12　若想把一个调幅收音机改成能够接收调频广播，同时又不打算做大的变动，而只是改变本振频率,你认为可以吗?并说明原因。

**答**　可以。这是由于变频器只是将信号频谱自高频搬移到中频,而各频谱分量的相对位置则保持不变,所以调频接收机与调幅接收机的变频器电路结构是完全相同的。

**7-13**　变频器有哪些干扰?如何抑制?

**答**　变频干扰有组合频率干扰、副波道干扰(这类干扰主要有中频干扰、镜频干扰和组合副波道干扰)、交调和互调干扰。

通常抑制组合频率干扰的方法有三种:

(1) 适当选择变频电路的工作点,尤其是 $u_L(t)$ 不要过大;

(2) 输入信号电压幅值不能过大,否则谐波幅值也大,使干扰增强;

(3) 选择中频时应考虑组合频率的影响,使其远离在变频过程中可能产生的组合频率。

对中频干扰的抑制方法,主要是提高变频器前面电路的选择性,增强对中频信号的抑制或设置中频陷波器。

对镜频干扰的抑制方法是提高变频器前面各级电路的选择性和提高中频 $f_I$,由于 $f_I$ 提高,$f_s$ 与 $f_n$ 之间的频率间隔 $2f_I$ 加大,有利于对 $f_n$ 的抑制。

抑制交调和互调干扰的方法是:

(1) 必须提高高频放大级前输入回路或变频级前各级电路的选择性;

(2) 可以通过适当选择晶体管工作点电流 $I_c$ 的方法得到,因为晶体管转移特性存在着一个三次项最小的区域。

**7-14**　在一超外差式广播收音机中,中频频率 $f_I = f_L - f_s = 465\text{kHz}$。试分析下列现象属于何种干扰?又是如何形成的?(1)当收听频率 $f_s = 931\text{kHz}$ 的电台播音时,伴有音调约 $1\text{kHz}$ 的哨叫声;(2)当收听频率 $f_s = 550\text{kHz}$ 的电台播音时,听到频率为 $1480\text{kHz}$ 的强电台播音;(3)当收听频率 $f_s = 1480\text{kHz}$ 的电台播音时,听到频率为 $740\text{kHz}$ 的强电台播音。

**答**　详见例 7-2 分析。

**7-15**　设变频器的输入端除了有用信号 $20\text{MHz}$ 外,还作用了两个频率分别为 $19.6\text{MHz}$ 和 $19.2\text{MHz}$ 的电压。已知中频为 $3\text{MHz}$,$f_L > f_s$,那么是否会产生干扰?如果产生干扰,是哪种性质的干扰?

**答**　会产生干扰,并且是三阶互调干扰。

**7-16**　一超外差式广播收音机的接收频率范围为 $535 \sim 1605\text{kHz}$,中频频率 $f_I = f_L - f_s = 465\text{kHz}$。试问当收听 $f_s = 700\text{kHz}$ 的电台播音时,除了调谐在 $700\text{kHz}$ 频率刻度上能接收到外,还可能在接收频段内的哪些频率刻度位置上收听到这个电台的播音(写出最强的两个)?并说明它们各自是通过什么寄生通道造成的?

**答**　(1) $f_L = f_s + f_I = (700 + 465)\text{kHz} = 1165\text{kHz}$

在 $m = n = 1$ 时,$f_{n1} = f_L + f_I = (1165 + 465)\text{kHz} = 1630\text{kHz}$,这是镜频干扰。

(2) 在 $m = 1, n = 2$ 时,$f_{n2} = \dfrac{1}{n}(mf_L + f_I) = \dfrac{1}{2}(1165 + 465)\text{kHz} = 815\text{kHz}$

在 $m = 1, n = 2$ 时,$f_{n2} = \dfrac{1}{n}(mf_L - f_I) = \dfrac{1}{2}(1165 - 465)\text{kHz} = 350\text{kHz}$

这是三阶副波道干扰,$m=1,n=2$。

7-17 某超外差接收机工作频段为 $0.55\sim25\mathrm{MHz}$,中频 $f_\mathrm{I}=455\mathrm{kHz}$,本振 $f_\mathrm{L}>f_\mathrm{s}$。试问波段内哪些频率上可能出现较大的组合干扰(六阶以下)。

分析思路:由题中可以看出,除有用信号以外,无其他的干扰信号存在,故这里的组合干扰应是由信号 $(f_\mathrm{s})$ 和本振 $(f_\mathrm{L})$ 组合产生的干扰哨声。

如果本振频率 $f_\mathrm{L}$ 大于中频频率 $f_\mathrm{I}$,而频率又不可能是负值,则只有下述两种情况构成对信号的干扰。即

$$\left.\begin{array}{c} mf_\mathrm{L}-nf_\mathrm{s}\approx f_\mathrm{I} \\ -mf_\mathrm{L}+nf_\mathrm{s}\approx f_\mathrm{I} \end{array}\right\}$$

可以推出

$$\frac{f_\mathrm{s}}{f_\mathrm{I}}\approx\frac{m\pm1}{n-m}$$

当组合频率符合上式关系时,就可以在输出端形成干扰甚至产生哨叫,这种干扰就叫组合频率干扰。接收信号的频率范围为 $0.55\sim25\mathrm{MHz}$,中频 $f_\mathrm{I}=455\mathrm{kHz}$,故在接收信号频率范围内的频率变化比 $f_\mathrm{s}/f_\mathrm{I}$ 是确定的,$f_\mathrm{s}/f_\mathrm{I}=1.2\sim55$。可知,只要能找到一对 $m$ 和 $n$,满足 $\frac{f_\mathrm{s}}{f_\mathrm{I}}\approx\frac{m\pm1}{n-m}$ 就可能产生干扰哨声,对有用信号形成干扰。

**解** 由题目可知,变频比为 $\frac{f_\mathrm{s}}{f_\mathrm{I}}=1.2\sim55$,则只要找到一对 $m$ 和 $n$,满足 $f_\mathrm{s}/f_\mathrm{I}\approx(m\pm1)/(n-m)$,就会形成一个干扰点。题中要求找出阶数 $m+n\leqslant6$ 的组合干扰,则应是 $m=0,1,\cdots,6$ 和 $n=0,1,\cdots,6$,且 $m+n\leqslant6$ 的组合。

当 $m=1,n=2$ 时:$\frac{m+1}{n-m}=2$,在 $f_\mathrm{s}/f_\mathrm{I}$ 的变化范围内,则有 $f_\mathrm{s}/f_\mathrm{I}=2$,即 $f_\mathrm{s}=2f_\mathrm{I}=0.910\mathrm{MHz}$,$f_\mathrm{L}=1.365\mathrm{MHz}$,组合干扰

$$nf_\mathrm{s}-mf_\mathrm{L}=(2\times0.91-1\times1.365)\mathrm{MHz}=0.455\mathrm{MHz}=f_\mathrm{I}。$$

当 $m=2,n=3$ 时:$\frac{m+1}{n-m}=3$,在 $f_\mathrm{s}/f_\mathrm{I}$ 的变化范围内,则有 $f_\mathrm{s}/f_\mathrm{I}=3$,即 $f_\mathrm{s}=3f_\mathrm{I}=1.365\mathrm{MHz}$,$f_\mathrm{L}=1.82\mathrm{MHz}$,组合干扰为

$$nf_\mathrm{s}-mf_\mathrm{L}=(3\times1.365-2\times1.82)\mathrm{MHz}=0.455\mathrm{MHz}=f_\mathrm{I}。$$

当 $m=2,n=4$ 时:$\frac{m+1}{n-m}=\frac{3}{2}$,在 $f_\mathrm{s}/f_\mathrm{I}$ 的变化范围内,则有 $f_\mathrm{s}/f_\mathrm{I}=3/2$,即 $f_\mathrm{s}=3f_\mathrm{I}/2=0.6825\mathrm{MHz}$,$f_\mathrm{L}=1.1375\mathrm{MHz}$,组合干扰

$$nf_\mathrm{s}-mf_\mathrm{L}=(4\times0.6825-2\times1.1375)\mathrm{MHz}=0.455\mathrm{MHz}=f_\mathrm{I}。$$

以上分析表明,当接收信号频率范围和中频频率确定后,在接收频率范围内形成干扰哨声的频率点就确定了。本题中,比较严重的频率点是 $0.910\mathrm{MHz}$(三阶),$1.365\mathrm{MHz}$(五阶)和 $0.6825$(六阶)。

7-18 混频器中晶体三极管在静态工作点上展开的转移特性由下列幂级数表示:$i_\mathrm{c}=I_0+au_\mathrm{be}+bu_\mathrm{be}^2+cu_\mathrm{be}^3+du_\mathrm{be}^4$。已知混频器的本振频率为 $f_\mathrm{L}=23\mathrm{MHz}$,中频频率为 $f_\mathrm{I}=f_\mathrm{L}-f_\mathrm{s}=3\mathrm{MHz}$。若在混频器输入端同时作用着 $f_\mathrm{M1}=19.6\mathrm{MHz}$ 和 $f_\mathrm{M2}=19.2\mathrm{MHz}$

的干扰信号。试问在混频器输出端是否会有中频信号输出？它是通过转移特性的几次方项产生的？

**答**  当 $m=2,n=1$ 时,$2f_{M1}-f_{M2}=2\times19.6-19.2=20(MHz)=f_s,f_I=f_L-f_s=23-20=3(MHz)$,在混频器输出端有中频信号输出,这是三阶互调干扰,它是通过转移特性的三次方项和四次方项产生的。

**7-19**  某两个电台频率分别为 $f_1=774kHz,f_2=1035kHz$,问它们对短波($f_s=2\sim12MHz$)收音机的哪些接收频率将产生三阶互调干扰？

**解**  当 $m=2,n=1$ 时:
$$2f_1+f_2=(2\times774+1035)MHz=2.583MHz=f_s$$
$$2f_1-f_2=(2\times774-1035)MHz=0.513MHz$$

当 $m=1,n=2$ 时:
$$f_1+2f_2=(774+2\times1035)MHz=2.844MHz=f_s$$

**7-20**  某发射机发出某一频率信号,但打开接收机在全波段寻找(设无任何其他信号),发现在接收机上有三个频率($6.5MHz,7.25MHz,7.5MHz$)均能听到对方的信号。其中,以 $7.5MHz$ 的信号最强。问接收机是如何收到的？设接收机 $f_I=0.5MHz$,$f_L>f_s$。

**解**  (1)因为只有一个发射机发射某一频率的信号,且在 $7.5MHz$ 频率上信号最强,所以可判定发射机发送的信号频率为 $7.5MHz$,它是将接收机调谐到 $7.5MHz$ 时,正常接收到的信号。由于发射机发射的信号频率是 $7.5MHz$,但在 $6.5MHz$ 和 $7.25MHz$ 收到 $7.5MHz$ 的信号,这是由于 $7.5MHz$ 信号对 $6.5MHz$ 和 $7.25MHz$ 形成了干扰。

(2)当接收机调谐到 $6.5MHz$ 时,$f_s=6.5MHz$,则 $f_L=f_s+f_I=(6.5+0.5)MHz=7MHz$。由于 $f_n=f_L+f_I=f_s+2f_I=(6.5+1)MHz=7.5MHz$,这是由干扰与本振组合形成的干扰,$7.5MHz$ 为镜频干扰。

(3)当接收机调谐到 $7.25MHz$ 时,$f_s=7.25MHz$,则 $f_L=f_s+f_I=(7.25+0.5)MHz=7.75MHz$。当 $m=n=2$ 时,$f_{n1}=f_s+\frac{1}{2}f_I=\left(7.25+\frac{1}{2}\times0.5\right)MHz=7.5MHz$,这是由干扰与本振组合形成的干扰,为副波道干扰。这里,$m=n=2$,因而是四阶副波道干扰。

**7-21**  在某频率综合器中,要求输出频率 $f_I$ 在 $2\sim30MHz$,现要满足三阶组合频率干扰落在 $f_I$ 通带之外,问混频器输入的信号频率 $f_s$ 和本振频率 $f_L$ 应如何选择？

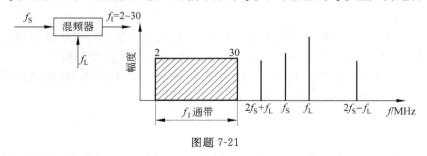

图题 7-21

提示：先分析三阶组合频率干扰的条件是 $m+n=3$，再画出频谱分布图。

**解** 从产生三阶组合频率干扰看，有两种可能：$m=1,n=2$；$m=2,n=1$。

若 $f_L > f_s$，画出频谱分布图。

由图题7-21可见，要使三阶组合频率干扰落在 $f_I$ 通带之外，则有：$2f_s - f_L > 30\text{MHz}$(通带最高频率)。

混频器工作时，$f_L - f_s = f_I$。

当 $f_I = 2\text{MHz}$ 时，$f_L = f_s + 2\text{MHz}$，得 $2f_s - (f_s + 2\text{MHz}) > 30\text{MHz}$，即 $f_s > 32\text{MHz}$。

又当 $f_I = 30\text{MHz}$ 时，$f_L = f_s + 30\text{MHz}$，得 $2f_s - (f_s + 30\text{MHz}) > 30\text{MHz}$，即 $f_s > 60\text{MHz}$。

为了使本振频率 $f_L$ 的选择满足整个波段范围要求，应取

$$f_L > 60\text{MHz} + (2 \sim 30\text{MHz}) = 62 \sim 90\text{MHz}$$

为了避免三阶组合干扰频率落在 $f_I$ 通带之内，应取 $f_s > 60\text{MHz}$，$f_L > 62 \sim 90\text{MHz}$。

# 7.6 自测题

## 1. 填空题

(1) 变频器的主要技术要求是_____和_____。

(2) 中频干扰是指_____对接收机形成的干扰，抑制这种干扰的主要方法有_____。

(3) 超外差接收机采用变频技术的好处是_____。

(4) 超外差接收机变频器负载采用_____，它的作用是_____。

(5) 一中波收音机，当听到1100kHz的电台信号时，其本振频率为_____，能产生镜像干扰的频率是_____。

(6) 调幅器、同步检波器和变频器都是由非线性器件和滤波器组成，但所用的滤波器有所不同，调幅器所用的为_____，同步检波所用的为_____，变频器所用的为_____。

(7) 混频器和变频器的区别_____。

(8) 调幅收音机中频信号频率为_____，调频收音机中频信号频率为_____，电视机中频信号频率为_____。

## 2. 判断题

(1) 器件的非线性在放大器应用中是有害的，在频率变换应用中是有利的。

(2) 若非线性元件的伏安特性为 $i = a_0 + a_1 u + a_5 u^3$，不能用来混频。

(3) 超外差接收机混频器的任务是提高增益，抑制干扰，把接收到的各种不同频率的有用信号的载频变换为某一固定中频。

## 3. 问答题

(1) 设变频器的输入端除了有用信号20MHz外，还作用了两个频率分别为19.6MHz

和 19.2MHz 的电压。已知中频为 3MHz，$f_L > f_s$，问是否会产生干扰？是哪种性质的干扰？

（2）某接收机工作频段 $f_s$ 为 2～30MHz，中频 $f_I = 1.3$MHz，本振 $f_L > f_s$。现有一频率 $f_n = 7$MHz 的干扰信号串入接收机，试问当接收机在信号频段内调整时，哪些频率点上收到该干扰信号（四阶及四阶以下）？

# 第 8 章 锁相环路及其他反馈控制电路

## 8.1 内容提要和知识结构框图

### 1. 内容提要

锁相环路是一个相位误差控制系统,是将参考信号与输出信号之间的相位进行比较,产生相位误差电压来调整输出信号的相位,以达到与参考信号同频的目的。基本的锁相环路由鉴相器、环路滤波器和压控振荡器三个部分组成。

本章所涉及的内容主要有锁相环的工作原理;锁相环路各组成部分的分析;锁相环路的数学模型;环路的捕获、锁定和跟踪,环路的同步带和捕捉带;CD4046 CMOS 单片锁相环路逻辑图和引出端功能图以及使用说明;锁相环路的特性以及应用等。

本章还介绍了 CC4046(工作频率可达 1MHz)以及 NE564(工作频率可达 50MHz)集成锁相环。

由于锁相环路具有良好的跟踪特性、良好的窄带滤波特性以及良好的门限特性,所以广泛应用于电子技术的各个领域。例如,锁相接收机、微波锁相振荡源、锁相调频器、锁相鉴频器以及频率合成器等。

本章还涉及了其他反馈控制电路如自动增益控制(AGC)电路,它是在输入信号电平发生变化时,通过采用改变增益的方法,维持输出信号电平基本不变的一种反馈控制系统。其主要作用是使设备的输出电平保持一定的数值。又如自动频率控制(AFC)电路,其主要作用是自动控制振荡器的振荡频率。

### 2. 知识结构框图

本章知识结构框图如图 8-1 所示。

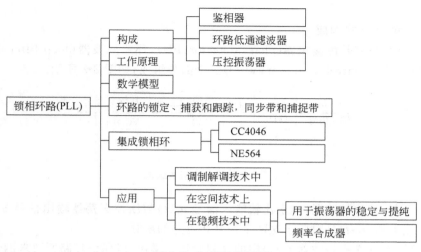

图 8-1　知识结构框图

# 8.2　本章知识点

1. 基本锁相环的构成(重点)
2. 锁相环的基本原理(重点、难点)
3. 锁相环各组成部分分析
4. 锁相环的数学模型(重点、难点)
5. 环路的锁定、捕获和跟踪环路的同步带和捕获带(重点)
6. 集成锁相环芯片(重点)
(1) CC4046 逻辑图和引出端功能图;
(2) NE564 逻辑图和引出端功能图。
7. 锁相环路的特性以及应用(重点)
(1) PLL 在调制解调技术中的应用;
(2) PLL 在空间技术上的应用;
(3) PLL 在稳频技术上的应用。
8. 自动增益控制(AGC)电路及自动频率控制(AFC)电路

# 8.3　重点及难点内容分析

## 8.3.1　锁相环的构成及工作原理

锁相环路是一个相位误差控制系统,是将参考信号与输出信号之间的相位进行比较,产生相位误差电压来调整输出信号的相位,以达到与参考信号同频的目的。

### 1. 基本锁相环的构成

基本的锁相环路是由鉴相器（phase detector，PD），环路滤波器（loop filter，LF）和压控振荡器（voltage control oscillator，VCO）三个部分组成，如图 8-2 所示。

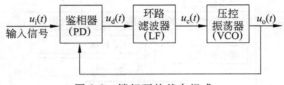

图 8-2　锁相环的基本组成

鉴相器是相位比较装置，用来比较输入信号 $u_i(t)$ 与压控振荡器输出信号 $u_o(t)$ 的相位，它的输出电压 $u_d(t)$ 是对应于这两个信号相位差的函数。

环路滤波器的作用是滤除 $u_d(t)$ 中的高频分量及噪声，以保证环路所要求的性能。

压控振荡器受环路滤波器输出电压 $u_c(t)$ 的控制，使振荡频率向输入信号的频率靠拢，直至两者的频率相同，使得 VCO 输出信号的相位和输入信号的相位保持某种特定的关系，达到相位锁定的目的。

### 2. 锁相环的基本原理

设输入信号 $u_i(t)$ 和本振信号（压控振荡器输出信号）$u_o(t)$ 分别是正弦和余弦信号，它们在鉴相器内进行比较，鉴相器的输出是一个与两者间的相位差成比例的电压 $u_d(t)$，一般把 $u_d(t)$ 称为误差电压。环路低通滤波器滤除鉴相器中的高频分量，然后把输出电压 $u_c(t)$ 加到 VCO 的输入端，VCO 送出的本振信号频率随着输入电压的变化而变化。如果二者频率不一致，则鉴相器的输出将产生低频变化分量，并通过低通滤波器使 VCO 的频率发生变化。只要环路设计恰当，则这种变化将使本振信号的频率与鉴相器输入信号的频率一致起来。最后，如果本振信号的频率和输入信号的频率完全一致，两者的相位差将保持某一恒定值，则鉴相器的输出将是一个恒定直流电压（高频分量忽略），环路低通滤波器的输出也是一个直流电压，VCO 的频率将停止变化，这时，环路处于"锁定状态"。

## 8.3.2　锁相环路的数学模型

分析锁相环的数学模型，首先要分析锁相环各组成部分的数学模型。

### 1. 锁相环各组成部分分析

（1）鉴相器

鉴相器是锁相环路的关键部件，它的形式很多，我们仅介绍其中常用的"正弦波鉴相器"。

① 正弦波鉴相器的数学模型

任何一个理想的模拟乘法器都可以作为有正弦特性的鉴相器。设输入信号为

$$u_i(t) = U_{1m}\sin[\omega_i t + \theta_i(t)] \tag{8-1}$$

压控振荡器的输出信号为

$$u_o(t) = U_{2m}\cos[\omega_o t + \theta_o(t)] \tag{8-2}$$

可求得鉴相器的输出为

$$u_d(t) = \frac{1}{2}A_m U_{1m}U_{2m}\sin[\varphi_i(t) - \varphi_o(t)]$$

$$u_d(t) = K_d\sin\varphi(t) \tag{8-3}$$

式中

$$K_d = \frac{1}{2}A_m U_{1m}U_{2m}$$

$$\varphi(t) = \varphi_i(t) - \varphi_o(t) \tag{8-4}$$

其中，$A_m$ 为乘法器的增益系数，量纲为 $1/V$。

鉴相器的作用是将两个输入信号的相位差 $\varphi(t)$ 转变为输出电压 $u_d(t)$。

由式(8-3)可得出鉴相特性，如图 8-3 所示。

由于 $u_d(t)$ 随 $\varphi(t)$ 作周期性的正弦变化，因此这种鉴相器称为正弦波鉴相器。

② 鉴相器线性化的数学模型

当 $|\varphi_i(t) - \varphi_o(t)| \leqslant \frac{\pi}{6}$ 时，$\sin[\varphi_i(t) - \varphi_o(t)] \approx \varphi_i(t) - \varphi_o(t)$，因此可以把式(8-3)写成

$$u_d(t) \approx K_d[\varphi_i(t) - \varphi_o(t)] = K_d\varphi(t) \tag{8-5}$$

所以，当 $\varphi(t) \leqslant \frac{\pi}{6}$ 时，鉴相器特性近似为直线，$u_d(t)$ 与 $\varphi(t)$ 成正比。

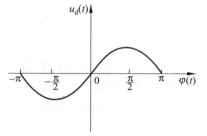

图 8-3　正弦鉴相特性曲线

式(8-5)表示时域的关系，若对它进行拉氏变换，便可得到频域内的鉴相特性，表示为

$$u_d(s) = K_d\varphi(s) \tag{8-6}$$

在时域中鉴相器数学模型如图 8-4 所示，在频域中鉴相器数学模型如图 8-5 所示。

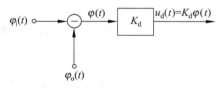

图 8-4　鉴相器线性化数学模型(时域)

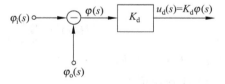

图 8-5　鉴相器线性化数学模型(频域)

(2) 环路滤波器

环路滤波器是线性电路，由线性元件电阻、电感和电容组成，有时还包括运算放大器，它是低通滤波器。在锁相环路中，常用的滤波器有以下三种，如图 8-6 所示。

环路滤波器的作用是滤除 $u_d(t)$ 中的高频分量及噪声，以保证环路所要求的性能。

锁相环路通过环路滤波器的作用，具有窄带滤波器特性，可以将混进输入信号中的噪声和杂散干扰滤除掉。在设计好时，这个通带能做得极窄。例如，在几十兆赫的频率范围内，实现几十赫甚至几赫的窄带滤波。这种窄带滤波特性是任何 $LC$,$RC$ 石英晶体等滤

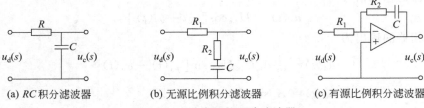

(a) $RC$ 积分滤波器　　　　(b) 无源比例积分滤波器　　　　(c) 有源比例积分滤波器

图 8-6　三种常用的环路滤波器

波器难以达到的。

① $RC$ 积分滤波器

图 8-6(a)为一阶 $RC$ 低通滤波器,它的作用是将 $u_d$ 中的高频分量滤掉,得到控制电压 $u_c$。滤波器的传递函数为

$$H(s) = \frac{\dfrac{1}{RC}}{s + \dfrac{1}{RC}} = \frac{\dfrac{1}{\tau}}{s + \dfrac{1}{\tau}} = \frac{1}{s\tau + 1} \tag{8-7}$$

式中,$\tau = RC$ 为滤波器时间常数。

② 无源比例积分滤波器

无源比例积分滤波器如图 8-6(b)所示,其传递函数为

$$H(s) = \frac{u_c(s)}{u_d(s)} = \frac{R_2 + \dfrac{1}{sC}}{R_1 + R_2 + \dfrac{1}{sC}} = \frac{s\tau_2 + 1}{s(\tau_1 + \tau_2) + 1} \tag{8-8}$$

式中,$\tau_1 = R_1 C$,$\tau_2 = R_2 C$。

③ 有源比例积分滤波器

有源比例积分滤波器如图 8-6(c)所示。在运算放大器的输入电阻和开环增益趋于无穷大的条件下,其传递函数为

$$H(s) = \frac{u_c(s)}{u_d(s)} = \frac{R_2 + \dfrac{1}{sC}}{R_1} = \frac{s\tau_2 + 1}{s\tau_1} \tag{8-9}$$

式中,$\tau_1 = R_1 C$,$\tau_2 = R_2 C$。

(3) 压控振荡器

压控振荡器受环路滤波器输出电压 $u_c(t)$ 的控制,使振荡频率向输入信号的频率靠拢,直至两者的频率相同,使得 VCO 输出信号的相位和输入信号的相位保持某种关系,达到相位锁定的目的。

压控振荡器就是在振荡电路中采用压控元件(一般都采用变容二极管)作为频率控制元件。由环路滤波器送来的控制信号电压 $u_c(t)$ 加在压控振荡器振荡回路中的变容二极管上,当 $u_c(t)$ 变化时,引起变容二极管结电容的变化,从而使振荡器的频率发生变化。因此,压控振荡器实际上就是一种电压-频率变换器,它在锁相环路中起着电压-相位变化的作用。压控振荡器的特性可用调频特性(即瞬时振荡频率 $\omega(t)$ 相对于 VCO 输入控制

电压$u_c(t)$的关系)来表示,如图 8-7(a)所示。在一定范围内,$\omega(t)$与 $u_c(t)$是呈线性关系的,可用下式表示:

$$\omega(t) = \omega_o + K_\omega u_c(t) \tag{8-10}$$

式中,$\omega_o$为压控振荡器的中心频率;$K_\omega$是一个常数,其量纲为 $1/(s \cdot V)$或 $Hz/V$,它表示单位控制电压所引起的振荡角频率变化的大小。

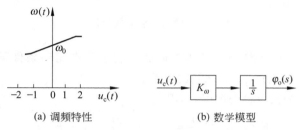

(a) 调频特性　　　　　(b) 数学模型

图 8-7　压控振荡器

但在锁相环路中,我们需要的是它的相位变化,即把由控制电压所引起的相位变化作为输出信号。由式(8-10)可求出瞬时相位为

$$\varphi_{o1}(t) = \int_0^t \omega(t)\mathrm{d}t = \omega_o t + \int_0^t K_\omega u_c(t)\mathrm{d}t \tag{8-11}$$

所以由控制电压所引起的相位变化,即压控振荡器的输出信号为

$$\varphi_o(t) = \varphi_{o1}(t) - \omega_o t = \int_0^t K_\omega u_c(t)\mathrm{d}t \tag{8-12}$$

由此可见,压控振荡器在环路中起了一次理想积分作用,因此压控振荡器是一个固有积分环节。

若将式(8-12)改为拉氏变换形式,则

$$\varphi_o(s) = K_\omega \frac{1}{s} u_c(s)$$

VCO 的传输函数为

$$\frac{\varphi_o(s)}{u_c(s)} = K_\omega \frac{1}{s} \tag{8-13}$$

式中 $\varphi_o(s)$与 $u_c(s)$分别为 $\theta_o(t)$与 $u_c(t)$的象函数。因此,VCO 的数学模型可用图 8-7(b)表示。

### 2. 锁相环的数学模型

将鉴相器、滤波器与压控振荡器的数学模型代换到基本锁相环中,便可得出锁相环路的数学模型,如图 8-8 所示。

根据此图,即可得出锁相环路的基本方程式为

$$\varphi_o(s) = [\varphi_i(s) - \varphi_o(s)]K_d H(s)K_\omega \frac{1}{s}$$

或写成

$$F(s) = \frac{\varphi_o(s)}{\varphi_i(s)} = \frac{K_d K_\omega H(s)}{s + K_d K_\omega H(s)} \tag{8-14}$$

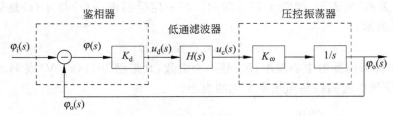

图 8-8　锁相环路的数学模型

式中，$F(s)$ 表示整个锁相环路的闭环传输函数。它表示在闭环条件下，输入信号的相角 $\varphi_i(s)$ 与 VCO 输出信号相角 $\varphi_o(s)$ 之间的关系。

相角 $\varphi(s) = \varphi_i(s) - \varphi_o(s)$ 表示误差，因此

$$F_e(s) = \frac{\varphi(s)}{\varphi_i(s)} = 1 - \frac{\varphi_o(s)}{\varphi_i(s)} = 1 - F(s)$$

$$= \frac{s}{s + K_d K_\omega H(s)} \tag{8-15}$$

它表示在闭环条件下，$\varphi_i(s)$ 与误差相角 $\varphi_o(s)$ 之间的关系。

### 8.3.3　环路的锁定、捕捉和跟踪，同步带和捕捉带

#### 1. 环路的锁定

当没有输入信号时，VCO 以自由振荡频率 $\omega_o$ 振荡。如果环路有一个输入信号 $u_i(t)$，那么开始时，输入频率总是不等于 VCO 的自由振荡频率，即 $\omega_i \neq \omega_o$。如果 $\omega_i$ 和 $\omega_o$ 相差不大，那么在适当范围内，鉴相器输出一误差电压，经环路滤波器变换后控制 VCO 的频率，使其输出频率变化到接近 $\omega_i$，而且两信号的相位误差为 $\varphi$（常数），这叫环路锁定。

锁定特点：环路对输入的固定频率锁定以后，两个信号的频差为零，只有一个很小的稳态剩余相差，这是一般自动频率微调系统（AFC）做不到的，正是由于锁相环路具有可以实现理想的频率锁定这一特性，使它在自动频率控制与频率合成技术等方面获得了广泛的应用。

#### 2. 环路的捕捉

从信号的加入到环路锁定以前叫环路的捕捉过程。

#### 3. 环路的跟踪

环路锁定以后，如果输入相位 $\varphi_i$ 有一变化，鉴相器可鉴出 $\varphi_i$ 与 $\varphi_o$ 之差，产生一正比于这个相位差的电压，并反映相位差的极性，经过环路滤波器变换去控制 VCO 的频率，使 $\varphi_o$ 改变，减少它与 $\varphi_i$ 之差，直到保持 $\omega_i = \omega_o$，相位差为 $\varphi$，这一过程叫做环路跟踪过程。

#### 4. 环路的同步带和捕捉带

设压控振荡器的自由振荡频率与输入基准信号频率相差较远，这时环路未处于锁定

状态。随着基准频率 $f_i$ 向压控振荡频率 $f_o$ 靠拢(或反之使 $f_o$ 向 $f_i$ 靠拢),达到某一频率,例如 $f_1$,这时环路进入锁定状态,即系统入锁。一旦入锁后,压控频率就等于基准频率,且 $f_o$ 随 $f_i$ 而变化,这就称为跟踪。这时,若再继续增加 $f_i$,当 $f_i > f_2'$ 时,压控振荡频率 $f_o$ 不再受 $f_i$ 的牵引而失锁,又回到其自由振荡频率。但反之,若降低 $f_i$,则当 $f_i$ 回到 $f_2'$ 时,环路并不入锁,只有当 $f_i$ 降低到一个更低的频率 $f_2$ 时,环路才重新入锁。这时,如再继续降低 $f_i$,$f_o$ 也有一段跟踪 $f_i$ 的范围。直到 $f_i$ 降到一个低于 $f_1$ 的频率 $f_1'$ 时,环路才失锁。而反过来又要在 $f_1$ 处才入锁。系统能跟踪的最大频差 $|f_2' - f_1'|$ 称为同步带,环路能捕捉成功的最大频差 $|f_2 - f_1|$ 称为环路的捕捉带。如图 8-9 所示。

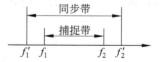

图 8-9 环路的同步带和捕捉带

## 8.3.4 集成锁相环芯片

集成锁相环芯片类型较多,现介绍 CC4046,J691 以及 NE564(工作频率可达 50MHz)集成锁相环。

### 1. CC4046

(1) CC4046 管脚说明

CC4046 和 J691 均为 CMOS 单片锁相环电路(它有 16 个管脚,管脚引出端功能说明见表 8-1),工作频率为 1MHz,其逻辑结构和引出端功能完全相同,仅电参数略有差异。

表 8-1 CC4046 管脚说明表

| 引脚 | 功 能 | 引脚 | 功 能 |
|---|---|---|---|
| 1 | 相位比较器 II 输出端($PH_{o3}$) | 9 | 压控振荡器输入端($VCO_i$) |
| 2 | 相位比较器 I 输出端($PH_{o1}$) | 10 | 解调信号输出端($DEM_o$) |
| 3 | 相位比较器 I,II 输入端($PH_{i2}$) | 11 | 压控振荡器的外接电阻端($R_1$) |
| 4 | 压控振荡器输出端($VCO_o$) | 12 | 压控振荡器的外接电阻端($R_2$) |
| 5 | 禁止端(INH) | 13 | 相位比较器 II 输出端($PH_{o2}$) |
| 6 | 压控振荡器的外接电容端($C_1$) | 14 | 相位比较器 I,II 输入端($PH_{i1}$) |
| 7 | 压控振荡器的外接电容端($C_1$) | 15 | 内部提供稳压管负极端($Z$) |
| 8 | 地($V_{SS}$) | 16 | 电源($V_{DD}$) |

(2) 使用说明

CC4046,J691 包含相位比较器、压控振荡器两部分,使用时需外接低通滤波器(阻、容元件)形成完整的锁相环。此外,它们内部设有一个 6.2V 的齐纳稳压管。齐纳管是在需要时作为辅助电源。

① 压控振荡器(VCO)

VCO 部分需要一个外接电容 $C_1$ 和外接电阻($R_1$ 或 $R_1$ 和 $R_2$),电阻 $R_1$ 和电容 $C_1$ 决定 VCO 的频率范围,电阻 $R_2$ 可以使 VCO 的频率得到补偿。受 VCO 输入电压作用的源极跟随器在 10 端输出(解调输出)。如果使用这一端时,应从 10 端到 $V_{SS}$ 外接一个电阻 $R_S(\geqslant 10k\Omega)$ 作为负载。如果不使用这个端子,可以允许断开。VCO 输出既可以直接与相位比较器连接,也可以通过分频器连接到相位比较器的输入端。

② 相位比较器

相位比较器 I 是异或门,使用时,要求输入信号的占空比为 50%,当输入端无信号时(只有 VCO 信号),相位比较器 I 输出 $1/2V_{DD}$ 电压,从而引起 VCO 在中心频率处振荡。相位比较器 I 的捕捉范围取决于低通滤波器的特性,适当选择低通滤波器可以得到大的捕捉范围。图 8-10 为锁定在 $f_o$ 时的波形。

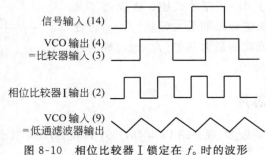

图 8-10　相位比较器 I 锁定在 $f_o$ 时的波形

相位比较器 II 为四组边沿触发器。其相位脉冲输出(1 端)表示输入信号与比较器输入信号的相位差。当它为高电平时,表示锁相环处于锁定状态。如果无输入信号,则被 VCO 调整在最低频率上,输出呈高阻抗,必须在 12 端接入电阻以维持振荡。

因为这种相位比较器只是在输入信号的上升沿起作用,所以不要求波形占空比为 50%,相位比较器 II 的捕捉范围与低通滤波器的 $RC$ 数值无关。

相位比较器 I,II 具有公共输入端,它们的输出端是独立的(13 端和 2 端),以便选择使用。

**2. NE564**

NE564 的工作频率可达 50MHz,VCO 采用射极耦合多谐振荡器。它是一种更适于用作调频信号和频移键控信号解调器的通用器件。

### 8.3.5　锁相环路的特性及应用

**1. 锁相环路的特性**

锁相环路之所以广泛应用于电子技术的各个领域,是由于它具有一些特殊的性能。

(1) 良好的跟踪特性

利用此特性可以做载波跟踪型锁相环及调制跟踪型锁相环。

(2) 良好的窄带滤波特性

(3) 良好的门限特性

鉴于上述特性,锁相环可以做成性能十分优越的跟踪滤波器,用以接收来自宇宙空间的信噪比很低且载频漂移大的信号。下面对锁相环路在调制解调、锁相接收及稳频技术等方面的应用作一些介绍。

**2. 锁相环路的应用**

（1）在调制解调技术中的应用

① 锁相调频电路

在普通的直接调频电路中,振荡器的中心频率稳定度较差,而采用晶体振荡器的调频电路,其调频范围又太窄。采用锁相环的调频器可以解决这个矛盾。图 8-11 所示为锁相调频电路的原理框图。

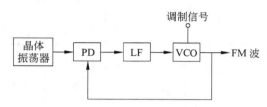

图 8-11  锁相调频电路原理框图

实现锁相调频的条件是调制信号的频谱要处于低通滤波器通带之外,使压控振荡器的中心频率锁定在稳定度很高的晶振频率上,而随着输入调制信号的变化,振荡频率可以发生很大偏移。这种锁相环路称载波跟踪型 PLL。

图 8-12 所示为 CC4046 用于锁相调频的实际电路。晶振接于 CC4046 的 14 端,调制信号从 9 端加入,调频波中心频率锁定在晶振频率上,在 3 与 4 的连接端得到调频信号。VCO 的频率可用 100kΩ 的电位器调节。CC4046 的最高工作频率为 1.2MHz。

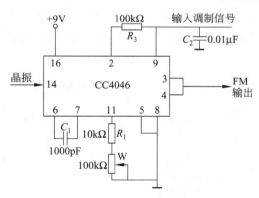

图 8-12  CC4046 锁相调频电路

② 锁相鉴频电路

用锁相环路可实现调频信号的解调。如果将环路的频带设计得足够宽,则压控振荡器的振荡频率跟随输入信号的频率而变。若压控振荡器的电压-频率变换特性是线性的,则加到压控振荡器的电压,即环路滤波器输出电压的变化规律必定与调制信号的规律相同。故从环路滤波器的输出端,可得到解调信号。用锁相环进行已调频波解调是利用锁相环的跟踪特性,这种电路称调制解调型 PLL。

这种解调方法与普通的鉴频器相比较,在门限值方面可以获得一些改善,但改善的程度取决于信号的调制度。调制指数越高,门限改善的分贝数也越大。一般可以改善几个分贝;调制指数高时,可改善 10dB 以上。

应用电路举例:

CC4046 用于调频信号解调的实际电路如图 8-13 所示。

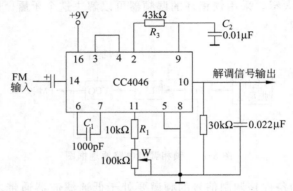

图 8-13　CC4046 锁相解调电路

调频信号 FM 从相位比较器Ⅰ输入(14 端),PLL 入锁后,VCO 的振荡频率将跟踪调频信号的频率变化,经低通滤波器滤去载频信号后,从 10 端输出解调信号。

当工作频率达 50MHz,可用 NE-564 芯片进行解调。

(2) 在空间技术上的应用

锁相接收机在接收空间信号方面得到广泛应用。由于各种原因,地面接收机接收的信号十分微弱。采用锁相接收机,利用环路的窄带跟踪特性,可以有效地接收空间信号,其原理如图 8-14 所示。

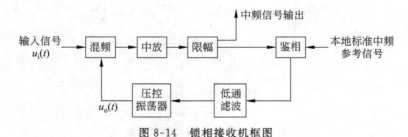

图 8-14　锁相接收机框图

图 8-14 中,若中频信号与本地信号频率有偏差,鉴相器的输出电压就去调整压控振荡器的频率,使混频输出的中频信号的频率锁定在本地标准中频上。由于标准信号可以被锁定,所以中频放大器的频带可以做得很窄,因而使输出信噪比大大提高,接收微弱信号的能力加强。

由于锁相接收机的中频频率可以跟踪接收信号频率的漂移,且中频放大器带宽又很窄,故又称窄带跟踪滤波器。

（3）在稳频技术中的应用

① 用于振荡器的稳定与提纯

我们知道石英晶体振荡器工作于低电平时长期稳定性很好，但是噪声和相位抖动很大。而它工作于中等电平时长期稳定性差，但是短期稳定性高，输出噪声和相位抖动小。

因此，如果将这二者结合起来，就可兼顾这两方面。可采用图 8-15 所示的方案。其中，两个晶振的频率都是 $f_0$，中电平晶振用作压控振荡器。当锁定后，VCO 的输出信号频率就等于环路输入信号的频率，这样长期稳定性即得到保证。而相位噪声通过一个通带很窄的滤波器，绝大部分被滤除，因而输出频谱变纯。

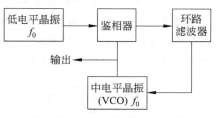

图 8-15　振荡器的稳定与提纯

② 频率合成器

利用一个频率既准确又稳定的晶振信号产生一系列频率准确的信号的设备叫做频率合成器。其基本思想是利用综合或合成的手段，综合晶体振荡器频率稳定度、准确度高和可变频率振荡器改换频率方便的优点，克服了晶振点频工作和可变频率振荡器频率稳定度、准确度不高的缺点，而形成了频率合成技术。

利用锁相环可以构成频率合成器，其原理框图及原理见例 8-2 分析。

# 8.4　典型例题分析

**例 8-1**　若把锁相环看作提取载频的窄带带通滤波器，它与用 $LC$ 回路构成的窄带带通滤波器有何区别？

**答**　锁相环与 $LC$ 区别在于：

（1）锁相环的带宽可以做得很窄（几十赫兹以下），所以输出信噪比也就大大提高了。只有采用锁相环路（PLL）做成的窄带锁相跟踪接收机才能把深埋在噪声中的信号提取出来。

（2）锁相环有跟踪特性——当输入信号频率变化时，锁相环窄带带通滤波器的中心频率能跟踪其变化，理论上的最大跟踪范围是同步带。

这些是 $LC$ 回路构成的窄带带通滤波器无法做到的。

**例 8-2**　锁相环路频率合成器如图例 8-2 所示，分析输出频率与输入频率的关系。

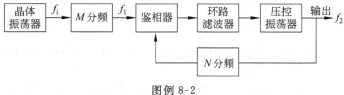

图例 8-2

**答**　输入信号频率 $f_i$，经固定分频（$M$ 分频）后得到基准频率 $f_1$，把它输入到相位比较器的一端,VCO 输出信号经可预制分频器($N$ 分频)后输入到相位比较器的另一端,这两个信号进行比较,当 PLL 锁定后得到

$$\frac{f_{i}}{M}=\frac{f_{2}}{N}, \quad f_{2}=\frac{N}{M}f_{i}=Nf_{1}$$

当 $N$ 变化时,输出信号频率响应跟随输入信号变化。

**例 8-3** 分析图例 8-3 所示双环频率合成器的工作原理,其中两个 $N_2$ 可变分频率器是完全同步的。列出输出信号频率 $f_o$ 与参考信号频率 $f_{r1}$,$f_{r2}$ 的关系式,计算该频率合成器的信道间隔 $f_{ch}$ 及输出频率范围。

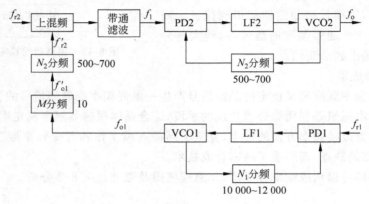

图例 8-3

分析:该频率合成器包括两个锁相环路和一个上变频器(取和频)以及三个可变分频器和一个固定分频器。本题重在考查熟练掌握和运用频率合成器的公式。

**解** (1)由已知双环频率合成器图可列出如下表示式:

$$f_{o1}=N_1 f_{r1}, \quad f'_{o1}=\frac{f_{o1}}{M}, \quad f'_{r2}=\frac{1}{MN_2}f_{o1}, \quad f_{r3}=f_{r2}+f'_{r2}$$

所以

$$f_o = N_2 f_{r3} = N_2(f_{r2}+f'_{r2}) = N_2 f_{r2}+\frac{f_{o1}}{M} = N_2 f_{r2}+N_1\frac{f_{r1}}{M}$$

(2)该频率合成器的信道间隔

$$f_{ch}=\frac{1}{M}f_{r1}=\frac{1000}{10}\mathrm{Hz}=100\mathrm{Hz}$$

(3)图例 8-3 中给出数据如下:

$$f_{r1}=1\mathrm{kHz}, \quad N_1=10\,000\sim12\,000, \quad M=10, \quad N_2=500\sim700, \quad f_{r2}=100\mathrm{kHz}$$

则

$$f_{omin}=N_{2min}f_{r2}+N_{1min}\frac{f_{r1}}{M}=(500\times10^5+10^4\times100)\mathrm{MHz}=51\mathrm{MHz}$$

$$f_{omax}=N_{2max}f_{r2}+N_{1max}\frac{f_{r1}}{M}=(700\times10^5+1.2\times10^4\times100)\mathrm{MHz}=72\mathrm{MHz}$$

所以该频率合成器的输出频率范围为(51~72)MHz。

## 8.5　思考题与习题解答

8-1　锁相与自动频率微调有何区别？为什么说锁相环相当于一个窄带跟踪滤波器？

**答**　锁相环路是一个相位误差控制系统，是将参考信号与输出信号之间的相位进行比较，产生相位误差电压来调整输出信号的相位，以达到与参考信号同频的目的。

AFC 电路也是一种反馈控制电路。它控制的对象是信号的频率，其主要作用是自动控制振荡器的振荡频率。例如，在调频发射机中如果振荡频率漂移，则利用 AFC 反馈控制作用，可以适当减少频率变化，提高频率稳定度。又如在超外差接收机中，依靠 AFC 系统的反馈调整作用，可以自动控制本振频率，使其与外来信号频率之差值维持在接近中频的数值。

当一个锁相环的压控振荡器的输出频率锁定在输入参考频率上时，由于信号频率附近的干扰形式将以低频干扰的成分进入环路，绝大部分的干扰会受到环路滤波器低通特性的抑制，从而减少了对压控振荡器的干扰作用。所以，环路对干扰的抑制作用就相当于一个窄带的高频带通滤波器，锁相环路的输出信号频率可以精确地跟踪输入参考信号频率的变化，这种输出信号频率随输入参考信号频率变化的特性称为锁相环的跟踪特性。所以说锁相环相当于一个窄带跟踪滤波器。

8-2　在锁相环路中，常用的滤波器有哪几种？写出它们的传输函数。

**答**　常用的滤波器有以下三种，见图 8-6 所示。

（1）$RC$ 积分滤波器

$$H(\mathrm{j}\omega) = \frac{u_{\mathrm{c}}(\mathrm{j}\omega)}{u_{\mathrm{d}}(\mathrm{j}\omega)} = \frac{\dfrac{1}{\mathrm{j}\omega C}}{R + \dfrac{1}{\mathrm{j}\omega C}} = \frac{\dfrac{1}{RC}}{\mathrm{j}\omega + \dfrac{1}{RC}}$$

改为拉氏变换形式，用 $s$ 代替 $\mathrm{j}\omega$，得

$$H(s) = \frac{\dfrac{1}{RC}}{s + \dfrac{1}{RC}} = \frac{\dfrac{1}{\tau}}{s + \dfrac{1}{\tau}} = \frac{1}{s\tau + 1}$$

式中，$\tau = RC$ 为滤波器时间常数。

（2）无源比例积分滤波器

其传递函数为

$$H(s) = \frac{u_{\mathrm{c}}(s)}{u_{\mathrm{d}}(s)} = \frac{R_2 + \dfrac{1}{sC}}{R_1 + R_2 + \dfrac{1}{sC}} = \frac{s\tau_2 + 1}{s(\tau_1 + \tau_2) + 1}$$

式中，$\tau_1 = R_1 C$，$\tau_2 = R_2 C$。

（3）有源比例积分滤波器

在运算放大器的输入电阻和开环增益趋于无穷大的条件下，其传递函数为

$$H(s) = \frac{u_{\mathrm{c}}(s)}{u_{\mathrm{d}}(s)} = \frac{R_2 + \dfrac{1}{sC}}{R_1} = \frac{s\tau_2 + 1}{s\tau_1}$$

式中, $\tau_1 = R_1 C, \tau_2 = R_2 C$。

**8-3** 什么是环路的跟踪状态？它和锁定状态有什么区别？什么是失锁？

**答** 当没有输入信号时，VCO 以自由振荡频率 $\omega_0$ 振荡。如果环路有一个输入信号 $u_i(t)$，那么开始时，输入频率总是不等于 VCO 的自由振荡频率的，即 $\omega_i \neq \omega_0$。如果 $\omega_i$ 和 $\omega_0$ 相差不大，那么在适当范围内，鉴相器输出一误差电压，经环路滤波器变换后控制 VCO 的频率，使其输出频率变化到接近 $\omega_i$，而且两信号的相位误差为 $\varphi$(常数)，这叫环路锁定。

环路锁定以后，这时环路进入锁定状态。一旦入锁以后，压控频率就等于基准频率，且 $f_0$ 随 $f_i$ 而变化，这就称为跟踪。

若再继续增加 $f_i$，当 $f_i > f_2'$ 时，压控振荡频率 $f_0$ 不再受 $f_i$ 的牵引而失锁，又回到其自由振荡频率。

**8-4** 测量锁相环路的同步带和捕捉带需要哪些仪器？

**答** 稳压电源、双踪示波器、信号发生器、频率计。

**8-5** 试分析锁相环路的同步带和捕捉带之间的关系。

**答** 一阶锁相环路的同步带等于捕捉带，二阶及二阶以上锁相环路的同步带大于捕捉带(见图 8-9)。

**8-6** 锁定状态应满足什么条件？锁定状态下有什么特点？

**答** 如果本振信号的频率和输入信号的频率完全一致，两者的相位差将保持某一恒定值，则鉴相器的输出将是一个恒定直流电压(高频分量忽略)，环路低通滤波器的输出也是一个直流电压，VCO 的频率将停止变化，这时，环路处于"锁定状态"。

锁定特性：环路对输入的固定频率锁定以后，两信号的频差为零，只有一个很小的稳态剩余相差。这是一般自动频率微调系统(AFC)做不到的，正是由于锁相环路具有可以实现理想的频率锁定这一特性，使它在自动频率控制与频率合成技术等方面获得了广泛的应用。

**8-7** 根据锁相环的锁定状态和失锁状态下的不同特性，拟定用一个示波器如何判别环路是否锁定，并加以简短的说明。

**答** (1) 有双踪示波器的情况

开始时 $f_i < f_0$，环路处于失锁状态。加大输入信号频率 $f_i$，用双踪示波器观察压控振荡器的输出信号和环路的输入信号，当两个信号由不同步变成同步，且 $f_i = f_0$ 时，表示环路已经进入锁定状态。

(2) 单踪——普通示波器

在没有双踪示波器的情况下，在单踪示波器上可以用李沙育图形来判定环路是否处于锁定状态。把鉴相器的输入信号 $u_i(t)$ 加到示波器的垂直偏转板上，把 $u_o(t)$ 加到水平偏转板上(或者相反)，并使两信号幅度相等。如果环路已锁定，且在理想情况下，即 $\varphi = 0$，李沙育图形应是一个圆，如图题 8-7 所示。

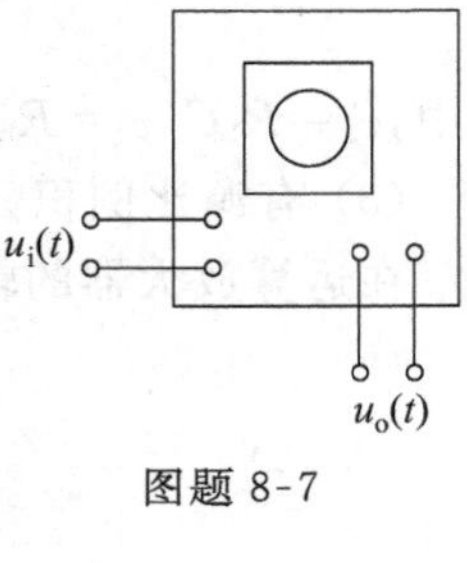

**8-8** 为什么我们把压控振荡器输出的瞬时相位作为输出量？为什么说压控振荡器在锁相环中起了积分的作用？

**答** 压控振荡器受环路滤波器输出电压 $u_c(t)$ 的控制，使振荡频率向输入信号的频率靠拢，直至两者的频率相同，使得 VCO

图题 8-7

输出信号的相位和输入信号的相位保持某种关系,达到相位锁定的目的。

压控振荡器实际上就是一种电压-频率变换器。它在锁相环路中起着电压-相位变化的作用。压控振荡器瞬时振荡频率 $\omega(t)$ 相对于输入控制电压 $u_c(t)$ 的关系,如图 8-7(a)所示。在一定范围内,$\omega(t)$ 与 $u_c(t)$ 是成线性关系的,可用下式表示:

$$\omega(t) = \omega_0 + K_\omega u_c(t) \tag{1}$$

但在锁相环路中,我们需要的是它的相位变化,即把由控制电压所引起的相位变化作为输出信号。由式(1)可求出瞬时相位为

$$\varphi_{o1} = \int_0^t \omega(t)\mathrm{d}t = \omega_0 t + \int_0^t K_\omega u_c(t)\mathrm{d}t \tag{2}$$

所以由控制电压所引起的相位变化,即压控振荡器的输出信号为

$$\varphi_o(t) = \varphi_{o1}(t) - \omega_0 t = \int_0^t K_\omega u_c(t)\mathrm{d}t \tag{3}$$

由此可见,压控振荡器在环路中起了一次理想积分作用,因此压控振荡器是一个固有积分环节。

8-9　试画出锁相环路的方框图,并回答以下问题:

(1) 环路锁定时压控振荡器的频率 $\omega_0$ 和输入信号频率 $\omega_i$ 是什么关系?

(2) 在鉴相器中比较的是何种参量?

锁相环路的方框图如图题 8-9 所示。

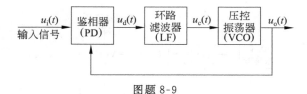

图题 8-9

**答**　(1) 环路锁定时压控振荡器的频率 $\omega_0$ 和输入信号频率 $\omega_i$ 相等,即 $\omega_i = \omega_0$;

(2) 在鉴相器中比较的是输入信号 $u_i(t)$ 和压控振荡器输出信号 $u_o(t)$ 的相位。

8-10　写出锁相环的数学模型及锁相环路的基本方程式。

**答**　将鉴相器、滤波器与压控振荡器的数学模型代换到基本锁相环中,便可得出锁相环路的数学模型,如图 8-8 所示。

根据该图,即可得出锁相环路的基本方程式为

$$\varphi_o(s) = [\varphi_i(s) - \varphi_o(s)]K_d H(s)K_\omega \frac{1}{s}$$

或写成

$$F(s) = \frac{\varphi_o(s)}{\varphi_i(s)} = \frac{K_d K_\omega H(s)}{s + K_d K_\omega H(s)}$$

式中,$F(s)$ 表示整个锁相环路的闭环传输函数。它表示在闭环条件下,输入信号的相角 $\varphi_i(s)$ 与 VCO 输出信号相角 $\varphi_o(s)$ 之间的关系。相角 $\varphi(s) = \varphi_i(s) - \varphi_o(s)$ 表示误差。

8-11　已知正弦鉴频器的最大输出电压 $U_d = 2\text{V}$,环路滤波器增益为 1,压控振荡器的控制灵敏度 $k_\omega = 10^4\,\text{Hz/V}$,振荡频率 $f_0 = 10^3\,\text{kHz}$。

（1）当输入信号为固定频率 $f_i=1010\mathrm{kHz}$ 时,控制电压是多少？稳态相差有多大？

（2）缓慢增加输入信号的频率至 1020kHz 时,环路能否锁定？控制电压 $U_c$ 是多少？

（3）求环路的同步带 $\Delta f$。

**答** （1）当输入信号为固定频率 $f_i=1010\mathrm{kHz}$ 时,固有频差

$$\Delta f(t) = 10\mathrm{kHz}$$

相应的直流控制电压

$$U_c = \frac{\Delta f(t)}{K_\omega} = 1\mathrm{V}$$

鉴相器输出电压 $u_d(t)=2\sin\Delta\varphi(t)$,因为环路滤波器直流增益为 1,则

$$u_d(t) = 1\mathrm{V}$$

令 $u_d(t)=2\sin\Delta\varphi(t)=1$,则 $\Delta\varphi(t)=\pi/6$。

（2）当输入信号的频率增至 1020kHz 时,固有频差 $\Delta f(t)=20\mathrm{kHz}$,相应的直流控制电压 $U_c=2\mathrm{V}$,此时 $U_d=2\mathrm{V}$。因此正弦型鉴相器的最大输出电压 $U_d=2\mathrm{V}$,所以环路能锁定。

（3）环路最大频偏 $\Delta f(t)=20\mathrm{kHz}$,所以同步带为 980～1020kHz。

8-12　画出锁相环路用于调频的方框图,并分析其工作原理。

**答** 在普通的直接调频电路中,振荡器的中心频率稳定度较差,而采用晶体振荡器的调频电路,其调频范围又太窄。采用锁相环的调频器可以解决这个矛盾,其锁相调频原理框图如图题 8-12 所示。

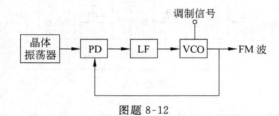

图题 8-12

实现锁相调频的条件是调制信号的频谱要处于低通滤波器通带之外,使压控振荡器的中心频率锁定在稳定度很高的晶振频率上,而随着输入调制信号的变化,振荡频率可以发生很大偏移。这种锁相环路称载波跟踪型 PLL。

8-13　画出锁相环路(PLL)用于鉴频的方框图,并分析其工作原理。

**答** 如果将环路的频带设计得足够宽,则压控振荡器的振荡频率跟随输入信号的频率而变。若压控振荡器的电压-频率变换特性是线性的,则加到压控振荡器的电压,即环路滤波器输出电压的变化规律必定与调制信号的规律相同。故从环路滤波器的输出端,可得到解调信号。用锁相环进行已调频波解调是利用锁相环的跟踪特性,这种电路称调制解调型 PLL。锁相环用于鉴频的原理框图如图题 8-13 所示。

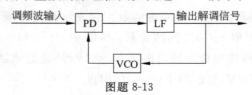

图题 8-13

8-14 一个基本锁相环是几阶锁相环?

**答** 一个基本锁相环是二阶锁相环。

8-15 为什么用锁相环接收信号可以相当于一个 $Q$ 值很高的带通滤波器?

**答** 锁相环路通过环路滤波器的作用,具有窄带滤波器特性,它可以将混进输入信号中的噪声和杂散干扰滤除掉。在设计好时,这个通带能做得极窄。例如,在几十兆赫的频率范围内,实现几十赫甚至几赫的窄带滤波。这相当于一个 $Q$ 值很高的带通滤波器,这种窄带滤波特性是任何 $LC,RC$ 石英晶体等滤波器难以达到的。

环路滤波器的作用是滤除 $u_d(t)$ 中的高频分量及噪声,以保证环路所要求的性能。

8-16 锁相频率合成器如图题 8-16 所示。

(1) 试在图中空格内填上合适的名称;

(2) 导出 $f_o$ 与 $f_s$ 的关系式;

(3) 要求 $f_o$ 的值为 10kHz～1MHz,频率间隔为 10kHz,求 $M$ 值的大小以及 $N$ 的取值范围。

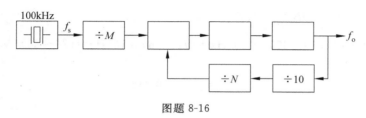

图题 8-16

**答** (1) 从左往右依次为鉴相器、环路滤波器、压控振荡器;

(2) $f_o = \dfrac{f_s}{M} 10N$;

(3) $M = 100$,$N$ 的取值范围为 1～100。

8-17 锁相环的同步带与环路带宽有什么不同?

提示:分析同步带与环路带宽时,其初始条件均是锁相环处于锁定状态。

**答** 环路带宽与同步带不同之处可以从两方面分析:

(1) 这是一个线性跟踪分析,即必须保证相位误差最大值 $\varphi(t) \leqslant \dfrac{\pi}{6}$,而同步问题是一个非线性跟踪,因为输入频差接近同步带时,鉴相器已工作于非线性;

(2) 环路带宽限制的是锁定状态输入信号的载频 $\omega_i$ 变化时的速率,也就是调频波的调制频率 $\Omega$ 的大小。而同步带是指输入信号的载频 $\omega_i$ 与 VCO 固有频率 $\omega_o$ 的差值。

8-18 举例说明锁相环路的应用。

**答** 由于锁相环路具有良好的跟踪特性、良好的窄带滤波特性以及良好的门限特性,所以广泛应用于电子技术的各个领域。例如:

(1) 锁相环路在调制解调技术上的应用。

(2) 锁相接收机在接收空间信号方面得到广泛应用。

由于各种原因,地面接收机接收的信号十分微弱。采用锁相接收机,利用环路的窄带跟踪特性,可以有效地接收空间信号。

（3）在稳频技术中的应用：用于振荡器的稳定与提纯以及频率合成器。

8-19 在图题 8-19 所示频率合成器中，晶体振荡器的频率 $f_i = 100\,\text{kHz}$，若可变分频器的分频比 $N = 760 \sim 860$，固定分频器的分频比 $M = 10$，计算该频率合成器的信道间隔 $f_{ch}$ 及输出频率范围。

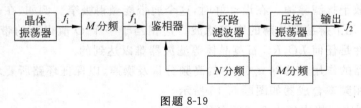

图题 8-19

**解** （1）锁定时输出频率范围

$$f_1 = \frac{f_2}{MN} = \frac{f_2}{10N}$$

$$f_2 = 10Nf_1 = 10N\frac{f_i}{10} = Nf_i$$

$$f_2 = Nf_i = (760 \sim 860) \times 10^5\,\text{Hz} = (76 \sim 86) \times 10^6\,\text{Hz} = (76 \sim 86)(\text{MHz})$$

（2）信道间隔

$$f_{ch} = f_i = 10^5\,\text{Hz}$$

# 8.6　自测题

**1. 填空题**

（1）反馈控制系统的分类有_____。

（2）锁相环路的组成有_____。

（3）锁相环路的基本特性是_____。

（4）锁相环路中鉴相器的作用是把_____转换为误差电压输出。

（5）AGC 电路的作用是_____。

（6）AFC 电路是指以消除_____为目的的反馈控制电路。

（7）接收机自动音量控制能自动保持音量的原因是_____。

（8）调幅接收机采用 AFC 电路的原因是_____。

**2. 判断题**

（1）采用反馈控制系统使输出稳定的原因是利用存在的误差来减小误差。

（2）锁相环路中环路滤波器的作用是让输入的高频信号通过。

（3）压控振荡器具有把电压变化转化为相位变化的功能。

（4）AGC 信号为低频信号。

**3. 选择题**

(1) PLL 电路是指（　　）。

A. 消除频率误差为目的的反馈控制电路

B. 消除频率误差为目的的反馈控制电路,利用相位误差电压去消除频率误差,环路锁定后只有相差,无频差存在

C. 消除频率误差为目的的反馈控制电路,利用相位误差电压去消除频率误差,环路锁定后只有频差,无相差存在

D. 消除相位误差为目的的反馈控制电路。

(2) 锁相环路鉴相器的作用是把（　　）。

A. 频率误差转换为误差电压输出　　　　B. 相位误差转换为误差电压输出

C. 幅度误差转换为误差电压输出　　　　D. 频率误差转换为相位误差

(3) 锁相环路滤波器的作用是（　　）。

A. 让 PD 输出的低频分量或直流分量通过

B. 让输入的高频信号通过

C. 没有环路滤波器锁相环也可以正常工作

D. 上述说法都不正确

(4) VCO 具有把（　　）。

A. 电压变化转化为相位变化的功能　　　B. 相位变化转化为电压变化的功能

C. 相位误差转化为误差电压的功能　　　D. 上述说法都不正确

# 第9章 电噪声及其抑制

## 9.1 内容提要和知识结构框图

### 1. 内容提要

通信系统的基本任务是传送信息。理想通信系统所接收到的信息应该和原来的发送信息完全相同,但实际接收到的信息由于在传输过程中伴随一定程度的失真或混入一些干扰等原因或多或少与发送信息有些差别。所以,在雷达、通信、电视和遥控遥测等无线电系统中,接收机或放大器的输出端,除了有用信号外,还夹杂着有害的干扰。本章所涉及的内容主要有电阻热噪声、晶体管的噪声及其等效电路、噪声度量、减小电路内部噪声影响,提高输出信噪比的方法等。

### 2. 知识结构框图

本章知识结构框图如图 9-1 所示。

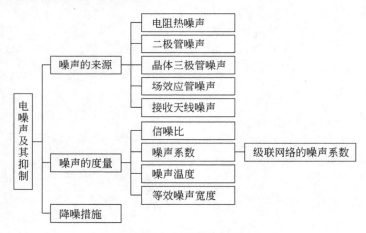

图 9-1 知识结构框图

## 9.2 本章知识点

1. 电阻热噪声(重点)
2. 晶体管的噪声及其等效电路(重点、难点)

3. 噪声度量(重点、难点)
4. 减小电子电路内部噪声影响,提高输出信噪比的方法(重点)
5. 静噪电路(重点)

# 9.3　重点及难点内容分析

## 9.3.1　电阻热噪声

### 1. 电阻热噪声现象

电阻是具有一定阻值的导体,内部存在着大量做杂乱无章运动的自由电子。运动的强度由电阻的温度决定,温度越高运动越强烈,只有当温度下降到绝对零度时,运动才停止。电阻中每个电子运动的方向和速度是不规则的随机运动,这样就在导体内部形成了无规则电流,由于它随时间不断变化,忽大忽小,此起彼伏,习惯上把这种现象叫起伏现象,把它引起的噪声叫起伏噪声。由于电子质量很轻,作无规则运动的速度很高,它形成的起伏噪声电流是无数个非周期性窄脉冲叠加的结果,各非周期性脉冲电流的极性、大小和出现的时间都是不确定的。因此,它们的合成电流时大、时小,时正、时负。

### 2. 电阻热噪声的功率密度频谱

电阻热噪声是起伏噪声,它的电压(或电流)的瞬时值和平均值都无法计量。但是,人们发现它的均方值(即各瞬时值平方后再平均)是确定的,可以用功率测量出来,它表示在 $1\Omega$ 电阻上所消耗的噪声平均功率,即

$$\overline{P_{\mathrm{n}}} = \lim_{T \to \infty} \frac{1}{T} \int_0^T P_{\mathrm{n}}(t) \mathrm{d}t = \lim_{T \to \infty} \frac{1}{T} \int_0^T \frac{u_{\mathrm{n}}^2(t)}{R} \mathrm{d}t = \frac{\overline{u_{\mathrm{n}}^2}}{R} \bigg|_{R=1\Omega} = \overline{u_{\mathrm{n}}^2} \qquad (9-1)$$

式中

$$\overline{u_{\mathrm{n}}^2} = \lim_{T \to \infty} \frac{1}{T} \int_0^T u_{\mathrm{n}}^2 \mathrm{d}t \qquad (9-2)$$

当然,用均方根($\sqrt{u_{\mathrm{n}}^2}$ 或 $\sqrt{i_{\mathrm{n}}^2}$),即有效值也可计量,它表征了起伏噪声的起伏强度。

由于起伏噪声通过接收机或放大器才能显示出来,而接收机或放大器都有一定的频率特性,因此,必须了解起伏噪声的频谱和功率密度谱,才能研究它对接收机或放大器的影响。

前述已知,起伏噪声是由无数个非周期性窄脉冲叠加而成,每个脉冲宽度均为 $10^{-13} \sim 10^{-14}\,\mathrm{s}$。研究表明,窄脉冲在 $10^{13}\,\mathrm{Hz}$ 的频带内,频谱是均匀分布,且等于常数 $\tau$。

由于噪声电压是随机量,各窄脉冲之间没有确定的相位关系,即便求得了单个脉冲的频谱,也无法得到整个噪声电压的频谱。但它的功率频谱却是确定的数值。由于单个脉冲频谱是均匀分布,显然它的功率频谱也是均匀分布,由各个窄脉冲的功率频谱叠加而得到的整个电压的功率频谱也是均匀分布。即,它的功率密度频谱 $S(f)$(在单位频带内,$1\Omega$ 上所消耗的平均功率)是个常数。这样的频谱与太阳光的光谱相似,因为太阳光是白

色的,因此通常把具有均匀连续频谱的噪声叫做"白噪声"。

前述已知,噪声电压的均方值 $\overline{u_n^2}$ 是在 $1\Omega$ 电阻上消耗的噪声功率。因此, $\overline{u_n^2}$ 与噪声功率密度 $S(f)$ 的关系如下:

$$\overline{u_n^2} = \int_0^\infty S(f)\,\mathrm{d}f = 4kTR \lim \frac{1}{T}\int_0^T u_n^2(t)\,\mathrm{d}t \tag{9-3}$$

### 3. 电阻噪声的计算

理论和实践证明,阻值为 $R$ 的电阻产生的噪声电压的功率密度谱 $S_v$ 和噪声电流的功率密度谱 $S_i$ 分别为

$$S_v = 4kTR \tag{9-4}$$

$$S_i = 4kT\,\frac{1}{R} \tag{9-5}$$

式中, $k$ 是波尔兹曼常数; $T$ 为电阻温度,以绝对温度 K 计量, $T = 273 + T(℃)$。

这样,在 $B$ 频带产生的噪声电压均方值与噪声电流均方值分别为

$$\overline{u_n^2} = S_v B = 4kTRB \tag{9-6}$$

$$\overline{i_n^2} = S_i B = 4kT\,\frac{1}{R}B \tag{9-7}$$

电阻噪声可以用电阻的噪声等效电路表示。即把一个实际电阻等效为一个噪声电压源 $\overline{u_n^2}$ 和一个无噪声电阻 $R$ 的串联;或者等效为一个噪声电流源 $\overline{i_n^2}$ 和一个无噪声电导 $G = \frac{1}{R}$ 并联,如图 9-2 所示 。

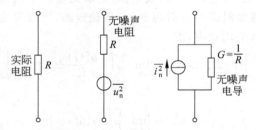

图 9-2　电阻噪声等效电路

实际上,这两种等效电路是一样的。当计算多个串联电阻的热噪声时,用串联等效电路比较方便;而并联等效电路用于计算多个并联电阻的热噪声。

## 9.3.2　晶体管的噪声及其等效电路

### 1. 晶体管噪声

除电阻噪声以外,电子器件的噪声也是电子设备内部噪声的一个重要来源。一般在接收机或放大器中,晶体管噪声往往比电阻热噪声强得多。晶体管噪声产生的机理比较复杂,主要有四种,即电阻热噪声、散弹噪声、分配噪声、闪烁噪声 $\left(\frac{1}{f}$ 噪声$\right)$ 。

（1）电阻热噪声

它是由晶体管内的损耗电阻产生的。理论和实践证明：在晶体二极管中，热噪声是由晶体管的等效电阻 $r_e$ 决定的，其噪声电压的均方值为

$$\overline{u_n^2} = 4kTr_e B \tag{9-8}$$

在晶体三极管中，电子不规则的热运动同样会产生热噪声。由于发射极和集电极产生的热噪声一般很小，可以忽略，热噪声主要由基极电阻 $r_{bb'}$ 产生，其噪声电压的均方值为

$$\overline{u_n^2} = 4kTr_{bb'} B \tag{9-9}$$

（2）散弹噪声

在晶体管中，电流是由无数载流子的迁移形成的。由于各载流子的速度不尽相同，使得单位时间内通过 PN 结的载流子数目有起伏，因而引起通过 PN 结的电流在某一平均值上作不规则的起伏变化。人们把这种现象叫散弹噪声。

理论与实验证明：晶体三极管中，发射结和集电结都会产生散弹噪声。因为发射结是正向偏置，集电结是反向偏置，前者的散弹噪声电流主要决定于发射极电流 $I_e$；后者则决定于集电结反向饱和电流 $I_{co}$。由于 $I_e$ 远大于 $I_{co}$，所以晶体三极管发射结产生的散弹噪声起主要作用，其噪声电流的均方值为

$$\overline{i_{en}^2} = 2qI_e B \tag{9-10}$$

由该式可见，晶体管的散弹噪声也是白噪声。应该指出的是，散弹噪声的强度与直流电流成正比，而电阻热噪声则与流过电阻的电流无关，这是两者的区别。

（3）分配噪声

这种噪声只存在于三极管中，它是由于基区载流子的复合率有起伏，使得集电极电流和基极电流的分配有起伏，从而使集电极电流有起伏，这种噪声叫分配噪声。

理论和实践表明，分配噪声可用集电极电流的均方值 $\overline{i_{cn}^2}$ 表示：

$$\overline{i_{cn}^2} = 2qI_{cQ}\left(1 - \frac{|\alpha|^2}{\alpha_0}\right)B \tag{9-11}$$

式中，$I_{cQ}$ 是三极管集电极静态电流；$\alpha_0$ 是低频时共基极电流放大系数；$\alpha$ 是高频时共基极电流放大系数，其值为

$$\alpha = \frac{\alpha_0}{1 + \mathrm{j}\dfrac{f}{f_\alpha}} \tag{9-12}$$

$$|\alpha|^2 = \frac{\alpha_0^2}{1 + \left(\dfrac{f}{f_\alpha}\right)^2}$$

式中，$f_\alpha$ 是共基极晶体管截止频率；$f$ 是晶体管工作频率。

式（9-11）表明，晶体管的分配噪声不是白噪声，它的功率密度谱随频率而变化，频率越高噪声就越大。

（4）闪烁噪声 $\left(\dfrac{1}{f}\text{噪声}\right)$

这种噪声是低频噪声。它的功率密度谱与工作频率成反比，因此也不是白噪声。关于这种噪声的产生机理说法不一，一般认为是由于三极管加工过程中表面清洁处理不好，

存在缺陷造成的,而它的强度还与半导体材料的性质和外加电压大小有关。

### 2. 晶体管噪声等效电路

当晶体管工作在高频,且接成共发射极电路时,它的噪声等效电路如图 9-3 所示。图中 $\overline{u_{\mathrm{bn}}^2}$ 是基极电阻 $r_{\mathrm{bb'}}$ 产生的热噪声,$\overline{i_{\mathrm{en}}^2}$ 是发射极散弹噪声;$\overline{i_{\mathrm{cn}}^2}$ 是集电极电流分配噪声。应该注意的是,晶体管接法不同,其噪声等效电路也不同。

在晶体管放大器的噪声计算中,常把噪声源都折算到输入端,晶体管看作理想的无噪声器件,如图 9-4 所示。图中恒压等效噪声源 $\overline{u_{\mathrm{n}}^2}$ 主要是基区体电阻的热噪声和管子的分配噪声;恒流等效噪声源 $\overline{i_{\mathrm{n}}^2}$ 主要是发射极的散弹噪声和部分管子的分配噪声。实际上任何线性噪声网络(或放大器)都可用无噪声网络和两个噪声源来表示。因为当输入端短路或开路时输出端都会存在噪声,所以必须用两个噪声源来等效。

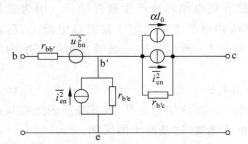

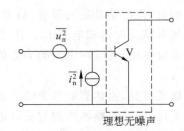

图 9-3　晶体管共发射极噪声等效电路　　　图 9-4　噪声折算到输入端的晶体管电路

有了晶体管的噪声等效电路,就可以定量地分析和计算晶体管的噪声。通常晶体管内部噪声影响的大小用噪声系数 $N_{\mathrm{F}}$ 表示。理论和实验已证明:

$$N_{\mathrm{F}} = 1 + \frac{r_{\mathrm{bb'}}}{R_{\mathrm{S}}} + \frac{r_{\mathrm{e}}}{2R_{\mathrm{S}}} + \frac{R_{\mathrm{S}} + r_{\mathrm{bb'}} + r_{\mathrm{e}}}{2\alpha_0 R_{\mathrm{S}} r_{\mathrm{e}}}\left(\frac{1}{\beta_0} + \frac{f^2}{f_\alpha^2}\right) \tag{9-13}$$

式(9-13)是计算晶体管放大器噪声系数的重要公式。

## 9.3.3　噪声度量

### 1. 信噪比(SNR)

噪声的有害影响一般是相对于有用信号而言的,脱离了信号的大小只讲噪声的大小是没有意义的。常用信号和噪声的功率比来衡量一个信号的质量优劣。信噪比是在指定频带内,同一端口信号功率 $P_{\mathrm{s}}$ 和噪声功率 $P_{\mathrm{n}}$ 的比值,即

$$\mathrm{SNR} = \frac{P_{\mathrm{s}}}{P_{\mathrm{n}}} \tag{9-14}$$

当用分贝表示信噪比时,有

$$\mathrm{SNR} = 10\lg\frac{P_{\mathrm{s}}}{P_{\mathrm{n}}} \ (\mathrm{dB}) \tag{9-15}$$

信噪比越大,信号质量越好。信噪比的最小允许值,取决于具体应用设备的要求。

**2. 噪声系数**

信噪比 SNR 虽能反映信号质量的好坏，但是，它不能反映该放大器或网络对信号质量的影响，也不能表示放大器本身噪声性能的好坏。因此，人们常用通过放大器（或线性网络）前后信噪比的比值即噪声系数来表示放大器的噪声性能。

噪声系数是指线性四端网络输入端的信噪功率比与输出端的信噪功率比之比值。设线性四端网络如图 9-5 所示。图中 $R_S$ 是信号源内阻，$U_S$ 是信号源电动势，$R_L$ 是负载。

图 9-5　线性四端网络的噪声系数

根据噪声系数定义，可得

$$N_F = \frac{P_{si}/P_{ni}}{P_{so}/P_{no}} = \frac{输入信噪比}{输出信噪比} \tag{9-16}$$

式中，$P_{si}$，$P_{so}$ 分别为网络输入端和输出端信号功率；$P_{ni}$ 为网络输入端的噪声功率，它是由信号源内阻产生的，并规定内阻的温度为 290K（即 17℃），此温度被称为标准噪声温度；$P_{no}$ 为网络输出总噪声功率，包括通过网络的输入噪声功率和网络的内部噪声功率。

式（9-16）作适当变换，可得 $N_F$ 的另一种表达形式：

$$N_F = \frac{P_{no}}{\frac{P_{so}}{P_{si}} P_{ni}} = \frac{P_{no}}{A_P P_{ni}} \tag{9-17}$$

式中，$A_P = \dfrac{P_{so}}{P_{si}}$ 是线性网络的功率增益。

如果网络内部不产生噪声，网络输入、输出信噪比不变，即 $N_F = 1$，$P_{no} = A_P P_{ni}$。这表明网络输出噪声功率等于输入噪声功率被放大了 $A_P$ 倍。实际网络一定有噪声，输出噪声功率 $P_{no}$ 中，除 $A_P P_{ni}$ 项外，还有网络内部产生的噪声。为了更清楚地了解网络产生的噪声对信号信噪比的影响，把输入到网络并被放大的噪声功率 $A_P P_{ni}$ 称作外部噪声，用 $P_{nAo}$ 表示；把网络内部产生的噪声叫内部噪声，用 $P_{nBo}$ 表示。这样网络输出端总的噪声功率为

$$P_{no} = P_{nAo} + P_{nBo} = A_P P_{ni} + P_{nBo}$$

噪声系数可表示为

$$N_F = \frac{P_{no}}{P_{nAo}} = \frac{P_{nAo} + P_{nBo}}{P_{nAo}} = 1 + \frac{P_{nBo}}{P_{nAo}} = 1 + \frac{P_{nBo}}{A_P P_{ni}} \tag{9-18}$$

由式（9-18）可见，$P_{nAo}$ 表示外部噪声通过一个理想线性网络在输出端上的噪声；$P_{nBo}$ 表示实际线性网络输出端上的噪声。两者之比表示了理想与实际网络的差别，当网络为理想网络时，$P_{nBo} = 0$，$N_F = 1$。而实际网络 $P_{nBo} \neq 0$，$N_F > 1$，$N_F$ 越大说明网络产生的噪声越多，性能越差。为了便于计算，通常计算噪声系数时都是利用电压比或电流比代替前

述的功率比,结合图 9-6,可以推出:

$$
\left.\begin{aligned}
N_F &= 1 + \frac{\overline{u_{nBo}^2}}{\overline{u_{nAo}^2}} \\
N_F &= 1 + \frac{\overline{i_{nBo}^2}}{\overline{i_{nAo}^2}}
\end{aligned}\right\}
\tag{9-19}
$$

式中:$\overline{u_{nAo}^2}$,$\overline{i_{nAo}^2}$——外部噪声在输出端产生的噪声电压和噪声电流均方值;

$\overline{u_{nBo}^2}$,$\overline{i_{nBo}^2}$——内部噪声在输出端产生的噪声电压和噪声电流均方值。

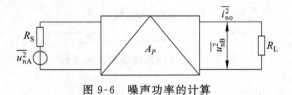

图 9-6   噪声功率的计算

在通信技术中,要求电路阻抗匹配,研究电路在匹配情况下的噪声性能更有实际意义。当网络的输入端匹配时,信号源给出的功率最大,同样信号源内阻给出的噪声功率也最大。若电路如图 9-7 所示时,它的输出噪声功率为

$$
P_n' = \frac{\overline{u_n^2}}{4R} = \frac{1}{4}\,\overline{i_n^2}R
\tag{9-20}
$$

式中,$\overline{u_n^2} = 4kTRB$,$\overline{i_n^2} = 4kT\dfrac{1}{R}B$,代入式(9-20)得

$$
P_n' = kTB
\tag{9-21}
$$

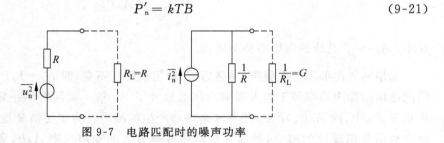

图 9-7   电路匹配时的噪声功率

$P_n'$ 叫做噪声源的额定功率,有时也叫资用功率。换句话说,$P_n'$ 是噪声源可能提供的最大功率。当电路匹配时,它能给出这个功率;当电路不匹配时,它给出的功率小于额定功率。

$P_n'$ 的计算式表明,任何一个二端网络的噪声额定功率只与其温度 $T$ 及通频带 $B$ 有关,而与其负载阻抗以及网络本身的阻抗都无关,这是它的重要特征。

用额定功率和额定功率增益来定义噪声系数,将给它的计算和测量带来很大方便。类比式(9-16)、式(9-17)、式(9-18),可以分别写出如下表示式:

$$
N_F = \frac{P_{si}'/P_{ni}'}{P_{so}'/P_{no}'}
\tag{9-22}
$$

$$N_F = 1 + \frac{P'_{nBo}}{P'_{nAo}} \tag{9-23}$$

$$N_F = 1 + \frac{P'_{nBo}}{A_P P'_{ni}} \tag{9-24}$$

应该指出的是，噪声系数只适用于线性电路。这是因为在运算中（如电阻噪声的运算）运用了均方值叠加原理。对于接收机而言，只适于接收的线性部分（即检波器以前，包括高频放大、变频和中频放大）。至于混频器，虽然它是一个非线性电路，信号和噪声通过混频器时会产生非线性变换，但由于输入的信号和噪声都比本振电压小得多，输入信号和噪声的非线性作用可以忽略，混频器只是把频谱相对地从高频搬移到中频。因此，混频器可以看作线性电路，一般称它为准线性电路。

### 3. 级联网络的噪声系数

下面研究各单元电路的噪声系数和多级级联电路总噪声系数的关系。

假如有两个四端网络级联，如图 9-8 所示，它们的噪声系数、额定功率增益、噪声带宽分别为 $N_{F1}$、$N_{F2}$，$A_{P1}$、$A_{P2}$，$B_1$、$B_2$，并且 $B_1 = B_2 = B$。

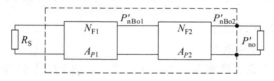

图 9-8　两级级联网络的噪声系数

根据定义，级联网络的总噪声系数 $N_F$ 为

$$N_{F1\cdot2} = \frac{P'_{no}}{A_{P1\cdot2} P'_{ni}} = \frac{P'_{no}}{A_{P1\cdot2} k T_0 B} \tag{9-25}$$

式中，$P'_{no}$ 是级联四端网络总输出的额定噪声功率，$A_{P1\cdot2} = A_{P1} A_{P2}$ 是级联网络总的额定功率增益。$P'_{no}$ 由三部分组成：①信号源内阻 $R_S$ 产生的噪声经过两级放大后在输出端的噪声额定功率 $A_{P1} A_{P2} k T_0 B$；②第一级网络内部噪声经第二级放大后在输出端的噪声额定功率 $A_{P2} P'_{nBo1}$；③第二级网络的内部噪声输出端的噪声额定功率 $P'_{nBo2}$。故 $P'_{no}$ 可表示为

$$P'_{no} = A_{P1} A_{P2} k T_0 B + A_{P2} P'_{nBo1} + P'_{nBo2} \tag{9-26}$$

由式(9-24)可求得第一级、第二级网络的内部噪声 $P'_{nBo1}$ 和 $P'_{nBo2}$ 分别为

$$P'_{nBo1} = (N_{F1} - 1) A_{P1} k T_0 B \tag{9-27}$$

$$P'_{nBo2} = (N_{F2} - 1) A_{P2} k T_0 B \tag{9-28}$$

将式(9-26)～式(9-28)代入式(9-25)，得

$$N_{F1\cdot2} = N_{F1} + \frac{N_{F2} - 1}{A_{P1}} \tag{9-29}$$

同理，对 $n$ 级电路组成的网络，总的噪声系数为

$$N_{F\Sigma} = N_{F1} + \frac{N_{F2} - 1}{A_{P1}} + \frac{N_{F3} - 1}{A_{P1} A_{P2}} + \cdots + \frac{N_{Fn} - 1}{A_{P1} A_{P2} \cdots A_{P(n-1)}} \tag{9-30}$$

由以上公式可得出如下结论：

若各级噪声系数小而额定功率增益大,则级联电路的总噪声系数 $N_F$ 小。但是各级噪声对 $N_F$ 的影响是不同的,越是靠近前面几级的噪声系数和额定功率增益,对总的噪声系数影响越大。因此级联电路中最主要的是前面的第一、二级,最关键的是由第一级放大器的噪声系数 $N_{F1}$ 和功率增益 $A_{P1}$ 所决定。$N_{F1}$ 小,则总的噪声系数小;$A_{P1}$ 大,则使后级的噪声系数在总的噪声系数中所起的作用减小。因此,在多级放大器中,最关键的是第一级,不仅要求它的噪声系数低,而且要求它的额定功率增益大。

### 9.3.4 减小电子电路内部噪声影响、提高输出信噪比的方法

噪声对电子电路所造成不良影响的大小,视噪声与信号的相对大小而定,通常用信噪比来衡量。信噪比越大,信号质量越好。提高信噪比可以从两方面入手,一是提高信号强度;二是降低噪声。现简要介绍减小电子电路内部噪声影响、提高输出信噪比的方法。

(1) 选用低噪声器件,以求获得最小噪声系数。

选用低噪声器件可以降低器件本身的噪声。通常晶体管内部噪声影响的大小用噪声系数 $N_F$ 表示。由式(9-13)可知:

$$N_F = 1 + \frac{r_{bb'}}{R} + \frac{r_e}{2R_S} + \frac{R_S + r_{bb'} + r_e}{2\alpha_0 R_S r_e}\left(\frac{1}{\beta_0} + \frac{f^2}{f_\alpha^2}\right)$$

由此式可以得出以下三点结论:

① 噪声系数 $N_F$ 与频率有关。

② 噪声系数与工作点电流有关。$N_F$ 是 $r_e$ 和 $r_{bb'}$,$\beta_0$,$f_\alpha$ 等晶体管参数的函数,而 $r_e$,$\beta_0$,$f_\alpha$ 参数和 $I_e$ 有关。

③ 噪声系数与信号源内阻的大小有关。$R_S$ 存在一个使噪声系数最小的最佳值,当 $R_S$ 较小时,$N_F$ 大体上和 $R_S$ 成反比,随着 $R_S$ 的增大而减小。

这里要指出的是这并不意味着当放大器中器件一定时,选用最小的信号源内阻,噪声系数最小,就可获得最高的信噪比。这是因为当信号源内阻改变时,输入噪声不能保持为常数。

(2) 合理确定设备的通频带。要从信号和噪声两个方面来考虑,既要减小噪声(通频带尽量窄),又要不致使信号失真太大。

(3) 降低放大器的工作温度,特别是前端主要器件的工作温度应尽量低。这一点尤其是对灵敏度要求高的设备更重要。例如卫星通信地面站接收机中的高放,在有的设备中,它要被制冷至 $20\sim80K$。

(4) 在设计低噪声放大器时,对于信号源内阻高的场合,选用场效应管,往往效果比较好,因为此时场效应管放大器的噪声系数相对比较小。对于信号源内阻低的场合,由于在这种情况下,晶体管放大器的噪声系数比场效应管放大器低,显然,采用低噪声晶体管为好。

(5) 选用合适的放大电路。例如共射组态有较大的增益,可以减小后级噪声的影响;共集组态有较高的输入阻抗;共集和共基组态有较好的频率响应。

为了兼顾低噪声、高增益和工作稳定性方面的要求,低噪声放大设备的前两级通常采用共射-共基级联放大电路。因为这种级联放大器具有低噪声、高增益和工作稳定等优

点,所以共射-共基级联放大电路在雷达通信接收机的中频放大器和电视机的高频放大器中得到了广泛的应用。

### 9.3.5 静噪电路

在接收设备中设置静噪电路。它的作用是当接收机无有用信号输入时,使噪声电压不被放大,因而避免了扬声器因有噪声电压而产生噪声。

## 9.4 典型例题分析

**例 9-1** 某接收机由高放、混频、中放三级电路组成。已知混频器的额定功率增益 $A_{P2}=0.2$,噪声系数 $N_{F2}=10\mathrm{dB}$,中放噪声系数 $N_{F3}=60\mathrm{dB}$,高放噪声系数 $N_{F1}=3\mathrm{dB}$。如果要求加入高放后使整个接收机总噪声系数降低为加入前的 $1/10$,则高放的额定功率增益 $A_{P1}$ 应为多少?

**解** 思路:先将噪声系数分贝值化为倍数值,3dB,10dB,6dB 分别对应 2,10,4。

加入高放前 $N_{F\Sigma}=N_{F1}+\dfrac{N_{F2}-1}{A_{P1}}=10+\dfrac{4-1}{0.2}=25$,用分贝表示:

$$N_{F\Sigma}(\mathrm{dB})=10\lg25\mathrm{dB}=14\mathrm{dB}$$

加入高放后 $N_{F\Sigma}=N_{F1}+\dfrac{N_{F2}-1}{A_{P1}}+\dfrac{N_{F3}-1}{A_{P1}A_{P2}}=2+\dfrac{10-1}{A_{P1}}+\dfrac{4-1}{A_{P1}\times0.2}=2.5$,得 $A_{P1}=48$,用分贝表示:

$$A_{P1}(\mathrm{dB})=10\lg48\mathrm{dB}=16.8\mathrm{dB}$$

**例 9-2** 某接收机线性部分由传输线、变频器和放大器组成,其中传输线部分是无源网络。前两部分的额定功率增益分别是 $A_{P1}=0.82$,$A_{P2}=0.2$,后两部分的噪声系数分别是 $N_{F2}=6\mathrm{dB}$,$N_{F3}=3\mathrm{dB}$。求总的噪声系数。

**解** $N_{F1}=\dfrac{1}{A_{P1}}=\dfrac{1}{0.82}=1.22$,$N_{F2}(\mathrm{dB})=6\mathrm{dB}$,$N_{F2}=4$,$N_{F3}(\mathrm{dB})=3\mathrm{dB}$,$N_{F3}=2$

$$N_{F\Sigma}=N_{F1}+\dfrac{N_{F2}-1}{A_{P1}}+\dfrac{N_{F3}-1}{A_{P1}A_{P2}}=1.22+\dfrac{4-1}{0.82}+\dfrac{2-1}{0.82\times0.2}=10.98$$

用分贝表示:

$$N_{F\Sigma}=10\lg10.98\mathrm{dB}=10.4\mathrm{dB}$$

**例 9-3** 求图例 9-3 所示虚线内电阻网络的噪声系数。

**解** 因为

$$P'_{\mathrm{si}}=\dfrac{U_S^2}{4R_S},\quad P'_{\mathrm{so}}=\dfrac{U_S^2}{4R_L}=\dfrac{U_S^2(R_S+R_1+R_2)}{4(R_S+R_1)R_2}$$

所以

$$A'_P=\dfrac{P'_{\mathrm{so}}}{P'_{\mathrm{si}}}=\dfrac{R_S(R_S+R_1+R_2)}{(R_S+R_1)R_2}$$

又因为对于任何无源四端网络,其噪声系数等于该网络额

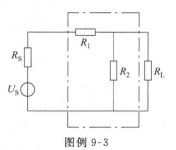

图例 9-3

定功率增益的倒数,则

$$N_F = \frac{1}{A'_P} = \frac{(R_S + R_1)R_2}{R_S(R_S + R_1 + R_2)}$$

## 9.5　思考题与习题解答

9-1　为什么说电阻热噪声是起伏噪声?起伏噪声有什么特点?

答　电阻是具有一定阻值的导体,内部存在着大量作杂乱无章运动的自由电子。运动的强度由电阻的温度决定,温度越高运动越强烈,只有当温度下降到绝对零度时,运动才停止。电阻中每个电子运动的方向和速度是不规则的随机运动,这样就在导体内部形成了无规则电流,由于它随时间不断变化,忽大忽小,此起彼伏,习惯上把这种现象叫起伏现象,把它引起的噪声叫起伏噪声。

由于电子质量很轻,作无规则运动的速度很高,它形成的起伏噪声电流是无数个非周期性窄脉冲叠加的结果,各非周期性脉冲电流的极性、大小和出现的时间都是不确定的。因此,它们的合成电流时大、时小,时正、时负。

9-2　电阻热噪声、散弹噪声产生的物理原因是什么?其谱密度各有什么特点?

答　电阻热噪声是由电阻内部自由电子的无规则热运动而产生的。自由电子在一定温度下的热运动类似分子的布朗运动,是杂乱无章的,温度越高越剧烈。自由电子的无规则运动,在导体内部形成许多小的电流波动,其起伏幅度、持续时间和方向都是随机的。它与电子的有规则运动(直流电流)无关。

电阻热噪声的功率谱密度(简称谱密度)即单位频带内包含电压(或电流)的均方值为

$$S_v = 4kTR \quad 或 \quad S_i = 4kT\frac{1}{R}$$

与频率无关,说明电阻热噪声的功率谱密度在很宽的频带范围内为一恒定值。这与光学中的白色光功率谱在可见光频率范围内均匀分布的特点相类似,故热噪声也称为白噪声。

散弹噪声是载流子不均匀通过 PN 结势垒区,造成电流的微小起伏,几乎所有的有源器件中都存在散弹噪声。噪声电流的均方值为 $\overline{i_{en}^2} = 2qI_e B$,散弹噪声也是白噪声,其强度与直流电流成正比。

9-3　晶体管主要产生哪几种噪声,各有什么特点?

答　晶体管噪声的主要来源为热噪声、散弹噪声、分配噪声和闪烁噪声等。热噪声是白噪声,但与电流无关;散弹噪声属于白噪声,其强度与直流电流成正比;分配噪声不是白噪声,其功率密度随工作频率而变化,频率越高噪声越大;闪烁噪声是低频噪声,在高频时可以忽略。

9-4　一个 $100\Omega$ 的电阻,在室温条件下用通频带为 $4MHz$ 的测试设备来测试其噪声电压,其值有多大?

答　噪声电压的均方值

$$\overline{u_n^2} = 4kTRB = 4 \times 1.38 \times 10^{-23} \times 290 \times 100 \times 4 \times 10^6\,V^2 = 6.4 \times 10^{-12}\,V^2$$

用均方根值 $\sqrt{\overline{u_n^2}}$ 即有效值也可计量,它表征了起伏噪声的起伏强度。

9-5　一个 $1000\Omega$ 的电阻在温度 290K 和 10MHz 频带内工作,试计算它两端产生的噪声电压的均方根值和噪声电流的均方根值。就热噪声的效应来说,证明这个有噪声的电阻能看成一个无噪声的电阻与一个电流为 12.65nA 的噪声电流源相并联。

**答**　噪声电压的均方根值

$$\sqrt{\overline{u_n^2}} = \sqrt{4kTRB} = \sqrt{4 \times 1.38 \times 10^{-23} \times 290 \times 1000 \times 10 \times 10^6}\,\text{V} = 1.265 \times 10^{-5}\,\text{V}$$

噪声电流的均方根值

$$\sqrt{\overline{i_n^2}} = \sqrt{4kT\frac{1}{R}B} = \sqrt{4 \times 1.38 \times 10^{-23} \times 290 \times \frac{1}{1000} \times 10 \times 10^6}\,\text{A}$$

$$= 1.265 \times 10^{-8}\,\text{A} = 12.65 \times 10^{-9}\,\text{A} = 12.65\,\text{nA}$$

9-6　三个电阻,其阻值分别为 $R_1, R_2$ 和 $R_3$,且保持温度在 $T_1, T_2$ 和 $T_3$。如果电阻先串联连接,并看成等效于温度 $T$ 的单个电阻 $R$,求 $R$ 和 $T$ 的表示式。如果电阻改为并联连接,求 $R$ 和 $T$ 的表示式。

**答**　三个电阻串联后,总的噪声电压均方值满足叠加原则,为

$$\overline{u_n^2} = 4kT_1R_1B + 4kT_2R_2B + 4kT_3R_3B = 4k(T_1R_1 + T_2R_2 + T_3R_3)B = 4kTRB$$

$$TR = T_1R_1 + T_2R_2 + T_3R_3, \quad R = R_1 + R_2 + R_3$$

则

$$T = \frac{T_1R_1 + T_2R_2 + T_3R_3}{R_1 + R_2 + R_3}$$

三个电阻并联后,总的噪声电流均方值满足叠加原则,为

$$\overline{i_n^2} = 4kT_1G_1B + 4kT_2G_2B + 4kT_3G_3B = 4k(T_1G_1 + T_2G_2 + T_3G_3)B = 4kTGB$$

$$TG = T_1G_1 + T_2G_2 + T_3G_3, \quad G = G_1 + G_2 + G_3$$

则

$$T = \frac{T_1G_1 + T_2G_2 + T_3G_3}{G_1 + G_2 + G_3} = \frac{T_1R_2R_3 + T_2R_3R_1 + T_3R_1R_2}{R_1R_2 + R_2R_3 + R_3R_1}$$

$$R = \frac{R_1R_2R_3}{R_1R_2 + R_2R_3 + R_3R_1}$$

9-7　某晶体管的 $r_{bb'} = 70\Omega$, $I_e = 1\text{mA}$, $\alpha_0 = 0.95$, $f_\alpha = 500\text{MHz}$。求在室温 19℃,通频带 200kHz 时,此晶体管在频率为 10MHz 时的各噪声源数值。

**答**　电阻热噪声的均方值为

$$\overline{u_{bn}^2} = 4kTr_{bb'}B = 4 \times 1.38 \times 10^{-23} \times (273 + 19) \times 70 \times 200 \times 10^3\,\text{V}^2$$

$$= 2.25 \times 10^{-13}\,\text{V}^2$$

散弹噪声的电流均方值为

$$\overline{i_{en}^2} = 2qI_eB = 2 \times 1.59 \times 10^{-19} \times 1 \times 10^{-3} \times 200 \times 10^3\,\text{A}^2 = 6.36 \times 10^{-17}\,\text{A}^2$$

分配噪声的电流均方值为

$$\overline{i_{cn}^2} = 2qI_{cQ}\left(1 - \frac{|\alpha|^2}{\alpha_0}\right)B$$

而

$$|\alpha|^2 = \frac{\alpha_0^2}{1 + \left(\dfrac{f}{f_\alpha}\right)^2}$$

因此

$$\overline{i_{cn}^2} = 2qI_{cQ}\left[1 - \frac{\alpha_0}{1 + \left(\frac{f}{f_a}\right)^2}\right]B$$

$$= 2 \times 1.59 \times 10^{-19} \times 1 \times 10^{-3}\left[1 - \frac{0.95}{1 + \left(\frac{10 \times 10^6}{500 \times 10^6}\right)^2}\right] \times$$

$$200 \times 10^3 \text{A}^2 = 3.204 \times 10^{-18} \text{A}^2$$

**9-8** 什么是噪声系数？为什么要用它来衡量放大器的噪声性能？

**答** 噪声系数是指线性四端网络输入端的信噪比与输出端的信噪比的比值,即

$$N_F = \frac{P_{si}/P_{ni}}{P_{so}/P_{no}} = \frac{\text{输入信噪比}}{\text{输出信噪比}}$$

因为信噪比虽能反映信号质量的好坏,但不能反映放大器或网络对信号质量的影响,也不能表示放大器本身噪声性能的好坏,而通过放大器(或网络)前后信噪比的比值即噪声系数则可以用来表示放大器的噪声性能。如 $N_F = 1$,则网络输入、输出信噪比不变,说明网络内部不产生噪声,是一个理想网络。对于实际网络,$N_F > 1$。$N_F$ 越大,说明网络产生的噪声越多,性能越差。

**9-9** 噪声系数可以说明什么问题？应用时受到什么限制？

**答** 噪声系数不仅可以反映放大器或网络对信号质量的影响,还可表示放大器本身噪声性能的好坏。但要注意,噪声系数只适应于线性电路,且规定信号源内阻处于标准噪声温度 290K。对于非线性电路,噪声功率不能叠加,且信号和噪声之间会相互作用。这时,即使电路本身不产生噪声,在输出端的信噪比也和输入端不同,噪声系数概念不再适用。

**9-10** 怎样计算级联网络的噪声系数？

**答** $N_{F\Sigma} = N_{F1} + \frac{N_{F2} - 1}{A_{P1}} + \frac{N_{F3} - 1}{A_{P1}A_{P2}} + \cdots + \frac{N_{Fn} - 1}{A_{P1}A_{P2}\cdots A_{P(n-1)}}$

**9-11** 设某放大器的功率增益 $10\lg A_P = 20$dB,其固有噪声功率 $P_{nBo} = 10\mu$W。分别计算 $P_{ni} = 1\mu$W 和 $P_{ni} = 10\mu$W 的噪声系数 $N_F$ 之值。

**解** 因为 $10\lg A_P = 20$dB,所以 $A_P = 100$。

当 $P_{ni} = 1\mu$W 时,

$$N_F = 1 + \frac{P_{nBo}}{A_P P_{ni}} = 1 + \frac{10}{100 \times 1} = 1.1$$

当 $P_{ni} = 10\mu$W 时,

$$N_F = 1 + \frac{P_{nBo}}{A_P P_{ni}} = 1 + \frac{10}{100 \times 10} = 1.01$$

**9-12** 在有高放和无高放的两种接收机中,哪种混频器的噪声问题更重要些？为什么？

**答** 在无高放的接收机中,混频器的噪声问题更重要些。因为从级联网络的噪声系数公式

$$N_{F\Sigma} = N_{F1} + \frac{N_{F2}-1}{A_{P1}} + \frac{N_{F3}-1}{A_{P1}A_{P2}} + \cdots + \frac{N_{Fn}-1}{A_{P1}A_{P2}\cdots A_{P(n-1)}}$$

可以看出，要使整个网络的噪声系数小，最关键的是第一级，要求它的噪声系数要低，额定功率增益也要大。此时若无高放，则混频器就是接收机的第一级。

**9-13** 求图题 9-13 所示四端网络的额定功率增益。

**解**　网络的额定功率增益定义为

$$A'_P = \frac{\text{信号经传输后在网络输出端的额定功率}}{\text{信号在网络输入端的额定功率}} = \frac{P'_{so}}{P'_{si}}$$

因为

$$P'_{si} = \frac{U_S^2}{4R_S}, \quad P'_{so} = \frac{U_S^2}{4R_L} = \frac{U_S^2}{4(R_S+R)}$$

所以

$$A'_P = \frac{P'_{so}}{P'_{si}} = \frac{R_S}{R_S+R}$$

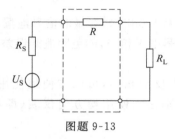

图题 9-13

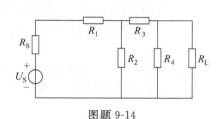

图题 9-14

**9-14** 求图题 9-14 所示的网络输出至负载电阻 $R_L$ 上的噪声功率和额定噪声功率。

**解**　网络等效电阻

$$R = \left[(R_S + R_1)//R_2 + R_3\right]//R_4$$

网络输出的噪声功率为

$$P_{no} = \frac{\overline{u_n^2}}{(R+R_L)^2}R_L = \frac{4kTRR_LB}{(R+R_L)^2}$$

当 $R = R_L$ 时（匹配），$P_{no}$ 达到最大值，即

$$P_{nom} = \frac{4kTR^2B}{(2R)^2} = kTB$$

**9-15** 信噪比的定义是什么？有什么用途？

**答**　信噪比（SNR）是在指定频带内，同一端口信号功率 $P_s$ 和噪声功率 $P_n$ 的比值，即

$$SNR = \frac{P_s}{P_n}$$

信噪比可以反映信号质量的好坏，信噪比越大，信号质量越好。

**9-16** 如何消除来自市电网的高频干扰？

**答**　市电网是一个公共电网，接有电焊机、交流电机等设备，而这些设备的电火花产生的干扰能沿着电力线进入电子设备中。此外，电力线还起着天线的作用，能接收天空中

的杂散电磁波并传送到电子设备中。这些干扰往往频率较高,可从几百千赫到若干兆赫。另外,这些干扰同时作用于电力线的两根导线,有相当大的成分在两根导线上大小相等,相位相同,即为共模干扰。这种共模干扰的抑制可以采用合适的滤波器来实现,如采用两个相同的并联 II 型低通滤波器,来滤除高频干扰。

9-17　如何测量放大器的噪声系数?测量时应注意什么问题?采用噪声发生器的优点是什么?

**答**　因为用额定功率定义噪声系数时为

$$N_F = \frac{P'_{si}/P'_{ni}}{P'_{so}/P'_{no}} = \frac{P'_{si}/kTB}{P'_{so}/P'_{no}}$$

所以只要在被测网络输入端接上信号发生器,测出信号功率 $P'_{si}$,而在它的输出端接上功率计,测出 $P'_{so}/P'_{no}$ 的比值就能确定噪声系数。

测量时应注意,信号发生器的输出电阻 $R_S$ 必须等于被测网络的输入电阻 $R_i$,即信号发生器的输出端与被测网络的输入端处于匹配状态。

采用噪声发生器的优点如下:

(1) 正弦信号发生器的信号一般比测量所需值大 100dB,如有微弱信号泄漏,就将引起大的测量误差。噪声发生器给出的信号与所需信号电平相当,能免除泄漏误差,不需要完善屏蔽。

(2) 噪声发生器的信号与被测设备的内部噪声反应相同,可以方便地使用任意型式的指示仪表。而正弦信号发生器,要反应相同,则必须使用均方值仪表(即功率表)指示。

(3) 用噪声发生器测量时,不必测量通频带。

(4) 计算噪声功率简单方便,不必用仪器校正。

9-18　某卫星通信接收机的线性部分如图题 9-18 所示,为满足输出端信噪比为 20dB 的要求,高放 A 输入端的信噪比应为多少?

图题 9-18

已知,高放 A:$\begin{matrix} T_{e1}=20\text{K} \\ A_{P1}=25\text{dB} \end{matrix}$;高放 B:$\begin{matrix} N_{F2}=6\text{dB} \\ A_{P2}=20\text{dB} \end{matrix}$;变频和中放:$\begin{matrix} N_{F3}=12\text{dB} \\ A_{P3}=40\text{dB} \\ B=5\text{MHz} \end{matrix}$。

**解**　$N_{F1}=1+\dfrac{T_{e1}}{T_0}=1+\dfrac{20}{290}=1.07$,$N_{F2}=6\text{dB}=4$,$N_{F3}=12\text{dB}=16$

$A_{P1}=25\text{dB}=316$,$A_{P2}=20\text{dB}=100$,$A_{P3}=40\text{dB}=10000$

$N_{F\Sigma}=N_{F1}+\dfrac{N_{F2}-1}{A_{P1}}+\dfrac{N_{F3}-1}{A_{P1}A_{P2}}=1.07+\dfrac{4-1}{316}+\dfrac{16-1}{316\times100}=1.08$

因为

$$N_F = \frac{P_{si}/P_{ni}}{P_{so}/P_{no}}$$

则输入信噪比

$$\frac{P_{si}}{P_{ni}} = 1.08 \times 100 = 108 \quad 或 \quad \frac{P_{si}}{P_{ni}}(dB) = 20.3dB$$

9-19　已知接收机的输入阻抗为 $50\Omega$，噪声系数为 6dB。用一个 10m 长，衰减量为 0.3dB/m 的 $50\Omega$ 电缆将接收机连至天线，试问总的噪声系数为多少？

分析：该题是求噪声系数，但由于天线参数未给定，因此该系统应从天线与电缆的连接处开始，直到接收机部分。可以认为，该系统由两级网络级联而成，第一级为电缆，电缆有衰减，就会引入噪声，第二级为接收机。这样，本题即是计算级联网络的噪声系数。

**解**　(1) 电缆衰减量为 $L = 0.3 \times 10 = 3dB$。

由 $L(dB) = 10\lg L = 3dB \Rightarrow L = 2$，这就是第一级网络的噪声系数 $N_{F1}$，而第一级网络的功率增益 $A_{P1} = 1/N_{F1} = 1/2$。

(2) $N_{F2}(dB) = 6 \Rightarrow N_{F2} = 4$，因此，$N_F = N_{F1} + \dfrac{N_{F2} - 1}{A_{P2}} = 2 + \dfrac{4-1}{1/2} = 8$。

9-20　某接收机的噪声系数为 5dB，带宽为 10MHz，输入阻抗为 $50\Omega$，若要求输出信噪比为 10dB，问接收机的灵敏度为多少？

分析：所谓灵敏度就是保持接收机输出信噪比 $P_{so}/P_{no}$ 一定时，接收机输入的最小电压或功率。灵敏度若用功率表示，它与 $N_F$ 的关系就是噪声系数的定义；灵敏度若用电压表示，需要用到输入阻抗 $R$，其计算公式为 $U_{imin} = \sqrt{4kTB_n \dfrac{P_{so}}{P_{no}} N_F R}$。

**解**　(1) 因为接收机的输出信噪比为 10dB，即 $P_{so}/P_{no} = 10$，所以

$$噪声系数\ N_F(dB) = 5dB \Rightarrow N_F = 3.16$$

(2) 用功率表示接收机灵敏度时

$$P_{si} = \frac{P_{so}}{P_{no}} \cdot N_F \cdot P_{ni} = \frac{P_{so}}{P_{no}} \cdot N_F \cdot kTB_n \approx 1.26 \times 10^{-12}\,W$$

(3) 用输入最小信号电压表示灵敏度时

$$U_{imin} = \sqrt{4RP_{si}} \approx 15.9\mu V$$

9-21　在接收设备中设置静噪电路有什么作用？

**答**　在接收设备中设置静噪电路的作用是当接收机无有用信号输入时，使噪声电压不被放大，因而避免了扬声器因有噪声电压而产生噪声。

# 9.6　自测题

**1. 填空题**

(1) 电路内部噪声的主要来源是_____、_____、_____。

(2) 电阻的热噪声额定功率与_____、_____参数有关。

(3) 晶体管的噪声主要有_____、_____、_____、_____。

(4) 衡量线性四端网络噪声性能的主要参数为_____、_____。

**2. 判断题**

(1) 白噪声是指在整个无线频段内具有均匀频谱的起伏噪声,这种说法正确。

(2) 多级放大器总的噪声系数主要取决于前面两级,与后面各级的噪声系数关系不大,主要依据是 $N_{F\Sigma} = N_{F1} + \dfrac{N_{F2}-1}{A_{P1}} + \dfrac{N_{F3}-1}{A_{P1}A_{P2}} + \cdots + \dfrac{N_{Fn}-1}{A_{P1}A_{P2}\cdots A_{P(n-1)}}$,这种说法是对的。

(3) 为了兼顾低噪声、高增益和工作稳定性方面的要求,低噪声放大设备的前两级通常采用共射-共基级联放大电路,这种说法是不对的。

## 综合测试题(一)(测试时间：100 分钟)

| 题号 | 1 | 2 | 3 | 4 | 5 | 6 | 7 | 8 | 9 | 10 | 11 | 总分 |
|---|---|---|---|---|---|---|---|---|---|---|---|---|
| 得分 | | | | | | | | | | | | |

1. (12 分)某单调谐放大器如图题 1 所示,工作频率 $f_0 = 2\text{MHz}$,回路电感 $L = 200\mu\text{H}$,$Q_0 = 60$,晶体管的正向传输导纳 $|y_{\text{fe}}| = 22.5\text{mS}$,$g_{\text{oe}} = 210\mu\text{S}$,$C_{\text{oe}} = 14\text{pF}$,接入系数 $n_1 = 1/3$,$n_2 = 1/5$。求：

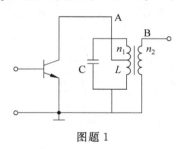

图题 1

(1) B 点的谐振电压放大倍数；

(2) A 点的谐振电压放大倍数；

(3) 回路的有载品质因数 $Q_L$；

(4) 回路的通频带 $B$。

2. (10 分)有一个高频谐振功率放大器,要求功率增益为 14dB,输出功率 $P_o = 50\text{W}$,晶体管的 $h_{\text{fe}} = 6$,$I_{\text{c1m}} = 4\text{A}$,晶体管起始导通电压 $U_j = 0.6\text{V}$,导通角 $\theta = 70°$,试计算激励电压幅值 $U_{\text{bm}}$ 和基极电流 $I_{\text{b1m}}$ 以及基极反偏压 $E_b$。

3. (12 分)调谐功率放大器和小信号调谐放大器的主要区别是什么？

4. (6 分)给定调幅波表示式,画出波形和频谱。

(1) $(1 + \cos\Omega t)\cos\omega_c t$；

(2) $\left(1 + \dfrac{1}{2}\cos\Omega t\right)\cos\omega_c t$；

(3) $\cos\Omega t \cdot \cos\omega_c t$(假设 $\omega_c = 6\Omega$)。

5. (6 分)调幅信号的解调方式有哪几种?各自适用什么调幅信号?

6. (6 分)图题 6 所示为一乘积检波器的组成框图,恢复载波 $u_r(t) = U_{rm}(\cos\omega_c t + \phi)$。试求在 $u_i(t) = U_{sm}\cos\Omega t\cos\omega_c t$ 情况下的输出电压表达式,并说明是否失真。

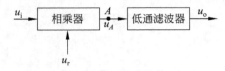

图题 6

7. (15 分)某变容二极管的调频电路如图题 7(a)所示,变容特性曲线如图题 7(b)所示,已知调制信号 $u_\Omega(t) = \cos(4\pi\times10^3 t)$V。

(1) 试画出振荡部分简化交流通路,说明构成了何种类型振荡电路;

(2) 分析调频电路的工作原理;

(3) 求输出调频波的中心工作频率 $f_c$ 和最大频偏 $\Delta f$。

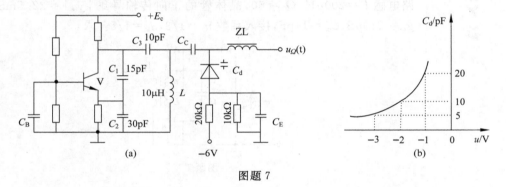

图题 7

8. (12 分)晶体管混频电路如图题 8 所示,已知中频 $f_I = 465\text{kHz}$,输入信号 $u(t) = 5[1+0.5\cos(2\pi\times10^3 t)]\cos(2\pi\times10^6 t)\text{mV}$。试说明 $V_1$、$V_2$ 管子的作用,$L_1C_1$、$L_2C_2$、$L_3C_3$ 三谐振回路分别调谐在什么频率上。画出 F、G、H 三点对地电压波形,并指出 F、H 波形的特点。

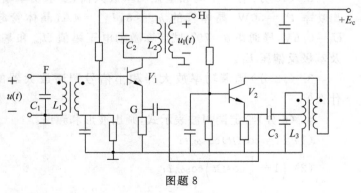

图题 8

9. (9 分)锁相频率合成器如图题 9 所示。

(1) 试在图中空格内填上合适的名称；

(2) 导出 $f_o$ 与 $f_s$ 的关系式；

(3) 要求 $f_o = 10\text{kHz} \sim 1\text{MHz}$，频率间隔为 10kHz，求 $M$ 值的大小以及 $N$ 的取值范围。

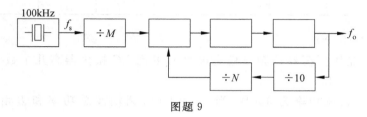

图题 9

选答题：在下列两题中(第 10 题与第 11 题)，任选一题进行解答。

10. (12 分)试回答下列问题：

(1) (4 分)在接收设备中设置静噪电路的作用是什么？

(2) (8 分)晶体管主要产生哪几种噪声，各有什么特点？

11. (12 分)图题 11 所示为振荡电路，已知 $C_1 = 508\text{pF}$，$C_2 = 2211\text{pF}$

(1) 要使振荡频率 $f_o = 500\text{kHz}$，回路电感 $L$ 应为多少？

(2) 计算反馈系数 $F$，若把 $F$ 减小到 $F' = \dfrac{1}{2}F$，应如何修改电路元件参数？

(3) $R_c$ 的作用是什么？ 能否用扼流圈代替？ 如不能，说明原因；如可以，比较两者的优缺点。

(4) 若输出线圈的匝数比 $N_2/N_1 \ll 1$，用数字频率计从 2—2′ 端测得频率值为 500kHz，从 1 端到地测得频率值为 490kHz，解释为什么两个结果不一样，哪一种测量结果更合理。

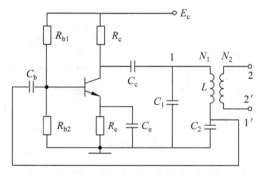

图题 11

# 综合测试题(二)(测试时间:100分钟)

| 题号 | 1 | 2 | 3 | 4 | 5 | 6 | 7 | 总分 |
|------|---|---|---|---|---|---|---|------|
| 得分 |   |   |   |   |   |   |   |      |

1. 填空(共 30 分)

(1)(3 分)晶体振荡器的频率稳定度之所以比 $LC$ 振荡器高几个数量级,是因为_____,_____和_____。

(2)(4 分)载波功率为 100W,当 $m_a=1$ 时,调幅波总功率和边频功率分别为_____和_____。

(3)(4 分)大信号基极调幅,$R_{cp}=$_____。大信号集电极调幅,$R_{cp}=$_____。

(4)(4 分)大信号基极调幅,选管子时 $P_{CM}\geqslant$_____。大信号集电极调幅,选管子时 $P_{CM}\geqslant$_____。

(5)(2 分)调幅和检波都是_____过程,所以必须用_____器件才能完成。

(6)(2 分)晶体二极管检波器的负载电阻 $R_L=200\text{k}\Omega$,负载电容 $C=100\text{pF}$,设 $F_{max}=3.4\text{kHz}$,为避免对角线失真,最大调制指数应为_____(要求写出计算表达式)。

(7)(4 分)电抗管是由_____和_____组成,它可以等效为_____元件,其参量可以随_____变化。

(8)(3 分)相位鉴频器是将调频信号的频率变化转换为两个电压间的_____变化,再将这变化转换为对应的幅度变化,然后用_____恢复出调制信号。图题 1(8)所示是相位鉴频器的实用电路,若将 $V_2$ 断开,能否鉴频?_____。

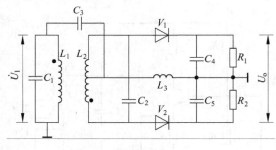

图题 1(8)

(9)(2 分)比例鉴频器与相位鉴频器相比,其主要优点是_____,但在相同的 $U_{o1}$ 和 $U_{o2}$ 下,其输出电压是相位鉴频器的_____。

(10)(2 分)根据原广电部规定,我国超外差 AM 接收机的中频为_____kHz,FM 接收机的中频为_____MHz。

2.(10 分)某单级高频调谐放大器,其交流通路如图题 2 所示。已知 $f_0=30\text{MHz}$,回

路电感 $L=1.5\mu H$，$Q_0=100$，负载接入系数 $n=0.25$。晶体管的 $Y$ 参量：$g_{ie}=2.8mS$、$g_{oe}=0.2mS$、$C_{ie}=107pF$、$C_{oe}=67pF$、$|y_{fe}|=36mS$。

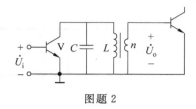

图题 2

（1）求谐振电压放大倍数 $|K_{V0}|$ 和回路电容 $C$；

（2）当要求该放大器的通频带 $B=10MHz$ 时，应在回路两端并联一个多大阻值的电阻？

3.（12分）某调谐功率放大器工作在临界状态，已知 $E_c=24V$，$U_{ces}=0.9V$，晶体管输出功率为 15W，导通角为 $70°（\alpha_0(70°)=0.253，\alpha_1(70°)=0.436）$。

（1）计算直流电源供给功率 $P_S$，功放管的集电极损耗 $P_C$，集电极效率 $\eta_c$。

（2）若输入信号振幅增加一倍，功放管的工作状态如何改变？输出功率大约为多少？

（3）如果集电极回路失谐，工作状态如何变化？集电极损耗功率 $P_C$ 如何变化？有何危险？

4.（12分）已知调制信号 $u_\Omega(t)=U_{\Omega m}\cos\Omega t$，载波 $u_c(t)=U_{cm}\cos\omega_c t$，调幅系数为 $m_a$ 和调频指数为 $m_f(m_f>1)$，试分别写出普通调幅波、抑制载波双边带调幅波、调频波的数学表达式，并画出所对应的波形和频谱图。

5.（6分）超外差广播接收机中，中频频率 $f_I=f_L-f_s=465kHz$。试分析下列几种现象属于何种干扰，是如何形成的？

（1）当收到 $f_s=931kHz$ 的电台时，伴有 1kHz 的哨叫声；

（2）当收到 $f_s=1600kHz$ 的电台时，有 2530kHz 的电台播音；

（3）在某地，接收到 1090kHz 时，可以听到 1322.5kHz 信号。

6.（6分）有一调频信号，若调制信号频率为 500Hz，振幅为 2V，调制指数为 30，频偏 $\Delta f$ 为多少？当调制信号频率减小为 250Hz，同时振幅上升为 4V 时，调制指数将变为多少？调频信号带宽为多少？

7. 简答题（3小题，共24分）

（1）（6分）判断图题 7(1)所示电路属于哪种振荡电路（克拉泼或西勒）？画出它的交流等效电路，写出振荡频率的表达式，并说明为什么可以提高频率稳定度？

（2）（8分）画出基极调幅和集电极调幅波在过调时的波形图。并说明在集电极调幅电路中为什么要采用基流自给偏压环节？

（3）（10分）试说明锁相环同步带和捕捉带的测试过程，并说明需要哪些仪器？并画出锁相环频率合成器原理框图，分析输入、输出频率间的关系。

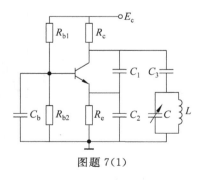

图题 7(1)

## 综合测试题(三)(测试时间：100分钟)

| 题号 | 1 | 2 | 3 | 4 | 5 | 6 | 7 | 总分 |
|------|---|---|---|---|---|---|---|------|
| 得分 |   |   |   |   |   |   |   |      |

1. 填空(共 23 分)

(1)(2分)研究一个小信号调谐放大器,应从_____和_____两个方面去研究。

(2)(2分)晶体管在高频工作时,放大能力_____,$f_\alpha$,$f_\beta$,$f_T$ 相互间的大小关系是_____。

(3)(5分)大信号基极调幅,必须工作在_____状态,选管子时 $P_{CM} \geqslant$_____,理由是_____。

(4)(2分)在大信号峰值检波中,若二极管 V 反接,能否起检波作用_____。

(5)(2分)设非线性元件的伏安特性为 $i = a_1 u + a_3 u^3$,能否产生调幅作用_____。为什么?_____。

(6)(4分)比例鉴频器除了具有鉴频功能外,还具有_____功能,其输出电压在相同的 $U_{o1}$ 和 $U_{o2}$ 下,是_____鉴频器的一半。

(7)(2分)在集电极调幅电路中,若 $E_c = 10V$,$BV_{ceo} \geqslant$_____。

(8)(4分)在一个变频器中,若输入频率为 1200kHz,本振频率为 1665kHz。今在输入端混进一个 2130kHz 的干扰信号,变频器输出电路调谐在中频 $f_i = 465kHz$,问变频器能否把干扰信号抑制下去?_____。理由是_____。

2. (12分)某单调谐放大器如图题 2 所示,已知 $f_0 = 465kHz$,$L = 560\mu H$,$Q_0 = 100$,$n_1 = \dfrac{N_{12}}{N_{13}} = 0.284$,$n_2 = \dfrac{N_{45}}{N_{13}} = 0.08$,晶体管 3AG31 的 $Y$ 参量如下：$g_{ie} = 1.0mS$,$g_{oe} = 110\mu S$,$C_{ie} = 400pF$,$C_{oe} = 62pF$,$y_{fe} = 28 \angle 340° mS$。

(1)试计算：谐振电压放大倍数 $|K_{V0}|$；

(2)试写出求解通频带 $B$ 和回路插入损耗的表达式。

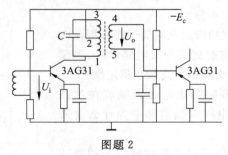

图题 2

3. (12分)

已知某两个已调波电压,其表达式分别为

$$u_1(t) = (2\cos100\pi t + 0.1\cos90\pi t + 0.1\cos110\pi t)\text{V};$$
$$u_2(t) = (0.1\cos90\pi t + 0.1\cos110\pi t)\text{V}$$

试确定：$u_1(t)$，$u_2(t)$ 各为何种已调波，写出它们的标准型数学表达式，计算在单位电阻上消耗的总边带功率 $P_{边}$ 和总功率 $P_{调}$ 以及频带宽度 $B$，并画出时域波形图。

4.（10 分）若设计一个调谐功率放大器，已知 $E_c = 12\text{V}$，$U_{ces} = 1\text{V}$，$Q_0 = 50$，$Q_L = 10$，$\alpha_1(60°) = 0.39$，$\alpha_0(60°) = 0.21$，要求负载所消耗的交流功率 $P_L = 200\text{mW}$，工作频率 $f_0 = 2\text{MHz}$，问如何选择晶体管？

5.（8 分）若调制信号频率为 400Hz，振幅为 2V，调制指数为 30，求频偏。当调制信号频率减小为 200Hz，同时振幅上升为 3V 时，调制指数（调频与调相）将变为多少？

6.（13 分）在大信号集电极调幅中，试以正弦波和方波（见图题 6）调制为例分析大信号集电极调幅的工作原理，并画出调幅波 $u_c\text{-}t$ 及相应 $i_c\text{-}t$、$i_b\text{-}t$、$E_b\text{-}t$ 曲线。

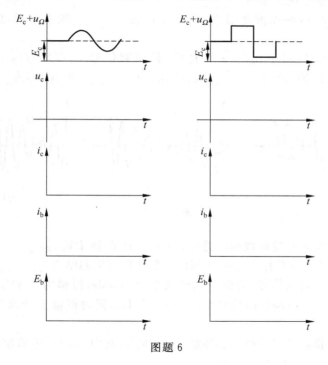

图题 6

7. 问答题（共 22 分）

（1）（4 分）已知某一谐振功率放大器工作在临界状态，其外接负载为天线，等效阻抗近似为电阻。若天线突然短路，试分析电路工作状态如何变化？晶体管工作是否安全？

（2）（5 分）以克拉泼振荡器或西勒振荡器为例，说明改进型电容三点式电路为什么可以提高频率稳定性。

（3）（5 分）分析变容二极管调频的基本原理。

（4）（8 分）锁相环路由哪几部分组成？画出 PLL 用于鉴频的方框图，并分析其工作原理。

# 综合测试题(四)(测试时间:100 分钟)

| 题号 | 1 | 2 | 3 | 4 | 5 | 总分 |
|------|---|---|---|---|---|------|
| 得分 |   |   |   |   |   |      |

1. 填空(共 38 分)

(1)(2 分)小信号调谐放大器,谐振回路采用部分接入的主要原因为(任写两点)_____。

(2)(2 分)并联谐振回路品质因数 $Q$ 的表达式为_____。

(3)(2 分)通信系统的组成有_____。

(4)(2 分)并联型晶体振荡器中,晶体工作在_____频率附近,此时晶体等效为_____元件。

(5)(3 分)图题 1(5)示出的三种波形,若调制信号 $u_\Omega(t)=U_{\Omega m}\cos\Omega t$,载波信号 $u_c(t)=U_{cm}\cos\omega_c t$,则图(a)为_____波,图(b)为_____波,图(c)为_____波。

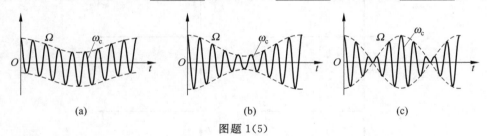

(a)　　　　　　　　　　(b)　　　　　　　　　　(c)

图题 1(5)

(6)(2 分)在大信号基极调幅电路中,若 $E_c=10V$,则 $BV_{ceo}\geqslant$_____。

(7)(2 分)三点式 $LC$ 振荡电路的相位平衡准则可以归结为_____。

(8)(4 分)有一调频信号,若调制信号频率为 400Hz,振幅为 2.4V,调制指数为 60,频偏 $\Delta f=$_____。当调制信号频率减小为 250Hz,同时振幅上升为 3.2V 时,调制指数将变为_____。

(9)(4 分)鉴频器的组成框图如图题 1(9)所示,其中 $u_{FM}(t)$ 为等幅调频波,则 $u_{o1}$ 为_____信号,方框 A 为_____电路。

(10)(4 分)调幅系数为 1 的调幅信号功率,其中载波占调幅波总功率的_____。

(11)(4 分)比例鉴频器中,当输入信号幅度突然增加时,输出_____,其原因为_____。

$u_{FM}(t)$ → 频率振幅转换网络 → $u_{o1}$ → A → $u_o$

图题 1(9)

(12)(5 分)在一个超外差式广播收音机中,中频频率 $f_I=f_L-f_s=465kHz$,当收听频率 $f_s=931kHz$ 的电台播音时,伴有音调约 1kHz 的哨叫声,该现象属于_____干扰;当收听频率 $f_s=550kHz$ 的电台播音时,听到频率为 1480kHz 的强电台播音,该现象又属于_____干扰,其分析过程为_____。

(13)(2 分)在接收设备中,检波器的作用是_____。

2. (6分)某单级小信号调谐放大器的交流等效电路如图题 2 所示,要求谐振频率 $f_0=10\text{MHz}$,通频带 $B=500\text{kHz}$,谐振电压增益 $K_{v0}=100$,在工作点和工作频率上测得晶体管 $Y$ 参数为

$$y_{ie}=(2+j0.5)\text{mS},\quad y_{re}\approx0,\quad y_{fe}=(20-j5)\text{mS},\quad y_{oe}=(20+j40)\mu\text{S}$$

若线圈 $Q_0=60$,试计算:谐振回路参数 $L,C$ 及外接电阻 $R$ 的值。

3. (10分)已知某调幅信号的频谱图如图题 3 所示。

(1)写出它的标准型数学表达式;

(2)计算在单位电阻上消耗的边带功率 $P_{边}$、总功率 $P$ 以及已调波的频带宽度 $B$。

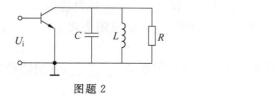

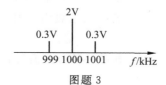

图题 2

图题 3

4. (10分)某调谐功率放大器工作在临界状态,已知 $E_c=18\text{V}$,临界线斜率 $g_{cr}=0.5\text{A/V}$,导通角为 $80°(\alpha_0(80°)=0.286,\alpha_1(80°)=0.472)$,若要求输出功率 $P_o=2\text{W}$,试计算:

(1)直流电源供给功率 $P_s$,功放管的集电极损耗 $P_c$,集电极效率 $\eta_c$。

(2)若负载电阻增加一倍,功放管的工作状态如何改变?输出功率大约为多少?

5. 简答题(5 小题,共 36 分)

(1)(6分)画出超外差接收机的组成框图,并标出各点波形。

(2)(6分)图题 5(2)所示电路属于哪种振荡电路(克拉泼或西勒)? 画出它的交流等效电路,并写出振荡频率的表达式。

(3)(8分)画出锁相环的数学模型,并写出表达式。

(4)(6分)在大信号基极调幅电路中,当调整到 $m_a=1$ 后,再改变 $R_L$,问输出电压波形的变化趋势如何(按 $R_L$ 变大和变小两种情况分析)? 并分析原因。

(5)(10分)变容二极管调频电路如图题 5(5)所示:

① 变容二极管应工作在_____偏压状态;

② 画出该调频振荡器的高频通路、变容二极管的直流和音频通路;

③ 分析 ZL, $C_2$ 元件的作用。

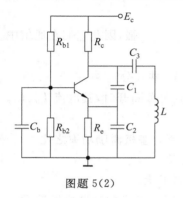

图题 5(2)

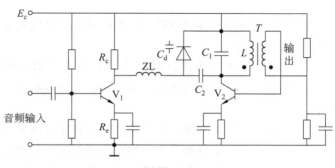

图题 5(5)

## 综合测试题(五)(测试时间:100 分钟)

| 题号 | 1 | 2 | 3 | 4 | 5 | 6 | 总分 |
|------|---|---|---|---|---|---|------|
| 得分 |   |   |   |   |   |   |      |

1. 填空(共 35 分)

(1)(2 分)对于 FM 广播、TV、导航移动通信均属于_____波段通信。

(2)(2 分)若接入系数为 $n$,由抽头处到回路顶端,其等效电阻变化了_____倍,等效电源变化了_____倍。

(3)(3 分)影响小信号谐振放大器稳定工作的主要因素是_____,常用的稳定措施有_____和_____。

(4)(2 分)丙类功率放大器输出波形不失真是由于_____。

(5)(4 分)集电极调幅利用的原理是_____,已调波的载波功率由_____提供,边频功率由_____提供,其大小是载波功率的_____。

(6)(3 分)构成正弦波振荡器必须具备的三个条件是_____、_____和_____。

(7)(6 分)有一载频均为 10MHz 的 AM、PM、FM 波,其调制电压均为 $u_\Omega(t)=0.3\cos4\pi\times10^3 t(\text{V})$,调角时,频偏 $\Delta f=5\text{kHz}$,则 AM 波的带宽为_____,FM 波的带宽为_____,PM 波的带宽为_____,若 $u_\Omega(t)=9\cos8\pi\times10^3 t(\text{V})$,则此时 AM 波的带宽为_____,FM 的带宽为_____,PM 的带宽为_____。

(8)(2 分)晶振调频电路的优点是_____。

(9)(2 分)调幅按功率大小分类为_____和_____调幅。

(10)(4 分)调制是用低频调制信号去控制_____信号的某一个参数,无线通信中常用的模拟调制方式有_____、_____和_____。

(11)(3 分)利用变容二极管组成调频电路有两个基本条件:第一,变容二极管两端要加固定_____(填"正"或"反")偏压和_____信号;第二,变容二极管要作为_____的一部分。

(12)(2 分)和振幅调制相比,角度调制的主要优点是_____强,因此它们在通信中获得了广泛的应用。

2. 判断题(回答正确或错误,对错误题目要写出正确答案,共 8 分)

(1)(2 分)丙类高频功率放大器原工作于临界状态,当其负载断开时,其电流 $I_{c0}$、$I_{c1m}$ 增加,功率 $P_o$ 增加。

(2)(2 分)高频功率放大器功率增益是指集电极输出功率与基极激励功率之比。

(3)(2 分)调相信号的最大相移量与调制信号的相位有关。

(4)(2 分)超外差接收机混频器的任务是提高增益,抑制干扰。

3.(9 分)某单级高频调谐放大器,其交流通路如图题 3 所示,$LC$ 并联谐振回路两端

并接了电阻 $R_1$。已知工作频率 $f_0$、回路电容 $C$，$Q_0$、外接电阻 $R_1$，接入系数 $n_1 = \dfrac{N_{12}}{N_{13}}$，$n_2 = \dfrac{N_{45}}{N_{13}}$，又已知晶体管的 $Y$ 参量为：$g_{ie}$，$g_{oe}$，$C_{ie}$，$C_{oe}$，$y_{fe}$。

(1) 写出谐振电压放大倍数 $|K_{V0}|$ 的表达式。

(2) 若去掉电阻 $R_1$，但仍要保持放大器的带宽 $B$ 不变，则接入系数 $n_1$，$n_2$ 应加大还是减小？为什么？

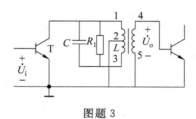

图题 3

4．(12 分)已知某一已调波的电压表示式为

$$u_0(t) = (8\cos 200\pi t + \cos 180\pi t + \cos 220\pi t)\text{V}$$

说明它是何种已调波？画出它的频谱图，并计算它在负载 $R = 1\Omega$ 时的平均功率及有效频带宽度。

5．简答题(4 小题，共 28 分)

(1) (7 分)什么是丙类放大器的最佳负载？怎样确定最佳负载？

(2) (7 分)谐振功率放大器原工作在临界状态，若等效负载电阻 $R_e$ 突然增大一倍，其输出功率 $P_o$ 将如何变化？并说明理由。

(3) (7 分)分析基极调制调幅波，波谷变平的原因，如何改善？

(4) (7 分)为什么调幅系数 $m_a$ 不能大于 1？

6．(8 分)超外差式广播收音机的接收频率范围为 535～1605kHz，中频频率 $f_I = f_L - f_S = 465$kHz。试问当收听 $f_S = 700$kHz 电台的播音时，除了调谐在 700kHz 频率刻度上能接收到外，还可能在接收频段内的哪些频率刻度位置上收听到这个电台的播音(写出最强的两个)？并说明它们各自通过什么寄生通道造成的？

# 附录 B　综合测试题参考答案

**综合测试题（一）**

1. （12 分）

**答**　（1）$|K_{V0}|_B = \dfrac{n_1 n_2 |y_{fe}|}{g_\Sigma} = 50$　　（3 分）

（2）$|K_{V0}|_A = |K_{V0}|_B \dfrac{n_1}{n_2} = 83.3$　　（3 分）

（3）$Q_L = \dfrac{G_0}{g_\Sigma} Q_0 \approx 13.3$　　（3 分）

（4）$B = f_0 / Q_L = 150 \text{k}\Omega$　　（3 分）

2. （10 分）

**答**　（1）基极电流 $I_{b1m} = \dfrac{I_{c1m}}{h_{fe}} = 0.67\text{A}$　　（2 分）

（2）激励电压 $U_{bm} = \dfrac{2P_b}{I_{b1m}} = \dfrac{4}{0.67}\text{V} = 5.97\text{V}$　　（4 分）

（3）基极反偏压 $E_b = U_j - U_{bm} \cos\theta = (0.6 - 5.97 \times 0.342)\text{V} = -1.44\text{V}$。　　（4 分）

3. （12 分）（每项比较占 2 分）

**答**　调谐功率放大器和小信号调谐放大器的比较如下表所示：

| 比较项目 | 调谐功率放大器 | 小信号调谐放大器 |
|---|---|---|
| 电路 | 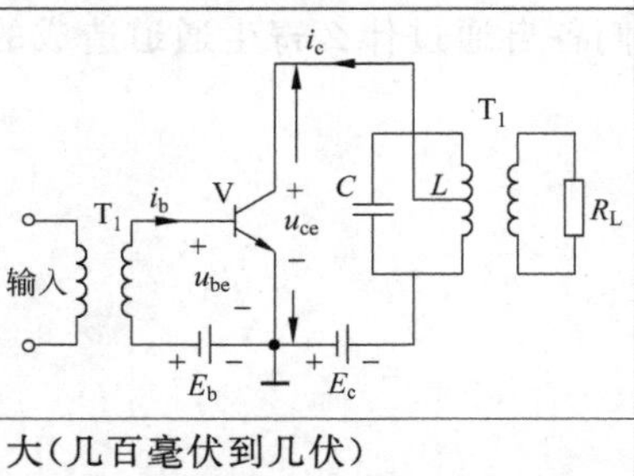 | 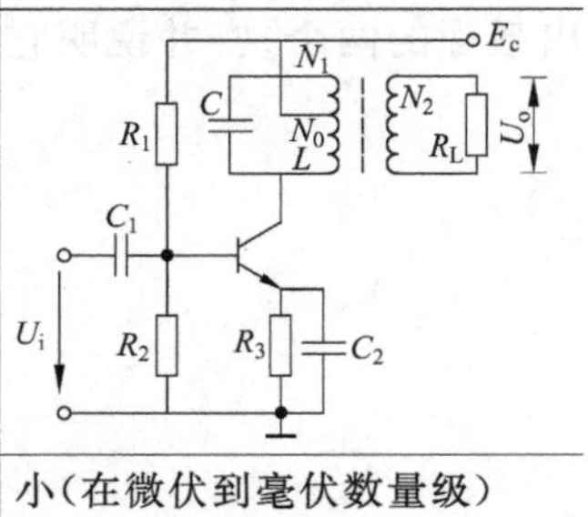 |
| 输入信号 | 大（几百毫伏到几伏） | 小（在微伏到毫伏数量级） |
| 晶体管工作区域 | 晶体管工作延伸到非线性区域——截止和饱和区。 | 线性区 |
| 工作状态 | 丙类 | 甲类 |
| 输出功率 | 大 | 小 |
| 功率增益 | 小 | 大（通过阻抗匹配） |

4.（6分）

**答**

（1）波形和频谱如下：

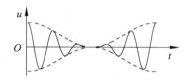 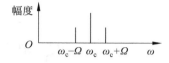

（2）波形和频谱如下：

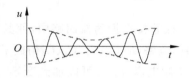 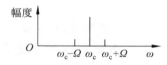

（3）波形和频谱如下：

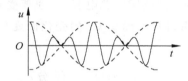 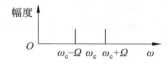

5.（6分）

**答**　由于普通调幅波的包络反映了调制信号的变化规律,因此常用非相干解调方法。非相干解调有两种方式,即小信号平方律检波和大信号包络检波。　　（3分）

包络检波器只能解调普通调幅波,而不能解调 DSB 和 SSB 信号。这是由于后两种已调信号的包络并不反映调制信号的变化规律,因此,抑制载波调幅的解调必须采用同步检波电路。最常用的是乘积型同步检波电路。　　（3分）

6.（6分）

**答**　乘法器的输出 $u_A$ 为

$$u_A = u_i(t)u_r(t) = U_{sm}\cos\Omega t\cos\omega_c t U_{rm}\cos(\omega_c t + \phi)$$
$$= \frac{1}{2}U_{sm}U_{rm}\cos\Omega t\left[\cos\phi + \cos(2\omega_c t + \phi)\right]$$

经低通滤波器滤波,输出为

$$u_o = \frac{1}{2}U_{sm}U_{rm}\cos\phi\cos\Omega t$$

与理想情况相比较,多了一个 $\cos\phi$ 因子,这实际上是一个衰减因子,使输出电压的幅度降低 $\cos\phi$,当 $\phi = \frac{\pi}{2}$ 时,则输出 $u_o = 0$。若 $\phi$ 是一个随时间变化的相位,即 $\phi = \phi(t)$,则输出信号的振幅相位产生失真。

**7.** (15分)

**答** (1) 振荡部分简化交流通路如下图所示,构成了西勒振荡电路或电容三点式振荡电路。 (4分)

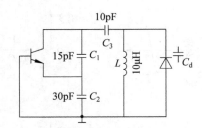

(2) 利用变容二极管调频,首先要将变容二极管接在振荡器回路中,使其结电容成为回路电容的一部分。图题7(a)中,V是高频振荡电路,$L$、$C_1$、$C_2$、$C_3$、$C_d$构成了选频网络。

对直流和音频而言,ZL可看作短路,因而调制电压 $u_\Omega(t)$ 可以加到变容二极管两端。当调制电压 $u_\Omega(t)$ 加在变容二极管两端时,加在变容二极管上的反向电压受 $u_\Omega(t)$ 控制,从而使得变容二极管的结电容 $C_d$ 受 $u_\Omega(t)$ 控制,因此回路总电容 $C_\Sigma$ 也要受 $u_\Omega(t)$ 控制,最后导致振荡器的振荡频率受 $u_\Omega(t)$ 控制,即瞬时频率随 $u_\Omega(t)$ 的变化而变化,从而实现了调频。 (7分)

(3) 输出调频波的中心工作频率 $f_c = \dfrac{1}{2\pi\sqrt{LC_\Sigma}} = 13\text{MHz}$ (2分)

最大频偏 $\Delta f = f - f_c = 2.9\text{MHz}$ (2分)

**8.** (12分)

**答** (1) $V_1$ 构成混频电路,$V_2$ 构成本振电路。 (2分)

(2) $L_1C_1$、$L_2C_2$ 和 $L_3C_3$ 三谐振回路分别调谐在 1000kHz、465kHz 和 1465kHz。 (3分)

(3) F点波形、G点波形、H点波形分别如下所示: (3分)

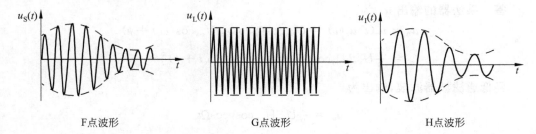

F点波形          G点波形          H点波形

F为高频已调信号,H为中频已调信号,两种信号均为调幅信号,它们包络线相同,但载波频率不同。(4分)

**9.** (9分)

**答** (1) 鉴相器、环路滤波器、压控振荡器。 (3分)

(2) $f_{\text{o}}=\dfrac{f_{\text{s}}}{M}10N$。　　（2分）

(3) $M=100$，$N$ 的取值范围为 $1\sim100$。　　（4分）

选做题：在下列两题中（第10题与第11题），任选一题进行解答。

10.（12分）

**答**　（1）在接收设备中设置静噪电路的作用是当接收机无有用信号输入时，使噪声电压不被放大，因而避免了扬声器因有噪声电压而发生的噪声。　　（4分）

（2）晶体管噪声的主要来源为：热噪声、散弹噪声、分配噪声和闪烁噪声等。热噪声是"白噪声"，但与电流无关；散弹噪声属于"白噪声"，其强度与直流电流成正比；分配噪声不是"白噪声"，其功率密度随工作频率而变化，频率越高噪声越大；闪烁噪声是低频噪声，在高频时可以忽略。　　（8分）

11.（12分）

**答**　（1）由 $f_{\text{o}}=\dfrac{1}{2\pi\sqrt{L\dfrac{C_1C_2}{C_1+C_2}}}\Rightarrow L=245\mu\text{H}$。　　（2分）

(2) $F=\dfrac{C_1}{C_2}\approx0.23$，若把 $F$ 降低一半，则 $\dfrac{C_1}{C_2}=\dfrac{1}{2}\times0.23$。

又 $500\times10^3=\dfrac{1}{2\pi\sqrt{245\times10^{-6}\times\dfrac{C_1C_2}{C_1+C_2}}}$，解得 $C_1=462\text{pF}$，$C_2=3986\text{pF}$。　　（4分）

（3）$R_{\text{c}}$ 的作用是给三极管提供一个合适的直流偏置电路；可改为扼流圈，因为这并不改变振荡器的振荡，仅仅使放大器的直流电流增加了。　　（3分）

（4）从 $2$—$2'$ 端测得的数值更合理，因为仪表接到 $2$—$2'$ 端对振荡器的影响小。$1$ 端到地测量时，仪表的输入电容与 $C_1$ 并联使 $C_\Sigma$ 上升，导致振荡频率下降。　　（3分）

## 综合测试题（二）

1. 填空（共30分）

(1) 频率温度系数小（或标准性高）；晶体的 $Q$ 值非常高；石英晶体的 $C_{\text{q}}\ll C_0$，使振荡频率基本上由 $L_{\text{q}}$ 和 $C_{\text{q}}$ 决定，外电路对振荡频率的影响很小（或接入系数小）　　（3分）

(2) 150W；50W　　（4分）

(3) $\dfrac{1}{8}\dfrac{(E_{\text{c}}-U_{\text{ces}})^2}{(P_{\text{o}})_{\text{c}}}$；$\dfrac{1}{2}\dfrac{(E_{\text{c}}-U_{\text{ces}})^2}{(P_{\text{o}})_{\text{c}}}$　　（4分）

(4) $(P_{\text{C}})_{\text{c}}$；$(P_{\text{C}})_{\text{av}}$　　（4分）

(5) 频谱搬移（或产生新的频率分量的过程）；非线性（或乘法器）　　（2分）

(6) $m_{\text{a}}<\dfrac{1}{\sqrt{1+\Omega^2C^2R_{\text{L}}^2}}=0.92$　　（2分，公式和运算结果各1分）

(7) 晶体管（或场效应管）；（电抗和电阻元件构成的）移相网络；（可变）电抗；调制信

号(或电压)　　　(4 分)

(8) 相位；包络检波(或幅度检波)(注：答"解调器"不给分)；能　　　(3 分)

(9) 具有限幅功能(或受振幅影响小)；一半　　　(2 分)

(10) 465；10.7　　　(2 分)

2. (10 分)

**解**　(1) $g_0 = \dfrac{1}{Q_0 \omega_0 L} \approx 35.4 \mu S$

$g_\Sigma = g_0 + n_1^2 g_{oe} + n_2^2 g_{ie} = (35.4 + 200 + 0.25^2 \times 2800) \mu S = 410.4 \mu S$

$|K_{V0}| = \dfrac{n_1 n_2 |y_{fe}|}{g_\Sigma} = \dfrac{0.25 \times 36 \times 10^{-3}}{410.4 \times 10^{-6}} \approx 21.9$　　　(4 分)

(2) $f_0 = \dfrac{1}{2\pi \sqrt{LC_\Sigma}} \Rightarrow C_\Sigma = \dfrac{1}{(2\pi f_0)^2 L} = \dfrac{1}{(2\pi \times 30 \times 10^6)^2 \times 1.5 \times 10^{-6}} F$

$\approx 1.88 \times 10^{-11} F = 18.8 (pF)$

$C = C_\Sigma - n_1^2 C_{oe} - n_2^2 C_{ie} = (18.8 - 10.8 - 0.25^2 \times 18.6) pF = 6.8 pF$　　　(3 分)

(3) 要求该放大器的通频带 $B = 10MHz$，则

$Q'_L = \dfrac{f_0}{B} = \dfrac{30}{10} = 3$

$g'_\Sigma = \dfrac{1}{Q'_L \omega_0 L} = \dfrac{1}{3 \times 2\pi \times 30 \times 10^6 \times 1.5 \times 10^{-6}} \mu S \approx 1178.9 \mu S$

设回路两端并联电阻为 $R$，则 $g'_\Sigma = g_\Sigma + \dfrac{1}{R} \Rightarrow R = \dfrac{1}{g'_\Sigma - g_\Sigma} \approx 1.3 k\Omega$　　　(3 分)

3. (12 分)

**解**　(1) $P_S = 18.1W$；$P_C = 3.1W$；$\eta_c = \dfrac{P_o}{P_S} = \dfrac{15}{18.1} = 82.9\%$。　　　(6 分)

(2) 过压；因为 $P_o = \dfrac{1}{2} \cdot \dfrac{U_{cm}^2}{R_c}$，而 $U_{cm}$ 近似不变，$R_L$ 不变，所以 $P_o$ 近似不变。　　　(2 分)

(3) 当回路失谐时，不论是感性失谐还是容性失谐，回路等效阻抗都将下降，工作状态发生变化。当回路失谐后，由于等效阻抗的模值要减小，功放的工作状态将由临界向欠压状态变化。　　　(2 分)

失谐后集电极耗散功率 $P_C$ 将迅速增加。有可能使 $P_C > P_{CM}$ 而损坏晶体管，因此调谐过程中失谐状态时间应尽可能短。　　　(2 分)

4. (12 分)

**解**　(1) 普通调幅波

$u_{AM}(t) = U_{cm}(1 + m_a \cos\Omega t)\cos\omega_c t$　　　(1 分)

(2) 抑制载波双边带调幅波

$u_{DSB}(t) = AU_{\Omega m}\cos\Omega t \cdot U_{cm}\cos\omega_c t$　　　(1 分)

(3) 调频波

$u_{FM}(t) = U_{cm}\cos(\omega_c t + m_f \sin\Omega t + \varphi)$　　　(1 分)

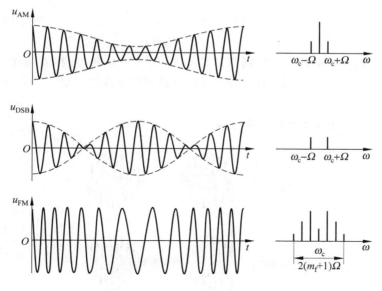

时域波形图各 2 分,共 6 分;频谱图各 1 分,共 3 分。

5.（6 分）

**解**　（1）$f_L = f_s + f_I = (931 + 465)\text{kHz} = 1396\text{kHz}$

因为 $2f_s - f_L = 466\text{kHz}$,这个差频通过中频放大器加入到检波器,产生 $466 - 465 = 1\text{kHz}$ 的哨叫,因此属于组合频率干扰。　　（2 分）

（2）$f_L = f_s + f_I = (1600 + 465)\text{kHz} = 2065\text{kHz}$

因为 $f_L + f_I = (2065 + 465)\text{kHz} = 2530\text{kHz} = f_n$,因此属于副波道干扰中的镜频干扰。　　（2 分）

（3）因为 $2f_n - 2f_s = (2645 - 2180)\text{kHz} = 465\text{kHz} = f_I$,因此属于副波道干扰中的组合副波道干扰。　　（2 分）

6.（6 分）

**答**　$\Delta f = 15\text{kHz}$,　　（2 分）

$m_f' = 20$。　　（2 分）

因为 $m_f' > 1$,所以 $B = 2(m_f' + 1)F = 60.5\text{kHz}$　　（2 分）

7. 简答题(共 24 分)

（1）**答**　该电路属于西勒电路;　　（1 分）

交流等效电路如下图所示。　　（1 分）

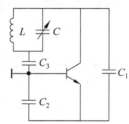

振荡频率 $f_0 = \dfrac{1}{2\pi\sqrt{LC_\Sigma}}$，其中 $C_\Sigma = C + \dfrac{1}{\dfrac{1}{C_1+C_o}+\dfrac{1}{C_2+C_i}+\dfrac{1}{C_3}} \approx C+C_3$ （2 分）

因为晶体管的电容 $C_o$，$C_i$ 分别与回路电容 $C_1$，$C_2$ 并联，选择 $C_1 \gg C_3$，$C_2 \gg C_3$，则 $C_\Sigma \approx C+C_3$，所以消除了 $C_o$，$C_i$ 对 $f_0$ 的影响，因此可以提高频稳度。 （2 分）

（2）

**答** ① 基极调幅和集电极调幅过调波形： （2 分）

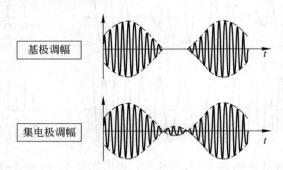

② 集电极调幅工作在过压状态。过压时，谐波分量增大，采用基极自给偏压，使过压深度减轻。 （2 分）

过压时，当

$R_c \uparrow$ 或 $E_{cc} \downarrow \longrightarrow$
- 过压深度 $\uparrow \longrightarrow I_{bmax} \uparrow \longrightarrow I_{b0} \uparrow \longrightarrow E_b = I_{b0}R_b \uparrow$
- 过压深度 $\downarrow$ ←（相当于有效激励减小）— 自给偏压 $\uparrow$ （4 分）

（3）

**答** ① 测试过程：调基准频率 $f_i$，使 $f_i < f_1'$，环路处于失锁状态，然后缓缓增加输入信号频率，用双踪示波器仔细观察鉴相器两输入信号之间的关系。当发现两输入信号由不同步变为同步，且 $f_i = f_o$ 表示环路已进入到锁定状态，记下此时的频率 $f_1$，这就是捕捉带的下限频率，继续增加 $f_i$，此时压控振荡器频率将随 $f_i$ 而变。但当 $f_i$ 增加到 $f_2'$ 时，$f_o$ 不再随 $f_i$ 而变，这个 $f_2'$ 就是环路同步带的上限频率。然后再逐步降低 $f_i$，由上述类似判别方法，即可测出捕捉带的上限频率 $f_2$ 及同步带的下限频率 $f_1'$，从而可求出

捕捉带 $\Delta f = f_2 - f_1$

同步带 $\Delta f' = f_2' - f_1'$ （4 分）

② 所需要仪器：信号源、双踪示波器、频率计 （任写两个，共 2 分）

③ 锁相环频率合成器原理框图 （3 分）

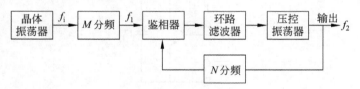

$$f_2 = \frac{N}{M}f_i = Nf_1 \qquad (1 \text{分})$$

## 综合测试题(三)

1. 填空(共 23 分)

(1) 放大能力,选频性能 (2分,每空1分)

(2) 下降,$f_\beta < f_T < f_\alpha$ (2分,每空1分)

(3) 欠压,$(P_C)_c$ (2分)

当调制信号为单频正弦波时,$(I_{c0})_{av} = (I_{c0})_c$,因 $E_c$ 不变,所以

$$(P_S)_{av} = E_c(I_{c0})_{av} = E_c(I_{c0})_c = (P_S)_c$$

由于

$$\left.\begin{array}{l} (P_o)_{av} = (P_o)_c \left(1 + \dfrac{m_a^2}{2}\right) \\[2mm] (P_C)_{av} = (P_S)_{av} - (P_o)_{av} \\[2mm] (P_C)_c = (P_S)_c - (P_o)_c \end{array}\right\}$$

可知

$$(P_C)_c > (P_C)_{av}$$

所以 $P_{CM} \geqslant (P_C)_c$ (3分)

(4) 能 (2分)

(5) 不能,没有平方项 (2分,每空1分)

(6) 限幅,相位 (4分,每空2分)

(7) 40V (2分)

(8) 不能;因为 $2130 - 1665 = 465\text{kHz}$,构成镜像干扰 (4分,每空2分)

2. (12分)

**解** (1) $n_1 = \dfrac{46}{162} = 0.284$,$n_2 = \dfrac{13}{162} = 0.08$,$g_0 = \dfrac{1}{Q_0 \omega_0 L} = 6.12\mu\text{S}$

$\qquad g_\Sigma = 21.43\mu\text{S}$

$\qquad |K_{V0}| = \dfrac{n_1 n_2 |y_{fe}|}{g_\Sigma} = 29.77 \approx 30$ (6分)

(2) $Q_L = \dfrac{1}{\omega_0 L g_\Sigma}$,$B = \dfrac{f_0}{Q_L}$ (4分)

回路插入损耗 $\eta(\text{dB}) = 20 \lg \dfrac{Q_0 - Q}{Q_0}$ (2分)

3. (12分)

**答** $u_1(t)$ 是一个普通调幅波。 (1分)

$u_1(t) = 2(1 + 0.1\cos10\pi t)\cos100\pi t(\text{V})$ (1分)

$P_{边} = 0.01\text{W}$,$P_{调} = P_C + P_{边} = 2.01\text{W}$,$B_1 = 20\text{Hz}$ (共3分,各1分)

$u_2(t)$ 是一个抑制载波双边带调幅波。 (1分)

$u_2(t) = 0.2\cos10\pi t\cos100\pi t(\text{V})$ (1分)

$$P_{调} = P_{边} = 0.01\text{W}, \quad B_2 = 20\text{Hz} \qquad (3分,各1分)$$

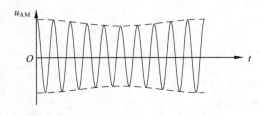

(2分)

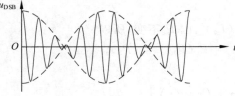

4. (10分)

**答** 根据 $BV_{ceo} \geqslant 2E_c = 24\text{V}, P_{CM} > P_C = 0.044\text{W}, I_{CM} > I_{cmax} = 115\text{mA}$ 以及 $f_T > 10\text{MHz}$ 选择晶体管。

5. (8分)

**解** (提示:利用 $m_{f1}$ 与 $m_{f2}$ 相比的关系以及 $m_{p1}$ 与 $m_{p2}$ 相比的关系求解)

(1) $\Delta f = m_f F = 30 \times 400\text{Hz} = 1200\text{Hz}$ \qquad (2分)

(2) 调频指数

$$m_{f2} = 3 \times 30 = 90 \qquad (3分)$$

(3) 调相指数

$$m_{p2} = \frac{3}{2} \times 30 = 45 \qquad (3分)$$

6. (13分)

**答** 工作原理:调制信号与电源电压串接在一起,故可将二者合在一起看作一个缓慢变化的综合电源电压。由于放大器工作在过压状态,综合电源电压越小,过压越深,脉冲下凹越甚。加基极自给偏压环节,使放大器调整到弱过压状态工作。 \qquad (3分)

波形图如图题6所示。 \qquad (5分,其中图(a)、(c)、(d)各1分,图(b)2分)

方波调制时波形与正弦波情况类似。 \qquad (评分标准相同,共5分)

7. 问答题(共22分)

**答** (1) 天线短路,导致负载 $R_C$ 接近0,工作状态由临界变为欠压,$P_C = P_S$ 达到最大值,有可能超过 $P_{CM}$,因此不安全。 \qquad (4分)

(2) 以克拉泼电路为例,振荡频率 $f_0 = \dfrac{1}{2\pi \sqrt{LC_\Sigma}}$,而 $C_\Sigma$ 为 $(C_1 + C_o)$、$(C_2 + C_i)$ 与 $C_3$ 相串联后的等效电容,因为 $C_3$ 远远小于 $C_1$ 或 $C_2$,所以三电容串联后的等效电容近似为 $C_3$,即 $f_0 \approx \dfrac{1}{2\pi \sqrt{LC_3}}$,电路输入、输出电容对振荡频率的影响比较小,因而稳定性得以提高。 \qquad (5分)

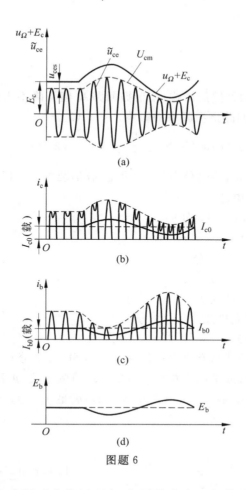

图题 6

（3）变容二极管结电容随反向偏压而变,如果将变容二极管接在谐振回路两端,使反向偏压受调制信号控制,则回路的振荡频率是随调制信号变化的,这就是变容二极管调频的基本原理。　（5分）

（4）锁相环由鉴相器、环路滤波器和压控振荡器组成。　（3分）

鉴频框图　（2分）

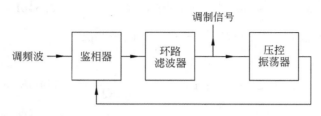

工作原理:如果将环路的频带设计得足够宽,则压控振荡器的振荡频率跟随输入信号的频率而变。若压控振荡器的电压-频率变换特性是线性的,则加到压控振荡器的电压,即环路滤波器输出电压的变化规律必定与调制信号相同。故从环路滤波器的输出端,可得到解调信号。　（3分）

## 综合测试题(四)

1. 填空(共 38 分)

(1) 减小负载对谐振回路的影响,使谐振回路 $Q$ 值下降不大;阻抗匹配;减小信号源输出电容和负载电容对回路谐振频率的影响。  (2分)

(2) $Q = \dfrac{R_0}{\omega_0 L}$  $\left(\text{或 } Q = R_0 \omega_0 C, Q = \dfrac{R_0}{\sqrt{L/C}}\right)$  (2分)

(3) 信号源,发送设备,传输信道,接收设备,收信装置  (2分)

(4) 并联谐振($f_p$);电感  (2分)

(5) 叠加;AM;DSB  (3分)

(6) 20V  (2分)

(7) 射同基(集)反  (2分)

(8) 24kHz;128  (4分)

(9) 调频调幅波  (2分);

包络检波(或幅度检波)  (2分)

(10) 2/3  (4分)

(11) 不变;相位鉴频器具有自限幅作用  (4分,各2分)

(12) 组合频率干扰(或哨叫干扰)  (2分);镜频干扰(或副波道干扰)  (1分,答"组合副波道"扣1分);$1480 = 550 + 2 \times 465\text{kHz}$,满足 $f_n = f_s + 2f_I$。  (2分)

(13) 还原调制信号  (2分)

2. (6分)

**解**  因为 $|K_{V0}| = \dfrac{n_1 n_2 |y_{fe}|}{g_\Sigma} = \dfrac{\sqrt{20^2 + 5^2}}{g_\Sigma} = 100$,故 $g_\Sigma = 0.206\text{mS}$;又 $B = \dfrac{f_0}{Q_L}$,

所以 $Q_L = \dfrac{f_0}{B} = \dfrac{10}{0.5} = 20$。

由 $Q_L = \dfrac{1}{g_\Sigma \omega_0 L}$,可得 $L = 3.86\mu\text{H}$,且 $C_\Sigma = \dfrac{1}{(2\pi f_0)^2 L} = 65.69\text{pF}$。

另由 $y_{oe} = (20 + j40)\mu\text{S}$ 知:

$$R_{oe} = \frac{1}{g_{oe}} = \frac{1}{20\mu\text{S}} = 50\text{k}\Omega, \quad C_{oe} = \frac{40}{\omega_0} = 0.64\text{pF}$$

而 $C_\Sigma = C_{oe} + C$,所以 $C = C_\Sigma - C_{oe} = 65.69 - 0.64 \approx 65\text{pF}$。

又

$$g_\Sigma = g_{oe} + g_0 + g, \quad g_0 = \frac{1}{\omega_0 L Q_0} = 0.069\text{mS}$$

于是

$$g = g_\Sigma - g_{oe} - g_0 = 0.117\text{mS}$$

即外接电阻 $R = \dfrac{1}{g} = 8.5\text{k}\Omega$。

3. （10分）

**解** （1）利用 $\frac{1}{2}m_a U_{cm} = 0.3$，$U_{cm} = 2$，可求出 $m_a = 0.3$，则有

$$u_{AM}(t) = U_{cm}(1 + m_a\cos\Omega t)\cos\omega_c t = 2(1 + 0.3\cos 2\pi \times 10^3 t)\cos 2\pi \times 10^6 t \qquad （2分）$$

（2）$P_c = \frac{1}{2} \cdot \frac{U_{cm}^2}{R_L} = 2\text{W}$，$P_{边} = \frac{1}{2}m_a^2 P_c = 0.09\text{W}$，$P = 2.09\text{W}$，$B = 2\text{kHz}$ （各2分，

共8分）

4. （10分）

**解** （1）

$$\left.\begin{array}{l} I_{cmax} = g_{cr}(E_c - U_{cm}) \\ P_0 = \frac{1}{2}U_{cm}I_{cmax}\alpha_1(\theta) \end{array}\right\} \Rightarrow U_{cm} = 17\text{V}, I_{cmax} = 0.5\text{A} \qquad （2分）$$

$$P_S = E_c I_{c0} = (18 \times 0.5 \times 0.286)\text{W} = 2.574\text{W} \qquad （2分）$$

$$P_C = P_S - P_o = 0.574\text{W} \qquad （2分）$$

$$\eta_c = \frac{P_o}{P_S} = 77.7\% \qquad （2分）$$

（2）过压； （1分）

因为 $P_o = \frac{1}{2} \cdot \frac{U_{cm}^2}{R_L}$，而 $U_{cm}$ 近似不变，$R_L$ 增大一倍，所以 $P_o \approx 1\text{W}$。 （1分）

5. 简答题（共36分）

**答**

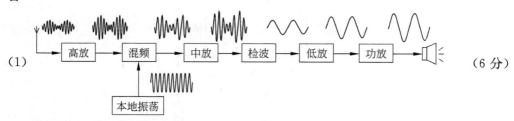

（1） （6分）

（2）该电路属于克拉泼电路 （1分）

交流等效电路 （2分）

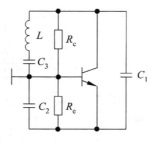

画简化电路（不画出 $R_c$、$R_e$）也认为正确。

振荡频率 $f_0 = \dfrac{1}{2\pi\sqrt{LC_\Sigma}}$ （2分），其中 $\dfrac{1}{C_\Sigma} = \dfrac{1}{C_1} + \dfrac{1}{C_2} + \dfrac{1}{C_3}$ （1分）

(3)

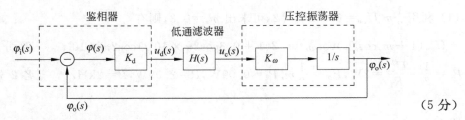

（5 分）

锁相环路的基本方程式为

$$\varphi_o(s) = [\varphi_i(s) - \varphi_o(s)] \cdot K_d \cdot H(s) \cdot K_\omega \cdot \frac{1}{s}$$

或

$$F(s) = \frac{\varphi_o(s)}{\varphi_i(s)} = \frac{K_d \cdot K_\omega H(s)}{s + K_d \cdot K_\omega H(s)} \quad (3 分)$$

（4）$R_L$ 变大，调幅电路由临界变为过压状态（1 分），波形发生波腹变平失真（2 分）；$R_L$ 变小，调幅电路由临界变为欠压状态（1 分），输出波形幅值变小（1 分），但不发生失真（1 分）。

（5）

① 反 　（2 分）；

② 调频振荡器的高频通路　　（2 分）；

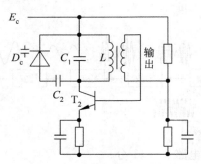

变容二极管的直流和音频通路　　（2 分）

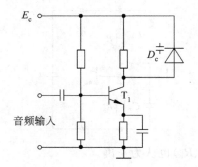

③ ZL——高频扼流圈。

高频时，由于 ZL 开路，振荡回路不受控制电路的影响。音频时，ZL 短路，使直流和

音频信号得以加到变容二极管两端。 （2分）

$C_2$——对音频和直流容抗很大，可看作开路。

音频时，由于 $C_2$ 的阻断，$U_Q$ 和 $U_\Omega$ 可以有效地加到变容二极管，不受振荡回路的影响；高频时，$C_2$ 构成振荡回路的一部分。 （2分）

## 综合测试题（五）

1. 填空（共 35 分）

(1) 超短波 （2分）

(2) $\dfrac{1}{n^2}$，$n$ （2分）

(3) $C_{b'e}$（$y_{re}$）的存在，中和法，失配法 （3分）

(4) 采用调谐回路作负载 （2分）

(5) 用调制信号控制集电极直流电源电压以实现调幅；直流电源；调制器；$\dfrac{1}{2}m_a^2$ 倍 （4分）

(6) 振荡回路；能量来源；控制设备（有源器件和正反馈电路） （3分，每空1分）

(7) 4kHz；14kHz；14kHz；8kHz；308kHz；608kHz （6分）

(8) 频率稳定度高 （2分）

(9) 高电平、低电平 （2分，每空1分）

(10) 载波；调幅、调频、调相 （4分，每空1分）

(11) 反；调制电压 $u_\Omega$；振荡电路 （3分）

(12) 抗干扰能力 （2分）

2. 判断题（共 8 分，回答正确或错误，对错误题目要写出正确答案，对于错误的题目，仅指出错误未说明原因的扣1分）

(1) 错误（正确应为 $I_{c1m}$ 减小，$P_o$ 减小）

(2) 正确

(3) 错误（正确应为调相信号的最大相移量与调制信号的振幅成正比）

(4) 错误（正确应为把接收到的各种不同频率的有用信号的载频变换为某一固定中频）

3. （9分）

**解** (1) $|K_{V0}| = \dfrac{n_1 n_2 |y_{fe}|}{g_0 + g_1 + n_1^2 g_{oe} + n_2^2 g_{ie}}$，　$g_1 = 1/R_1$

其中，$g_0 = \dfrac{\omega_0 C_\Sigma}{Q_0} = \dfrac{2\pi f_0 (C + n_1^2 C_{oe} + n_2^2 C_{ie})}{Q_0}$ （6分）

(2) 若去掉 $R_1$，则 $Q_L$ 增加，$B$ 降低，为了保持 $B$ 不变，则要使 $Q_L$ 下降，即 $n_1$，$n_2$ 增加。 （3分）

4. （12分）

**答** $u = 8(1 + 0.25\cos 20\pi t)\cos 200\pi t$ V

所以 $u_0(t)$ 是一个普通调幅波。频谱图如图题 4。

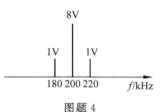

图题 4

$P_{调} = 33\text{W}$；$B_1 = 20\text{Hz}$。

5. 简答题(共 28 分)

(1) **答** 放大器工作在临界状态输出功率最大,效率也较高。因此,放大器工作在临界状态的等效电阻,就是放大器阻抗匹配所需的最佳负载电阻,以 $R_{cp}$ 表示。

$$R_{cp} = \frac{(E_c - U_{ces})^2}{2P_o}$$

其中 $U_{cm}$ 为临界状态槽路抽头部分的电压幅值,

$$U_{cm} = E_c - U_{ces}$$

$U_{ces}$ 可按 $1\text{V}$ 估算,更精确数值可根据管子特性曲线确定。 (7 分)

(2) **答** 谐振功率放大器原工作在临界状态,若等效负载电阻 $R_c$ 增大一倍,放大器工作于过压状态。

根据 $P_o = \dfrac{1}{2} \dfrac{U_{cm}^2}{R_c}$,$U_{cm}$ 近似不变,输出功率 $P_o$ 约为原来一半。 (7 分)

(3) **答** 波谷变平是由于过调或激励电压过小,造成管子在波谷处截止所致。因此,减小反偏压的大小或加大激励电压的值都可改善,但加大激励以不引起波腹失真为原则。 (7 分)

(4) **答** 由于调幅系数 $m_a$ 与调制电压的振幅成正比,即 $U_{\Omega m}$ 越大,$m_a$ 越大,调幅波幅度变化越大,$m_a$ 小于或等于 1,如果 $m_a > 1$。调幅波产生失真,这种情况称为过调幅。 (7 分)

6. (8 分)

**答** $f_L = f_s + f_L = (700 + 465)\text{kHz} = 1165\text{kHz}$

在 $m = n = 1$ 时,$f_{n1} = f_L + f_I = (1165 + 465)\text{kHz} = 1630\text{kHz}$,这是镜频干扰。

在 $m = 1, n = 2$ 时,

$$f_{n2} = \frac{1}{n}(mf_L + f_I) = \frac{1}{2}(1165 + 465)\text{kHz} = 815(\text{kHz})$$

在 $m = 1, n = 2$ 时,

$$f_{n2} = \frac{1}{n}(mf_L - f_I) = \frac{1}{2}(1165 - 465)\text{kHz} = 700(\text{kHz}),$$

这是三阶副波道干扰。

# 附录 C　自测题部分参考答案

## 第 1 章　自测题

### 1. 填空题

(1) 信息源、发送设备、信道、接收设备、收信装置

(2) 检出原调制的低频信号

(3) 幅度、频率、相位

(4) 越短、越低

(5) 弱、较大、绕射、电离层反射

(6) 空间波、绕射、反射、直射

### 2. 判断题

(1) 错误

(2) 正确

(3) 正确

(4) 错误

## 第 2 章　自测题

### 1. 填空题

(1) 通频带、选择性、品质因数

(2) 选择性

(3) 窄、好

(4) 28pF、1.885$\Omega$

(5) 谐振回路

(6) 变大、$K = K_1 K_2 \cdots$、变窄、$B_n = \sqrt{2^{1/n} - 1} \cdot B_1$

(7) $\sqrt{2}$

(8) 放大器、谐振回路、放大倍数、选频性能

(9) 下降、$f_\beta$、$f_\alpha$、$f_T$、$f_{max}$

(10) 略高、略低

(11) 选频、品质因数

(12) 放大、选频

(13) 相同、宽

(14) 大于、1

(15) 压电效应、物理特性

## 2. 选择题

(1) B

(2) B

(3) B

(4) C；B；A

(5) A；D；E

## 3. 问答与计算题

(3) 答：$K_1 = 10$，$2\Delta f_{0.7(\text{单})} = \dfrac{8}{\sqrt{\sqrt[3]{2}-1}}\text{kHz}$，$Q_L = 56.25\sqrt{\sqrt[3]{2}-1}$。

(4) 答：3 级；11.7MHz；60dB。

## 第 3 章　自测题

### 1. 填空题

(1) 过压、减小、下凹

(2) 槽路的选频作用

(3) 最佳工作、功率、效率

(4) 70°

(5) 欠压

(6) 获得最大的激励功率和输出功率

(7) 360°、180°、90°

(8) 过压、欠压

(9) 欠压、不变(或略有增大)、余弦脉冲

(10) 最大，也较高

### 2. 判断题

(1) 错误

(2) 错误

(3) 错误

(4) 正确

（5）错误

### 3. 问答与计算题

（3）$P_\text{S}=2.574\text{W}, P_\text{C}=0.574\text{W}, \eta_\text{c}=77.7\%, R_\text{cp}=72\Omega$。

## 第 4 章　自测题

### 1. 填空题

（1）放大电路、反馈网络、稳幅环节

（2）石英高回路标准性，高 $Q$ 值和极小的部分接入

（3）容易、大、方便

（4）好、高、不方便

（5）泛音

（6）阻、感、容

（7）放大（或线性）、非线性

（8）高 $Q$ 值

（9）$LC$、$RC$、石英

（10）晶体管输入、输出电容的变化对振荡频率影响小

### 2. 判断题

（1）错误

（2）错误

（3）错误

## 第 5 章　自测题

### 1. 填空题

（1）频谱

（2）载波

（3）2/3

（4）高电平调幅、低电平调幅

（5）调谐功率、基极调幅、集电极调幅、发射极调幅

（6）上下包络不再反映调制信号的变化形状，在调制信号为零的两旁,已调波的相位发生 180°突变

（7）同频同相

（8）检波同时也有放大能力

（9）输入、输出

（10）二极管的单向导电性、充放电

### 2. 判断题

（1）错误

（2）错误

（3）错误

（4）正确

（5）错误

（6）错误

### 3. 问答题

（1）$B=2F_{max}=8\text{kHz}$。

（2）$f_c=6000\text{kHz}$；$\Omega=2513\text{rad/s}$；$B=800\text{Hz}$；总边带功率相对于总功率是$-17\text{dB}$。

## 第 6 章　自测题

### 1. 填空题

（1）相同

（2）$B=2(m_f+1)F$

（3）越宽

（4）在较小的频偏下就能得到一定电压的输出

（5）积分环节和调相电路

（6）频率稳定度高、频偏较小

（7）振荡、能够获得较大的频偏、频率稳定度较低

（8）失谐谐振回路、幅度

（9）两倍、能

（10）频相转化、自限幅

### 2. 判断题

（1）错误

（2）错误

（3）正确

### 3. 问答题

（1）$B_f=180\text{kHz}$。

（2）$f_c$ 为 $15\text{MHz}$；调制信号频率为 $5\text{kHz}$；最大频偏为 $6\text{kHz}$；$m_f=1.2$。

(3) 当调制信号为 $u_{\Omega m}\cos 10^4 t$ 时,该式表示为调频波;当调制信号为 $u_{\Omega m}\sin 10^4 t$ 时,该式表示为调相波。调制指数 $m_f = m_p = 3$;调制频率为 $1.59\text{kHz}$;频偏为 $4.59\text{kHz}$;平均功率为 $0.5\text{W}$。

(4) $\Delta f = 10\text{kHz}, B = 22\text{kHz}, P = 50\text{W}$。

## 第 7 章   自测题

**1. 填空题**

(1) 变频器增益、选择性

(2) 中频、提高变频器前端电路的选择性或设置中频陷波器

(3) 有利于放大,有利于选频和电路简化

(4) 中频滤波器、选出所需的差频或和频分量

(5) 1565kHz、2030kHz

(6) 带通滤波器、低通滤波器、中频滤波器

(7) 振荡信号由完成变频作用的非线性器件产生,还是由单设振荡器产生

(8) 465kHz、10.7MHz、38MHz

**2. 判断题**

(1) 正确

(2) 正确

(3) 错误

**3. 问答题**

(1) 是三阶互调干扰。

(2) 7MHz;14MHz;5.05MHz;6.35MHz。

## 第 8 章   自测题

**1. 填空题**

(1) 自动频率控制电路,自动增益控制电路和自动相位控制电路

(2) 鉴相器,环路滤波器和压控振荡器

(3) 实现无误差的频率跟踪

(4) 相位误差

(5) 使设备的输出电平保持一定的数值

(6) 频率误差

(7) 当接收信号强时,灵敏度低;接收信号弱时,灵敏度增加

(8) 自动控制本振频率,使其与外来信号频率之差值维持在接近中频的数值

### 2. 判断题

(1) 正确

(2) 错误

(3) 正确

(4) 错误

## 第 9 章　自测题

### 1. 填空题

(1) 热噪声、散粒噪声、闪烁噪声

(2) 阻值 $R$、绝对温度 $T$

(3) 电阻热噪声、散弹噪声、分配噪声、闪烁噪声

(4) 信噪比、噪声系数

### 2. 判断题

(1) 正确

(2) 正确

(3) 错误

# 参 考 文 献

[1]  于洪珍. 通信电子电路[M]. 北京：电子工业出版社，2002.

[2]  张肃文. 高频电子线路[M]. 北京：高等教育出版社，1993.

[3]  谢嘉奎. 电子线路(非线性部分)[M]. 4版. 北京：高等教育出版社，2000.

[4]  于洪珍，武增. 高频电路及其在矿山上的应用[M]. 徐州：中国矿业大学出版社，1993.

[5]  曾兴雯，陈健，刘乃安. 高频电子线路辅导[M]. 西安：西安电子科技大学出版社，2000.

[6]  清华大学通信教研组. 高频电路[M]. 北京：人民邮电出版社，1980.

[7]  于洪珍. 通信电子电路[M]. 北京：清华大学出版社，2005.

[8]  于洪珍. 通信电子电路教学参考书[M]. 北京：清华大学出版社，2006.

[9]  于洪珍. 通信电子电路名师大课堂[M]. 北京：科学出版社，2007.